U0644495

北部湾
鱼类群落结构与功能

闫 洋 康 斌 / 主编

中国农业出版社

北 京

图书在版编目（CIP）数据

北部湾鱼类群落结构与功能 / 闫洋，康斌主编.

北京：中国农业出版社，2025.5. -- ISBN 978 - 7 - 109 - 33047 - 4

Ⅰ. Q959.408

中国国家版本馆 CIP 数据核字第 2025EU4104 号

中国农业出版社出版

地址：北京市朝阳区麦子店街 18 号楼

邮编：100125

责任编辑：杨晓改　林维潘

版式设计：杨　婧　　责任校对：吴丽婷

印刷：北京中科印刷有限公司

版次：2025 年 5 月第 1 版

印次：2025 年 5 月北京第 1 次印刷

发行：新华书店北京发行所

开本：787mm×1092mm　1/16

印张：12

字数：296 千字

定价：198.00 元

版权所有·侵权必究

凡购买本社图书，如有印装质量问题，我社负责调换。

服务电话：010 - 59195115　010 - 59194918

编者名单

主　　编：闫　洋　康　斌

副主编：黄亮亮　颜云榕　朱玉贵

参　　编：刘春龙　杨小东　招春旭

　　　　　何雄波　王才广

前言
FOREWORD

当今世界，海洋资源的开发与利用已步入新阶段，海洋渔业经济在国民经济增长中占据着愈发重要的地位。北部湾，这片位于中国南海西北部的广袤海域，东起雷州半岛、琼州海峡，东南为海南岛，北至广西壮族自治区，西迄越南，其三面被陆地环抱，形成了独特的海洋生态环境。北部湾地处热带和亚热带的交界，洋流随季节更替而呈现出不同的运动规律。沿岸降水丰富，众多河流携带着大量营养盐奔流入海，为各种海洋生物的繁衍提供了得天独厚的条件。这里鱼虾种类繁多，分布着鱼类500多种，盛产如鲷、金线鱼、沙丁鱼、竹筴鱼、蓝圆鲹等多种具有重要经济价值的鱼类，还蕴藏着牡蛎、珍珠贝、日月贝等丰富的贝类资源。沿岸河口地区红树林繁茂，浅海和滩涂广阔，是发展海水养殖的绝佳场所。

北部湾渔场是我国四大渔场之一，渔业资源丰富，具有重要的经济和生态价值，但随着时间的推移和环境的变化，我们对其渔业资源的认知也需要不断更新和深化。近年来，全球范围内的海洋生态系统均面临着诸多挑战，北部湾也不例外，过度捕捞、海洋污染等因素对其海洋生态环境和渔业资源产生了不可忽视的影响。过去，北部湾地区已开展了较多的海洋生态调查工作，为渔业资源的评估和保护提供了一定的历史资料，但这些资料难以准确反映北部湾当前渔业资源的实际状况，尤其是缺乏对鱼类群落结构变化以及群落多样性等方面的系统认识。有鉴于此，为了更全面、深入地了解北部湾的海洋环境和渔业资源状况，我们于2022年开展了针对北部湾生态环境和渔业资源的专项调查。本专著便是此次调查的主要成果之一，旨在展示北部湾鱼类群落的最新状况，包括群落结构、分类以及功能多样性等方面的内容，为北部湾渔业资源的可持续利用和海洋生态环境的保护提供科学依据和参考。

本书共分为七章，各章内容围绕北部湾鱼类群落展开。第一章详细介绍了北部湾的海洋环境和渔业资源概况；第二章阐述了2022年北部湾渔业资源调查的过程及统计分析方法；第三章概述了目前北部湾的物化环境和生物环境；第四章分析了北部湾伏季休渔前后的渔业资源分布；第五章从分类、功能和系统发育多样性角度分析了北部湾鱼类群落的多样性格局；第六章从鱼类功能性状角度分析了北部湾鱼类群落在休渔前后的构建过程；第七章对主要优势物种的生物学特性及资源状况进行了评估。

本书在撰写过程中，得到了众多专家和同行的鼎力支持与帮助。感谢桂林理工大学徐浩，广东海洋大学罗植森、刘奉明、王锦溪、蒋常平在样品采集过程中提供的帮助，使得我们能够顺利获取高质量的调查样本；感谢广东海洋大学提供样品处理场地；感谢桂林理工大学提供的环境数据。此外，本书为国家自然科学基金"北部湾渔业资源结构与功能演变对捕捞与环境胁迫的响应机制（U20A2087）"项目成果，同时得到桂林理工大学环境科学与工程学科和岩溶地区水污染控制与用水安全保障协同创新中心专项经费资助，在此一并表示衷心的感谢。

尽管我们在编写过程中力求严谨、准确，但由于海洋生态系统的复杂性以及我们自身知识和能力的局限，本书难免存在一些不足之处，恳请各位专家、学者和广大读者不吝批评指正，以便我们在今后的研究和工作中不断改进和完善。我们希望本书能够为从事海洋渔业、生态学、环境科学等领域的研究人员、管理人员以及关心北部湾海洋生态环境的各界人士提供有益的参考和借鉴，共同推动北部湾海洋资源的保护和可持续发展。

编　者

2025 年 1 月

目录
CONTENTS

第一章

北部湾自然环境与资源

第一节　地理位置

北部湾位于我国南海西北部，地处热带亚热带，被海南岛、雷州半岛和广西壮族自治区及越南三面环绕，南面与南海相通，东北面通过琼州海峡与南海北部相连，是我国著名的天然半封闭浅水海湾。北部湾具有明显的地形梯度及复杂的底质和地貌（乔延龙等，2007），大部分海域水深为20～90 m，平均水深约为38 m，面积约为1.3×10^5 km²（谭光华，1987）。

北部湾的海港主要分布于北岸，较大的有流沙港、安铺港、铁山港、钦州湾、防城港、珍珠港和下龙湾，湾内较大的岛屿有吉婆岛、姑苏群岛、龙洲群岛、涠洲岛、斜阳岛和白龙尾岛（苏志等，2009）。我国四大渔场之一的北部湾渔场位于湾内海南岛莺歌嘴与越南昏果岛（莱角）连线以北的水域（马彩华，2004）。

第二节　底质与地貌

北部湾盆地位于亚欧板块内，接近板块边缘地带，多被板块碰撞和分离活动影响，构造活动较内陆盆地稍强。整个盆地的构造演化大致分为古新世及始新世的短线期、渐新世的拗陷期。北部湾盆地共划分出2个一级构造单元（万山隆起区、海南隆起区）和5个二级构造单元（北部拗陷、企西隆起、中部拗陷、徐闻拗陷和南部拗陷）（刘昭蜀等，2002；卢林等，2007）。

地理位置及周边的复杂环境使北部湾沉积物来源丰富且组成多样，湾北部和西部分别受多条河流流域的物质输入影响；东面受东亚季风的影响；琼州海峡处存在一支终年西向的海流，可将珠江携带的碎屑沉积输送进北部湾（陈俊仁，1985）。

一、海岸线

北部湾海岸线曲折蜿蜒，总长共2 200 km，沿海滩涂面积约1.0×10^5 hm²。注入北部湾的江河众多，主要分布于北岸，包括南流江、钦江和北仑河等，以及分布于西岸的红河、马江、朱江和兰江等（陈波，1986）。

海岸线曲折迂回，形成了许多不规则的景观环境，构成了大小不一、形态参差的各种海湾，还有海草、岩石性海岸、砂质海岸、粉砂淤泥质海岸、滨岸沼泽、红树林、海岸潟湖，以及河口水域等自然湿地，这些区域多是海洋生物多样性和群落结构研究的热点（张文超等，2017；庞碧剑等，2019）。此外，沿岸还有水库、养殖池塘、水田、盐田等人工湿地，自然条件十分优越，生物资源丰富。

北岸的钦江、南流江、九洲江及海南岛西岸的昌江河、望楼河等河流河口在湾内具有水下河谷及相应的水下堆积三角洲。红河入海口处有一巨大的水下三角洲，红河河道在入海后仍保持原方向向远处延伸，其携带的沉积物甚至可影响湾中海底平原（谢以萱，1986）。

二、底质

北部湾盆地是以上古生界碳酸盐岩、碎屑岩为基质的中、新生代断陷盆地，盆地的发育位于海西—印支褶皱带上。北部湾的沉积物主要为陆源物质，从粒径微小的黏土质软泥至颗粒较大的砾石均有分布。沉积物多处于水动力微弱的地区，呈带状或弧状分布，沉积类型则从粗砂到黏土质软泥迅速过渡（段威武等，1989）。

湾内海底表面沉积物类型多种多样，有广泛的矿物质沉积，粗砂、中砂、粉砂和细砂均有分布。东南侧深水区分布着粉砂质黏土软泥；夜莺岛周围沉积着细砂；海南岛西部有中砂沉积，呈弧状分布；流沙岛和洪麦岛等岛屿周围斑点状分布着中砂和细砂；湾西部和雷州半岛西侧带状分布着粉砂（朱成文，1981）。

湾内不同海区的表层沉积物差异巨大。北部近岸及湾内海域的海底多为黏土质粉砂沉积的狭窄泥质沉积带，含有丰富的浅海有孔虫及介形虫类化石；雷州半岛西侧的水下岸坡为砂砾质沉积带；湾中部海底为古滨岸浅滩沉积，主要分布细砂；湾东部海底有割裂的陆架谷，从北部湾盆地中部切过，砂质沉积物在陆架割裂处消失，沉积物中含大量潮滩贝壳及碎片，属滨岸浅滩沉积（徐志伟等，2007）。

三、海洋地貌

北部湾位于西太平洋的边缘，地形为一个椭圆形的沉降盆地，三面被陆地与岛屿环绕。水深自沿岸向湾的中西部和湾口逐渐加深，湾北部的等深线大致平行于海岸线，而湾南部海底则圈闭，从而使北部湾形成了海底盆地。由湾北部沿岸至湾口，沿北半部的东北轴线转折至南半部的西北轴线，依次有 5 级水下阶地，深度分别为 15～20 m、30～45 m、60～75 m、85～95 m 和 100～115 m（谢以萱，1986）。阶地面积宽广，地势逐级下降，每级水下阶地间有地形陡峭的转折。

湾西部、北部和东北部的海底地形异常平坦，从近岸水深 10 m 处向湾内延伸约320 km，平均坡度仅 0°0′38″；湾中部偏东区域，尤其是海南岛西侧的近岸海底坡度较大。湾内海底大部分为水深 60 m 以浅的海湾平原，自西北向东南稍倾斜，除涠洲岛、白龙尾岛和斜阳岛附近的海底稍微隆起外，其余地区的斜度均在 2°左右；莺歌嘴西南部有着北部湾最复杂的海底地形，50 m 以浅处有多列隆起与洼陷相间的波状起伏，其走向随岸线方向转折；50～60 m 深处为平缓海底，至 70 m 等深线外再次出现多处串珠状分布的隆起和洼陷的相间起伏，其地形走向与近岸隆起走向一致；湾口中部以北的 70 m 级水下阶地前沿有着明显的槽谷，近南北向发育，长度超 100 km，在湾口以南转为西北向，延伸150 km，在陆架边缘与陆坡深入的海底峡谷相接，槽谷上有若干 90～106 m 深的釜穴（金波等，1983；谢以萱，1986）。

第三节 气 候

北部湾是全球众多海湾地区之一，影响其气候的因素主要有区域自然条件、人类活动及全球气候变化。海湾全部位于北回归线以南，属热带亚热带气候，受大气环流和海岸地形的共同影响，形成了典型的南亚热带海洋性季风气候。其主要特点是高温多雨、干湿分明、夏季长冬季短和季风盛行（兰健等，2006）。北部湾沿岸灾害性天气多发，主要有台风（热带气旋）、强风、寒潮大风和低温阴雨等。每年 5—10 月台风多发，平均每年受台风影响 2~3 次，每 5~8 年有一次强台风灾害；强风和寒潮大风多出现在 9 月至次年 4 月，平均每月出现 6~9 d，这些灾害性天气严重影响了海洋开发、渔业养殖和运输工作（范航清等，2015）。

一、气温

北部湾沿岸为季风区，冬季盛行东北风，夏季盛行南风或西南风，春季是东北季风向西南季风过渡的时期，秋季则是西南风向东北风过渡的季节（范航清等，2015）。中国气象局国家气象信息中心"中国气象科学数据共享服务网"的中国地面气候资料月值数据集显示，1957—2014 年北部湾沿岸的平均气温为 22.5 ℃，平均气温每 10 年升高 0.11 ℃（黎树式等，2021）。美国国家海洋和大气管理局（NOAA）（https://psl.noaa.gov/data/gridded/）数据集显示，1950—2018 年北部湾海洋表面温度的平均气温为 26.32 ℃。1966 年平均温度最高，为 27.15 ℃，1972 年平均温度最低，为 25.46 ℃，平均温度每 10 年升高 0.07 ℃（图 1-1）。

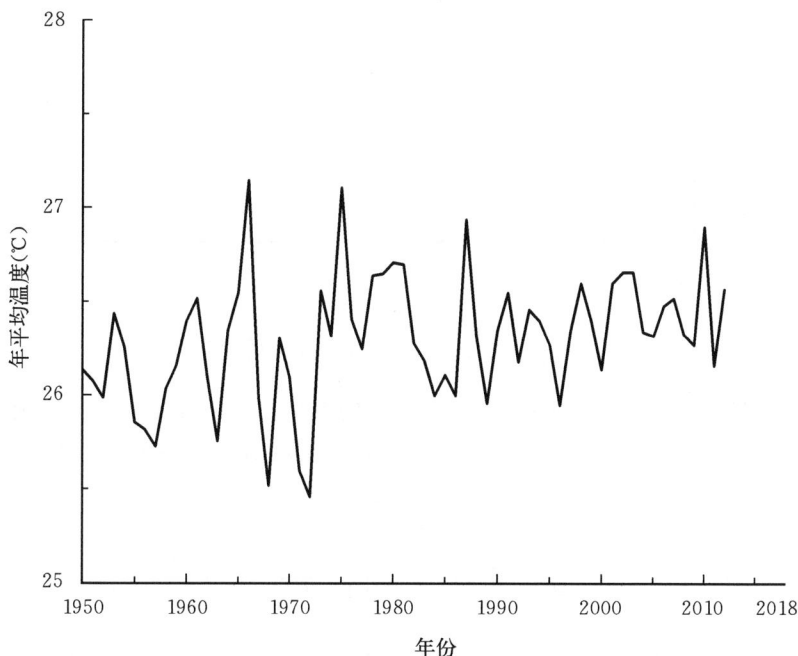

图 1-1 1950—2018 年北部湾年平均海表面温度

每年 6—8 月，北部湾月平均气温最高；12 月至次年 2 月的月平均气温最低。根据历史记录，月平均气温不低于 29.5 ℃的极端高温月份均为 7 月，分别出现在 1983 年、2003 年、2007 年和 2010 年，其中 2010 年 7 月气温最高，达到 29.8 ℃；月平均气温不超过 10 ℃的极端低温月份为 1977 年和 2011 年 1 月以及 1968 年 2 月，其中 1968 年 2 月的平均气温最低，为 9.5 ℃（黎树式等，2017）。

二、降水量

近 60 年内，北部湾沿岸的年平均降水量变化不大。年平均降水量不小于 2 000 mm 的年份分别出现于 2001 年、2008 年和 2013 年，其中 2001 年最高，为 2 194.6 mm；年平均降水量不大于 1 200 mm 的年份为 1976 年、1977 年和 1989 年，其中 1989 年最低，为 1 085.04 mm（黎树式等，2017；黄雪等，2021）。NOAA（https://psl.noaa.gov/data/gridded/data.cmap.html）数据集显示，1979—2018 年北部湾海洋年降水量在 1 869～2 104 mm 之间，年平均降水量为 2 030 mm。其中 1979 年的年降水量最低，为 1 896.5 mm；1981 年的最高，为 2 144.8 mm（图 1-2）。

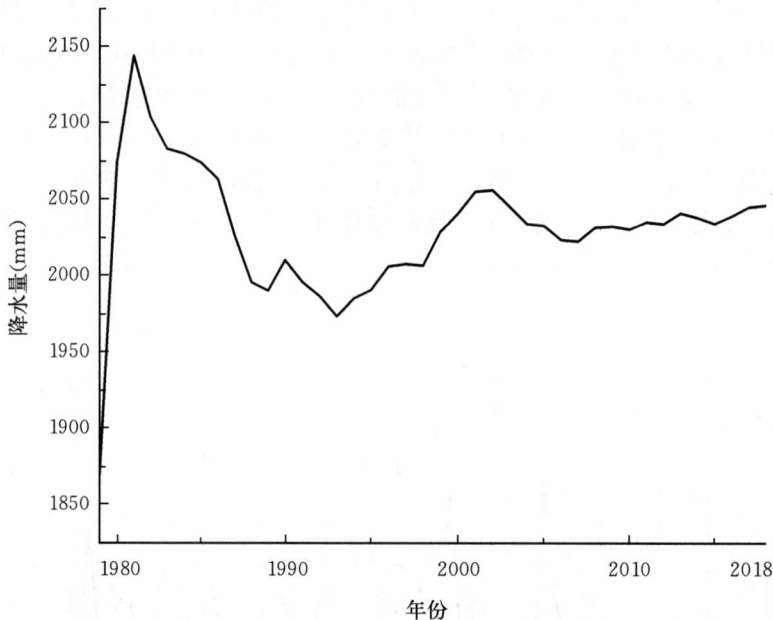

图 1-2　1979—2018 年北部湾年降水量

每年 5—10 月为北部湾沿岸的雨季，11 月至次年 4 月为旱季。月平均降雨量不高于 5 mm 的月份出现在 1973 年和 1981 年的 12 月以及 1971 年和 1980 年的 11 月，其中 1980 年 11 月的最低，为 0.5 mm（黎树式等，2017）。

第四节　渔业资源

北部湾渔场是我国四大渔场之一，也是中越两国渔民共同作业的渔场，渔业资源问题关乎当地居民的生计及社会安定（王雪辉等，2011）。

　　20世纪60年代前，北部湾渔业资源并未受到破坏，不同年份的种类组成较为稳定，而80年代以后，种类组成变化大，优势种变化尤为明显（乔延龙等，2008）。20世纪80～90年代前，北部湾渔业资源十分丰富，捕捞产量直线上升，资源密度在3 t/km² 以上，主要经济鱼类有30多种，经济价值较高的有红鳍笛鲷、石斑鱼、银鲳、马鲛鱼和二长棘犁齿鲷等；主要经济虾类10多种，且经济价值都很高，如长毛对虾、墨迹明对虾、日本对虾和斑节对虾等；同时还有大量头足类（黄世耿，1987）。而20世纪末的调查显示，经过多年的捕捞，质量高、寿命长、个体大和营养层次较高的种类在渔业资源中的比例逐渐降低，一些质量低、寿命短、个体小和营养层次低的种类比例上升。例如，底拖网渔业资源的密度在波动中下降，二长棘犁齿鲷、红鳍笛鲷、金线鱼和蓝圆鲹等经济鱼类的密度显著下降，日本发光鲷等小型底栖鱼类及头足类在渔获物中的比例明显上升；同时，北部湾鱼类相较于头足类和甲壳类的占比下降，表明北部湾头足类和甲壳类相对增多，渔业资源结构发生改变（粟丽等，2021；孙典荣，2008；袁蔚文，1995）。

　　对水域中经济动植物个体或群体的繁殖、生长、死亡、洄游、分布、数量、栖息环境以及开发利用的前景和手段等进行调查，是发展渔业和对渔业资源管理的基础性工作。调查目标包括特定水域范围内的可捕鱼类及其他水生经济动植物的种群组成；种群在水域中的时空分布；可捕种群的数量、生物量和已开发程度。了解休渔前后渔业资源动态和鱼类群落结构，对制定合理的渔业管理措施和实现渔业资源可持续利用具有重要的理论价值和现实意义。

第二章

北部湾渔业资源调查方案

第一节　调查区域及用船

本研究团队于 2022 年 4 月（休渔开始前 1 个月，简称"休渔前"）和 8 月（休渔结束后立即采样，简称"休渔后"）在北部湾海域进行采样。

调查区域为北部湾 17.5°—21.5°N，107.5°—109.5°E 的我国海域，沿广西近海、雷州半岛西岸和海南岛西岸，按深度梯度和纬度梯度设置采样点，采样点深度范围为 10～100 m。湾内样点底质多为粉砂，湾中与湾口样点多为砂质粉砂，海南岛西南岸样点为泥质沉积物。根据北部湾的生境特点，将调查海域划分为东北部（Ⅰ区）、过渡性水域（Ⅱ区）、海南岛西岸（Ⅲ区）、共同渔区北部（Ⅳ区）、共同渔区中部（Ⅴ区）、共同渔区南部（Ⅵ区）和湾外（Ⅶ区）7 个区域（王雪辉等，2011）（图 2-1 和表 2-1）。根据北部湾的海底地貌，将调查海域划分为 5 个深度梯度，分别为 0～20 m（S01～S03）、20～40 m

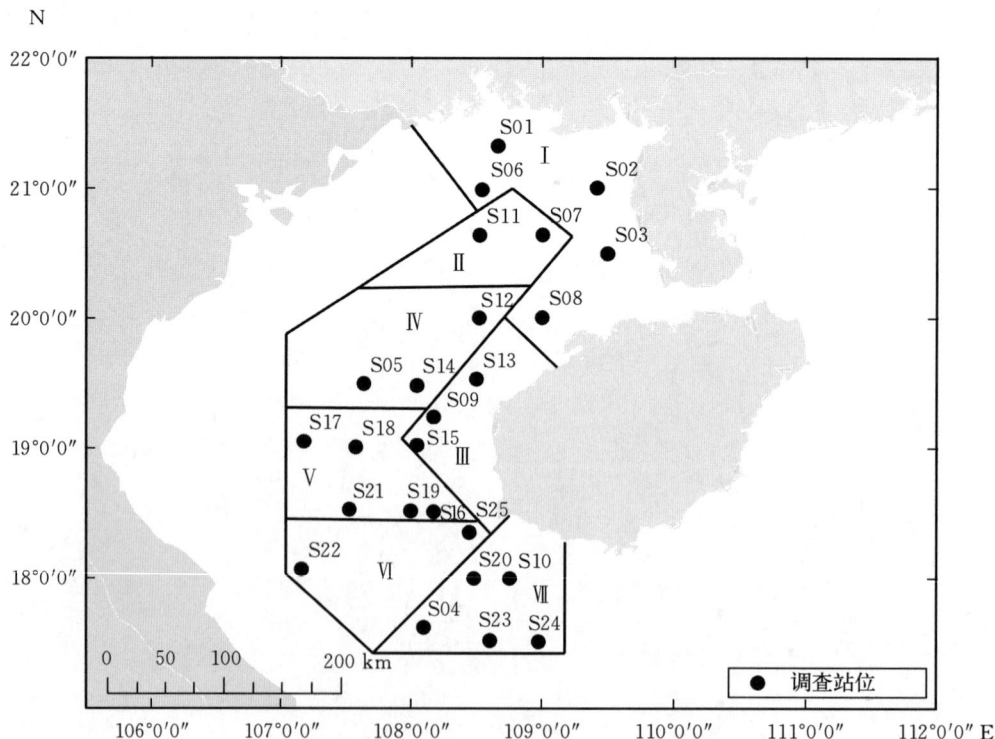

图 2-1　2022 年北部湾渔业生态调查站位

（S06～S08）、40～60 m（S09～S13、S15～S17 和 S25）、60～80 m（S05、S14、S18、S19 和 S21）和 80～100 m（S04、S20 和 S22～S24）。

表 2-1　各区域生境特点

区域	水深范围（m）	底质
Ⅰ区	0～30	粉砂、砂质泥、砂质粉砂
Ⅱ区	30～50	粉砂、砂质粉砂
Ⅲ区	0～40	粉砂质砂、泥质砂、砂质粉砂
Ⅳ区	50～60	粉砂、砂质粉砂、泥
Ⅴ区	60～70	粉砂、砂质粉砂
Ⅵ区	70～90	砂质粉砂
Ⅶ区	60～110	粉砂、砂质粉砂、泥

注：底质类型参考自文献马菲等（2008）。

调查船为租用的底层单拖网"桂北渔 98388"号，船长 33.34 m，型宽 7 m，总吨位 258 t，主机功率 441 kW。游泳动物调查渔具为底拖网。网具张网网口高为 8 m，宽为 20 m，最小网囊网目 40 mm。依据调查对象的游泳能力和调查船性能，设定每个站位的拖网平均拖速为 5.556 km/h（3 kn），每一网次拖曳时间为 45～90 min。在抵达样点前提前放网，经拖网结束后在样点处起网。

第二节　数据收集

一、环境指标

调查船抵达采样站位后，记录船载导航上的时间、深度和经纬度。收网前用采水器采集 0.5 m 深处的表层海水（避免收网时水体浑浊影响采样结果）。利用 YSI 水质仪测量温度、盐度、溶解氧和 pH 等参数，样品的采集和分析遵循《海洋调查规范》（GB/T 12763—2007）和《海洋监测规范》（GB/T 17378—2007）进行。

对采集到的海水进行分装，取 4 L 海水样放入采水袋中，密封好后套上黑色塑料袋，做好标记冷冻保存，再取 1.5 L 海水过膜处理（抽滤泵过 0.45 μm 滤膜），每张膜可过滤 0.5 L 水样，一个站位过滤 3 张膜（共过滤 1.5 L 水样），滤膜用锡箔纸包裹放入采样袋中，做好标记冷冻保存；过膜后的水样留用 1 L 放入聚乙烯采样袋中，做好标记冷冻保存。样本于桂林理工大学水域生态学实验室进行分析，检测水样的可溶性氮（DIN）、总氮（TN）、磷酸盐（PO_4-P）和总磷（TP）等物质的浓度。

浮游动物样品采集和处理方法均按《海洋监测规范》（GB/T 17378—2007）进行，使用大型浮游生物网（网目孔径 0.5 mm，网口内径 80 cm，网长 280 cm）在表层水平拖网。所获样品于现场用 5% 福尔马林溶液固定，于南方海洋科学与工程广东省实验室（湛江）

红树林保护研究中心鱼类食物网营养动力学实验室使用显微镜进行分类鉴定并计数。

底栖动物样品采集和处理方法均按《海洋监测规范》（GB/T 17378—2007）进行，采用 0.1 m² 抓斗式采泥器采集，分别用 5 目、8 目、20 目、32 目不锈钢筛网筛洗，筛上物放入白色分拣盘，分拣的底栖动物放入 500 mL 广口瓶，用 10％福尔马林溶液固定，冷冻保存，后于南方海洋科学与工程广东省实验室（湛江）红树林保护研究中心鱼类食物网营养动力学实验室使用显微镜进行分类鉴定并计数。

二、渔业资源

（一）捕捞作业

放网：准确测定船位和航向，综合拖速、拖向、流向、流速、风向、风速和底质等多种因素，在距离目标点 3～5 km 处放网，经 45～90 min 拖网后恰好达到目标样点位置。

拖网：拖网时尽量保证方向一致，详细记录水层、经纬度和拖速变化。若发生不正常拖网时，应立即起网。

起网：起网时准确测定船位，如遇海底勾挂等严重破网事故导致渔获物种类和产量受显著影响时，重新拖网操作。

（二）样品处理

全部渔获物上甲板之后，记录渔获物总重。渔获物总重少于 40 kg 时，全部保留分拣；渔获物总重大于 40 kg 时，在取出大型和稀有物种后，余下渔获物随机取 40 kg 用以分拣。对采集的渔获物进行现场鉴定和分类，对于现场无法鉴定的鱼类，参考《南海经济鱼类图鉴》和《中国动物志——硬骨鱼纲》等资料进一步确认。按不同物种分拣并统计数量与重量后，每种取样 30～100 尾（不足 30 尾的则全部取样），每个种类的样品放入封口袋内，置于冰柜内冷冻保存，后带回南方海洋科学与工程广东省实验室（湛江）红树林保护研究中心鱼类食物网营养动力学实验室进行进一步的测定。

样品带回实验室后，对样品分批解冻，确定每种取样的数量，用提秤称量取样样品的重量，用电子天平称量样品中每个个体的重量，用量鱼板及游标卡尺测量每个个体的全长、叉长、体长和体宽等数据，拍摄带标尺的个体照片用于之后的性状测量。

（三）调查要素

调查要素主要包括游泳动物的种类组成、数量分布和群体组成，以及生物学和生态学特征及其时空变化等。

在实验室中对渔获物中的现场未鉴定的物种进行种类鉴定，鱼类分类参考 Eschmeyer's Catalog of Fishes 2023 年 4 月的分类结果。除体重（g）外，鱼类的测量指标为全长（mm）、体长（mm）、叉长（mm）、肛长（mm）、体盘长（mm）和体盘宽（mm）（图 2-2）；虾类的测量指标为体长（mm）和头甲长（mm）（图 2-3）；蟹类的测量指标为头甲长（mm）和头甲宽（mm）（图 2-4）；头足类的测量指标为头长（mm）和胴长（mm）（图 2-5）。

无针乌贼胴长为胴体前端至后缘凹陷处；有针乌贼胴长为胴体前端至螵蛸后端的长度；柔鱼和枪乌贼的胴长为胴体前端至胴体末端的距离。

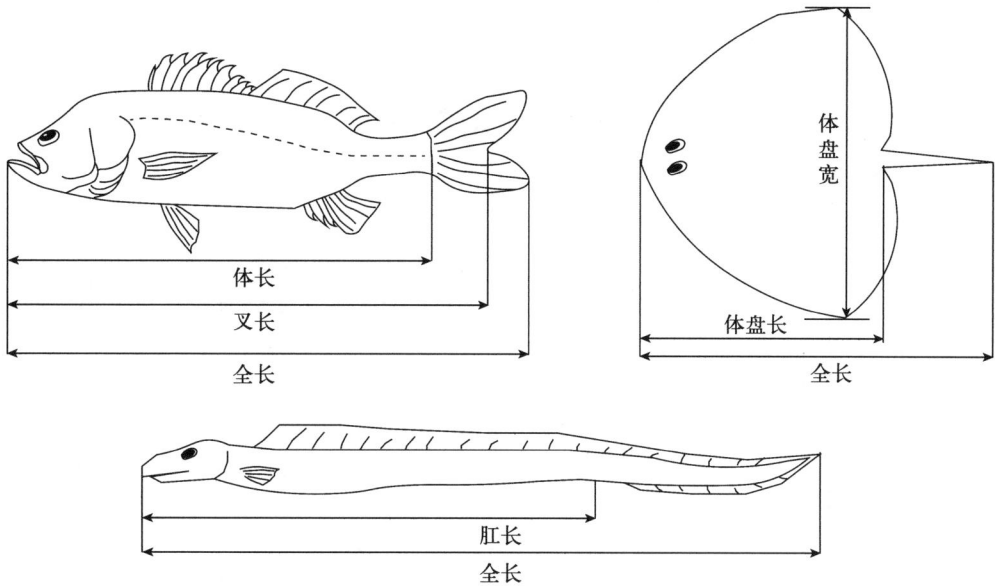

图 2-2　鱼类基本形态特征测量示意图

全长．吻端至尾鳍末端的距离　体长．吻端至尾椎骨末端的距离，适用于尾椎骨末端易于观察的种类，如鲷科和石首鱼科等鱼类　叉长．吻端至尾鳍叉处的距离，适用于尾叉明显的鱼类，如鲱科等鱼类　肛长．吻端至肛门前缘的距离，适用于尾鳍或尾椎骨不易测量的物种，如带鱼和海鳗等　体盘长．吻端至胸鳍基后缘的距离，此类鱼胸鳍扩大与头相连，构成宽大的体盘，如鲼和魟等鱼类　体盘宽．两侧胸鳍最宽处的距离，此类鱼胸鳍扩大与头相连，构成宽大的体盘，如鲼和魟等鱼类

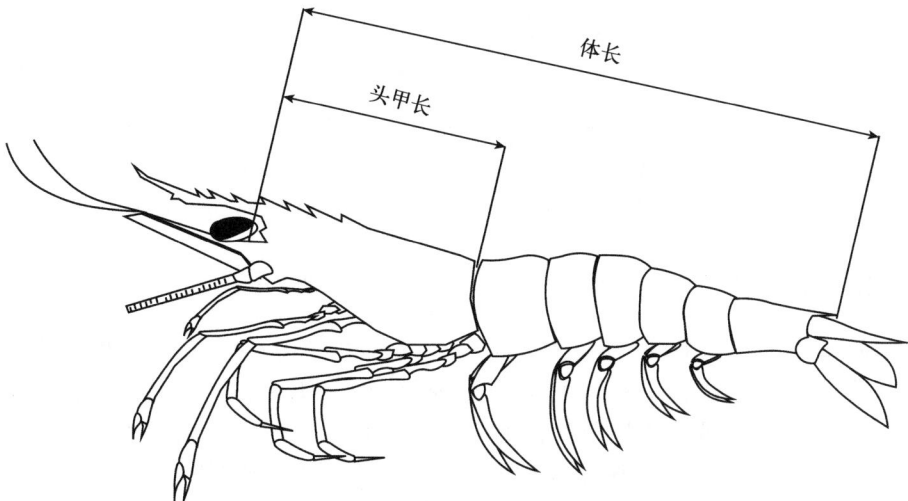

图 2-3　虾类基本形态特征测量示意图

体长．眼窝后缘至尾节末端的距离　头甲长．眼窝后缘至头甲后缘的距离

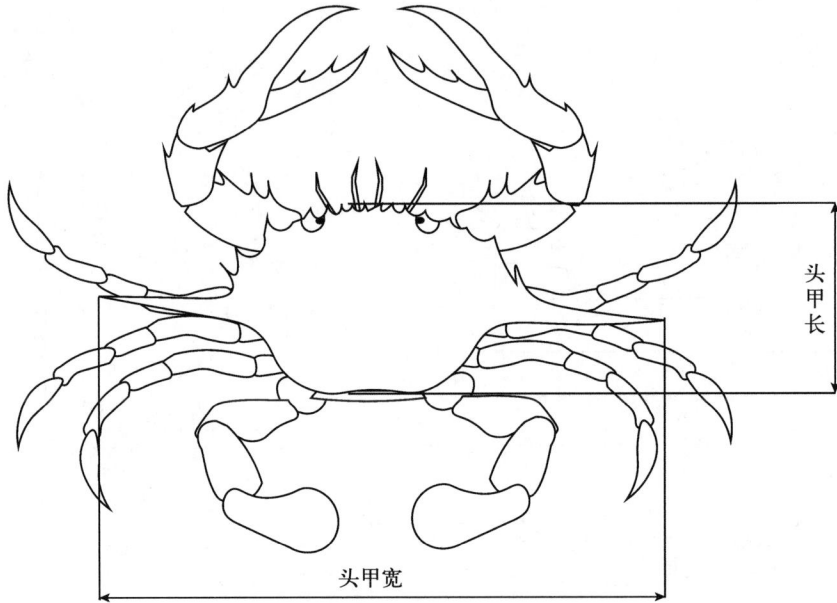

图 2-4 蟹类基本形态特征测量示意图

头甲长．头甲的中央刺前端至头甲后缘的距离　头甲宽．头甲两侧刺间的距离

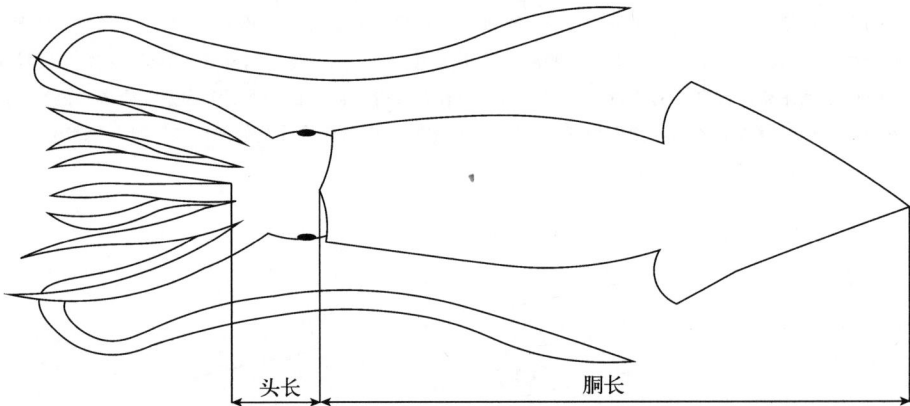

图 2-5 头足类基本形态特征测量示意图

头长．自腕的最后缘至头部最后端的距离　胴长．胴体背部中线的长度

三、物种功能性状

从每个站位的渔获物中取 30 尾形态完好的同种鱼类（不足 30 尾的种则全部取样），用游标卡尺测量各性状数据（图 2-6），以该种鱼类在所有站位的性状平均值作为该种的性状数据。经计算可获得运动与摄食相关的功能性状，包括：口裂面积（Osf）、口裂形状（Osh）、口裂位置（Ogp）、眼睛位置（Ep）、眼睛大小（Es）、身体横向形状（Bsh）、胸鳍相对长度（Rpl）和尾柄形态（CPt）等性状（表 2-2），同时参考 FishBase 数据库和已有资料收集各物种的生活史及栖息地利用等功能性状，构建"物种×功能性状"的鱼类功能性状矩阵。

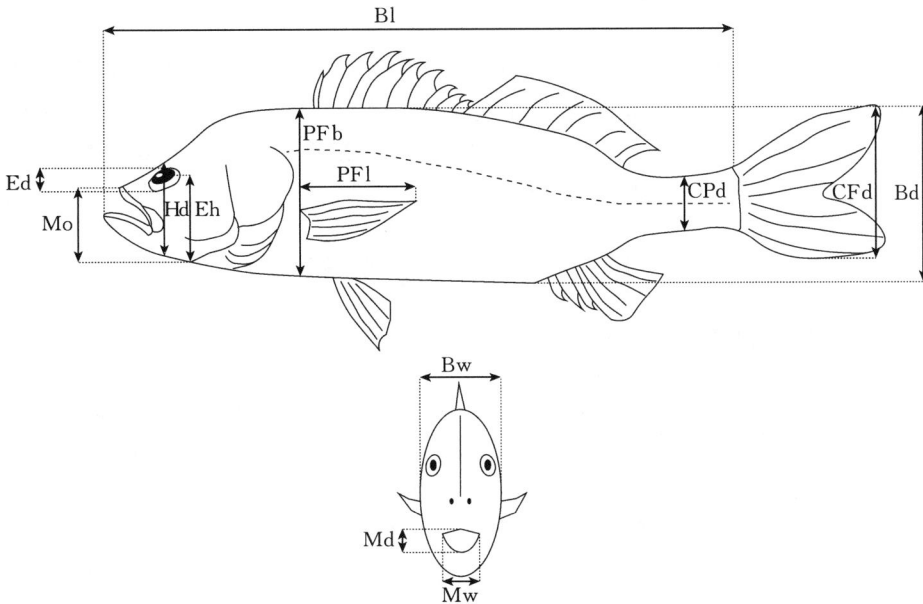

图 2-6　鱼类形态学性状测量示意图

Bl. 体长　Bd. 身体高度　CPd. 尾柄最小高度　CFd. 尾鳍高度　PFb. 过胸鳍基的身体高度　PFl. 胸鳍长度　Hd. 过眼径的头部高度　Ed. 眼睛直径　Eh. 眼睛中心到头部底部之间的距离　Mo. 口顶部到头部底部沿头部深度轴的距离　Bw. 体宽　Md. 口高　Mw. 口宽

表 2-2　功能性状计算公式及生态意义

功能性状	公式	生态意义
口裂面积（Osf）	Osf＝(Mw×Md)/(Bw×Bd)	可捕食物大小（Karpouzi et al.，2003）
口裂形状（Osh）	Osh＝Md/Mw	捕食策略（Karpouzi et al.，2003）
口裂位置（Ogp）	Ogp＝Mo/Hd	捕食策略（Sibbing et al.，2000）
眼睛位置（Ep）	Ep＝Eh/Hd	栖息空间（Gatz，1979）
眼睛大小（Es）	Es＝Ed/Hd	视力、捕食策略（Gatz，1979）
身体横向形状（Bsh）	Bsh＝Bd/Bw	栖息水层和水动力（Sibbing et al.，2000）
胸鳍相对长度（Rpl）	Rpl＝PFl/Bl	机动速度（Watson et al.，1984）
尾柄形态（CPt）	CPt＝CFd/CPd	尾鳍推进效率（Webb，1984）
尾鳍形状	叉形、截形、圆形、无	尾鳍推进效率
体形	平扁形、纺锤形、锥形、箱形、棒形、条形	运动效率
洄游方式	溯河洄游、海洋洄游、降海洄游、不洄游	生活史策略
栖息水层	底层、近底层、中上层	栖息空间
生殖策略	浮性卵、沉性卵、口育、亲鱼守卫	种群倍增力

四、物种系统发育数据

从 NCBI（https://www.ncbi.nlm.nih.gov/）上搜索并下载相关鱼类的 COI 基因序列，在 MEGA7.0 中利用 ClustalW 默认参数进行基因片段的比对和修剪，并用最大似然法（Maximum Likelihood）、自展值 1 000 次构建系统发育树。本研究共收集到 92 种鱼类的 COI 基因序列，分属于 22 目 55 科 75 属。

第三节　数据分析

一、环境特征的空间差异

将环境数据进行对数转换以满足正态性（pH 除外）后，采用主成分分析（PCA）进行分析，以确定样点之间的主要环境梯度。利用（shapiro.test）函数对环境数据进行 Shapiro - Wilk 测试，判断环境数据是否符合正态分布。采用单因素非参数差异检验（Kruskal - Wallis rank sum test）对同一航次进行组间差异检验，并使用 FSA 包的 dunnTest 函数进行 Dunn test 多重比较；对两航次间的同组进行 t 检验（T - test）。以上操作均在 R 语言 4.3.2 中完成。

二、渔业资源评估

（一）渔业资源密度

渔业资源密度（density index of resources）为单位水体中的资源丰度或生物量的相对值，以各站位拖网渔获量（重量和尾数）及拖网扫海面积来估算，计算公式（詹秉义，1995）如下：

$$D=\frac{C}{q \times A}$$

式中，D 为相对资源密度（kg/km² 或 ind./km²）；C 为每小时取样面积内的渔获量（kg）或尾数（ind.）；q 为网具捕获率，其中，底栖鱼类、虾类、蟹类 q 取 0.8，中上层鱼类（鲱形目，鲈形目的鲹科、鲭科、鲳科）q 取 0.3，底层鱼类 q 取 0.5（张洪亮等，2013）；A 为网具每小时扫海面积（km²）。

（二）相对重要性指数

优势种（dominant species）是在群落中起重要作用的物种，对群落结构和群落环境的形成有明显的控制作用。优势种通常生物量量高、个体数量多、生存能力较强。优势种和其他种类的关系相当协调，在群落演替的不同阶段会发生变化。若将群落中的优势种去除，将必然导致群落性质和群落环境的变化。相对重要性指数（IRI）常被用于衡量各季节鱼类群落的生态优势度：

$$IRI=(N+W) \times F \times 10^4$$

式中，N 为某种类的尾数占总渔获尾数的百分比；W 为某种类的质量占总渔获质量的百分比；F 为某种类在调查中被捕获的站位数与总调查站位数之比。

一般而言，定义优势种的值相对灵活，根据所需选取的物种数目，按照在群落中占据总量的前几位排名确定。本研究以 IRI 大于 1 000 为优势种，50～1 000 为常见种（朱鑫华，1996）。

（三）体长与体重的关系

通常采用幂函数的形式描述体长与体重的关系：

$$W = aL^b$$

式中，L 为体长；W 为对应的体重；参数 a 为生长条件因子；b 为幂指数系数。

参数 a 的大小与饵料基础、水文环境和生长阶段等因素有关，该参数与鱼类肥满度具有相同的变化趋势；参数 b 可以用于判断鱼类是否为匀速生长，即在长、宽和高方向上的生长速度相同，该值的变化范围通常在 2.5～3.5 之间。

（四）基于长度的贝叶斯生物量分析法（LBB）

LBB 方法基于体长数据对渔业资源进行评估，且评估过程中以 M/K、Z/K 的形式代替确定数值的生长系数（K）、自然死亡系数（M）及总死亡系数（Z）。

假设鱼类生长遵循 Von Bertalanffy 生长方程，渔具存在选择性，LBB 方法假设渔具选择为拖网型，则其选择性可以用公式表达：

$$S_L = \frac{1}{1 + e^{-\alpha(L - L_e)}} \quad \text{（Froese R，2018）}$$

其中，S_L 为体长 L 的个体在渔具中保留的个体分位数，α 表示曲线的陡峭度，L_e 为首次捕捞的平均体长。

$$N_L = N_{L\text{start}} \left(\frac{L_\infty - L}{L_\infty - L_{\text{start}}} \right)^{Z/K} \quad \text{（Froese R，2018）}$$

其中，N_L 为体长 L 的鱼类个体存活量，$N_{L\text{start}}$ 代表在渔具完全选择情况下（进入网具中的个体均被保留下来），长度为 L_{start} 的鱼类个体数量，Z/K 为总死亡系数（Z）与生长参数（K）的比值。因为体长频率数据不包含绝对丰度信息，因此上述公式两侧各自除以它们之和时，等式保持不变：

$$\frac{N_L}{\sum N_L} = \frac{\left(\frac{L_\infty - L}{L_\infty - L_{\text{start}}} \right)^{Z/K}}{\sum \left(\frac{L_\infty - L}{L_\infty - L_{\text{start}}} \right)^{Z/K}} \quad \text{（Froese R，2018）}$$

参数 L_∞、L_e、α、M/K（自然死亡系数与生长参数比值）及 F/K（捕捞死亡系数与生长参数的比值）由以下公式评估得到：

$$N_{Li} = N_{Li-1} \left(\frac{L_\infty - L_i}{L_\infty - L_{i-1}} \right)^{\frac{M}{K} + \frac{F}{K} S_{Li}} \quad \text{（Froese R，2018）}$$

$$C_{Li} = N_{Li} S_{Li}$$

其中，N_{Li} 表示第 i 个体长组（Li）中个体数量，N_{Li-1} 为上一个体长组（$Li-1$）中个体数量，C 表示被捕捞的个体数量。

模型的理论体长频率分布（$\hat{P}_{Li}$）则由以下公式得出：

$$\hat{P}_{Li} = \frac{\hat{N}_{Li}}{\sum \hat{N}_{Li}} \quad \text{（Froese R，2018）}$$

其中，$\hat{P}_{Li}$ 和 $\hat{N}_{Li}$ 表示参数的理论期望值。将 L_∞、M/K 及 F/K 代入下式中，可获得未开发世代生物量最大时对应的体长 L_{opt} 和最佳开捕体长 L_{c_opt}：

$$L_{opt} = L_\infty \left(\frac{3}{3 + M/K} \right) \quad \text{（Froese R，2018）}，$$

$$L_{c\_opt}=L_\infty\frac{\left(2+\frac{3F}{M}\right)}{\left(1+\frac{F}{M}\right)\left(3+\frac{M}{K}\right)}\text{（Froese R，2018），}$$

相对单位补充量产量 Y'/R 由以下公式表示：

$$\frac{Y'}{R}=\frac{\frac{F}{M}}{1+\frac{F}{M}}(1-L_c/L_\infty)^{M/K}\left[1-\frac{3\left(1-\frac{L_c}{L_\infty}\right)}{1+\frac{1}{\frac{M}{K}+\frac{F}{K}}}+\frac{3\left(1-\frac{L_c}{L_\infty}\right)^2}{1+\frac{2}{\frac{M}{K}+\frac{F}{K}}}-\frac{\left(1-\frac{L_c}{L_\infty}\right)^3}{1+\frac{3}{\frac{M}{K}+\frac{F}{K}}}\right]\text{（Froese R，2018）}$$

其中，Lc 为实际捕捞体长。假设单位捕捞努力量渔获量与种群生物量成正比，捕捞死亡与捕捞努力量成正比，上式两边同时除以 F/M 得：

$$\text{CPUE}'=\frac{\frac{Y'}{R}}{\frac{F}{M}}=\frac{1}{1+\frac{F}{M}}(1-L_c/L_\infty)^{M/K}\left[1-\frac{3\left(1-\frac{L_c}{L_\infty}\right)}{1+\frac{1}{\frac{M}{K}+\frac{F}{K}}}+\frac{3\left(1-\frac{L_c}{L_\infty}\right)^2}{1+\frac{2}{\frac{M}{K}+\frac{F}{K}}}-\frac{\left(1-\frac{L_c}{L_\infty}\right)^3}{1+\frac{3}{\frac{M}{K}+\frac{F}{K}}}\right]$$

（Froese R，2018）

当 $F=0$ 时，相对生物量表达式为：

$$\frac{B'_0>L_c}{R}=(1-L_c/L_\infty)^{M/K}\left[1-\frac{3\left(1-\frac{L_c}{L_\infty}\right)}{1+\frac{1}{\frac{M}{K}}}+\frac{3\left(1-\frac{L_c}{L_\infty}\right)^2}{1+\frac{2}{\frac{M}{K}}}-\frac{\left(1-\frac{L_c}{L_\infty}\right)^3}{1+\frac{3}{\frac{M}{K}}}\right]$$

（Froese R，2018）

其中，B_0 表示初始生物量。开发种群的生物学参考点 B/B_0 可表示为：

$$\frac{B}{B_0}=\frac{\frac{\text{CPUE}'}{R}}{\frac{B'_0>L_c}{R}}\text{（Froese R，2018），}$$

其中，B 为当前生物量。当 F 与 M、L_c 与 L_{c_opt} 相等时，重新计算以上公式可获得持续产量对应生物量（B_{MSY}）与初始生物量的比值。

在使用 LBB 方法进行评估时，需要对渐近体长（L_∞）、自然死亡系数与生长系数比值（M/K）等参数设定一个先验值。当已有学者对所研究区域相关物种的生物学参数进行评估时，L_∞ 与 M/K 的先验值可参考文献中的评估值；当被评估的物种没有先验信息可借鉴时，模型会产生默认的先验值，其中 M/K 通常默认为 1.5。

若评估结果中 B/B_{MSY} 低于 0.8，则该渔业资源视为过度捕捞（Lc/Lc_opt 大于 1，为生长型过度捕捞），介于 0.8～1.2 之间则视为充分开发，而高于 1.2 则视为资源状况良好。LBB 方法建模和数据分析在 R 语言 4.3.2 中完成。

三、鱼类群落组成分布及差异

使用非度量多维标度法（non-metric multidimensional scaling，NMDS）分析鱼类群落在深度和区域层面的分布，并使用相似百分比分析（similarity percentages，SIMPER）

确定维持群落间差异的物种。

四、鱼类多样性特征

（一）物种 α 多样性

利用渔获物数据构建"站位×物种丰度"的鱼类丰度矩阵。

1. 香农-威纳指数

香农-威纳指数 H' 是用来描述种的个体出现的紊乱和不确定性，不确定性越高，则多样性越高。它借用信息论中不定性测量方法，从而测量群落的异质性并估算群落多样性的高低。各种之间，个体分配越均匀，H' 值越大。若群落中每一个个体均属于不同种，则 H' 最大，若每一个个体都属于同一个种，则 H' 最小：

$$H' = -\sum_i^S P_i \log_2 P_i$$

式中，H' 为香农-威纳多样性指数；S 为样品中的总种数；P_i 为第 i 种的个体丰度（N_i）与总丰度（N）的比值（N_i/N）。

2. Pielou 均匀度

Pielou 均匀度指数 J' 是反映群落丰富度和均匀度的综合指标，为群落实测多样性（以 H' 为基础）和最大多样性（即在给定物种数的情况下完全均匀的群落多样性）之间的比率，用来描述物种中个体的相对丰度或所占比例，反映群落中不同物种的多度（如生物量、数量或其他指标）分布的均匀程度：

$$J' = \frac{H'}{\log_2 S} \quad （Kohn，1977）$$

式中，J' 为均匀度指数；H' 为香农-威纳多样性指数；S 为样品中的总种数。

3. Margalef 种类丰富度指数

Margalef 种类丰富度指数 D 反映群落物种丰富度，它仅考虑群落的物种数量和总个体数，定义为一定大小的群落或环境中物种数目的多寡：

$$D = \frac{S-1}{\log_2 N} \quad （Wilhm and Dorris，1968）$$

式中，D 为 Margalef 丰富度指数；S 为样品中的总种数；N 为群落中所有物种的总丰度。

（二）功能 α 多样性

利用渔获物数据构建"站位×物种丰度"的鱼类丰度矩阵，根据性状数据构建"物种×功能性状"的物种功能性状矩阵。功能多样性基于所选的功能性状数据，选取三个多维功能多样性指数，反映群落功能空间的丰富程度、均匀程度和离散程度。

1. 功能丰富度

功能丰富度（$FRic$，functional richness）与物种的多度无关，而是反映了群落内物种占据生态位空间的超体积。功能丰富度高往往意味着该群落对资源的利用程度较高：

$$FRic = \frac{SFic}{Rc} \quad （Mason et al.，2005）$$

式中，$SFic$ 代表群落中物种所占据的生态位；Rc 代表特征值的绝对值。

2. 功能均匀度

功能均匀度（$FEve$，functional evenness）反映了物种功能性状在所占据的功能空间中的分布情况，功能均匀度高表明物种所占生态位空间得到了充分的利用：

$$EW_l = \frac{dist(i, j)}{w_i + w_j} \text{（Villéger et al.，2008），}$$

$$PEW_l = \frac{EW_l}{\sum_{l=1}^{s-1} EW_l} \text{（Villéger et al.，2008），}$$

$$FEve = \frac{\sum_{i=1}^{S-1} \min\left(PEW_l, \frac{1}{S-1}\right) - \frac{1}{S-1}}{1 - \frac{1}{S-1}} \text{（Villéger et al.，2008），}$$

式中，EW_l 为均匀度权重；$dist(i, j)$ 代表群落中所有物种的欧氏距离（euclidean distance）；w_i 代表物种 i 的相对丰富度；w_j 为物种 j 的相对丰富度；l 为分支长；PEW_l 为分支长的权重；S 代表物种数。

3. 功能离散度

功能离散度（$FDiv$，functional divergence）反映鱼类群落功能性状在功能空间中分布的离散情况。功能离散度高代表着群落功能生态位分化程度高，种间的资源竞争程度低：

$$g_k = \frac{1}{S} \times \sum_{i=1}^{S} x_{ik} \text{（Villéger et al.，2008），}$$

$$dG_i = \sqrt{\sum_{k=1}^{T} (x_{ik} - g_k)^2} \text{（Villéger et al.，2008），}$$

$$\overline{dG} = \frac{1}{S} \sum_{i=1}^{S} dG_i \text{（Villéger et al.，2008），}$$

$$\Delta d = \sum_{i=1}^{S} W_i \times (dG_i - \overline{dG}) \text{（Villéger et al.，2008），}$$

$$\Delta|d| = \sum_{i=1}^{S} W_i \times |dG_i - \overline{dG}| \text{（Villéger et al.，2008），}$$

$$FDiv = \frac{\Delta d + \overline{dG}}{\Delta|d| + \overline{dG}} \text{（Villéger et al.，2008），}$$

式中，S 代表物种数；x_{ik} 代表物种 i 性状 k 的值；dG_i 为 x_{ik} 距离重心的距离；g_k 为性状 k 的质心；T 代表性状数；$\overline{dG}$ 为物种 i 距离重心的平均距离；$\Delta|d|$ 代表物种 i 与质心的平均距离；d 代表以多度为权重的离散度；W_i 代表物种 i 的多度。

（三）系统发育 α 多样性

利用渔获物数据构建"站位×物种丰度"的鱼类丰度矩阵，利用 COI 基因构建鱼类系统发育树。

Helmus 等人（2007）将系统发育纳入群落组成的不同方面的度量，根据物种丰富度、物种均匀度和物种离散度，延伸出系统发育多样性的三个指数：系统发育丰富度（PSR，phylogenetic species richness）、系统发育均匀度（PSE，phylogenetic species evenness）和系统发育离散度（PSV，phylogenetic species variability）。

1. 系统发育丰富度

$$PSR = nPSV \text{（Helmus，2007），}$$

式中，n 代表群落中的物种数；PSV 代表系统发育离散度。

2. 系统发育均匀度

$$PSE = \frac{m\text{diag}(C)'M - M'CM}{m^2 - \overline{m_i}m} \ (\text{Helmus}，2007),$$

式中，C 为单位矩阵；diag 为对角元素；撇号表示转置；M 为包含 mi 的 $n \times 1$ 列的向量。

3. 系统发育离散度

$$PSV = \frac{ntrC - \sum C}{n(n-1)} = 1 - \overline{c} \ (\text{Helmus}，2007),$$

式中，n 为群落中的物种数；trC 为 C 的对角线元素之和；$\overline{c}$ 为单位矩阵 C 的非对角线元素的平均值。

五、鱼类 β 多样性指数计算

(一) 物种 β 多样性

利用渔获物数据构建"站位×物种存在"的鱼类群落 0-1 矩阵（站位中存在的鱼类为 1，不存在的鱼类为 0）。

除 α 多样性之外，衡量群落间多样性的 β 多样性也是生态学研究中的重要指标（Anderson，2011；Koleff et al.，2003；Whittaker，1960）。β 多样性主要用于量化成对的群落间的物种组成的变化幅度或分化程度（Koleff et al.，2003）。目前，β 多样性被分解成周转（turnover）和嵌套（nestedness）两种组分（Baselga，2010）。若一个群落与另一个群落相比较，其物种组成差异仅包含物种丢失或物种获得，那么物种数量少的群落为另一个群落的子集，此时 β 多样性主要由嵌套组分主导；与此相反，若群落间物种的差异主要由物种更替造成，则 β 多样性主要由周转组分主导（Whittaker and Fernández - Palacios，2006）。

根据群落间的物种组成，计算其物种 β 多样性（βsor），并参照 Baselga（2010）的方法，将其分解为周转系数（βsim）和嵌套系数（βsne）：

$$\beta sor = \frac{b+c}{2a+b+c} \ (\text{Baselga}，2010),$$

$$\beta sim = \frac{\min(b,\ c)}{a + \min(b,\ c)} \ (\text{Baselga}，2010),$$

$$\beta nes = \frac{\max(b,\ c) - \min(b,\ c)}{2a+b+c} \times \frac{a}{a + \min(b,\ c)} \ (\text{Baselga}，2010),$$

式中，a 代表两群落共有的物种数；b、c 分别代表两群落各自特有的物种数；$\max(b,\ c)$ 和 $\min(b,\ c)$ 分别代表特有种类数 b、c 中的最大值和最小值。所有计算均在 R 4.1.2 中进行，所使用的包为"ade4""vegan"和"betapart"等。

(二) 功能 β 多样性

利用渔获物数据构建"站位×物种存在"的鱼类群落 0-1 矩阵，根据性状数据构建"物种×功能性状"的物种功能性状矩阵。

功能 β 多样性是生物多样性中一个关键指标，它可以在不同环境梯度或空间尺度下量化群落间功能特征空间重叠部分（Münkemüller et al.，2012；Swenson et al.，2012）。两个共有种很少的群落（分类 β 多样性高），其各自物种在某功能特征上较为相似，则功

能 β 多样性偏低。本研究选取 Villéger（Villéger et al.，2011）的方法计算功能 β 多样性，该方法与 Baselga 计算分类 β 多样性类似，将功能 β 多样性指数分解为周转（群落间无共享功能空间）和嵌套（不同群落功能空间叠加）两个组分。这种分解量化了两个群落间空间重叠部分。因此，该方法更适合用于对比分类和功能 β 多样性的格局异同。

参照 Villéger（2013）的方法，根据每个群落里所有物种的特征性状所占的空间体积来计算功能 β 多样性（Funsor），与分类 β 多样性类似，功能 β 多样性也可分解为周转系数（Funsim）和嵌套系数（Funnes）。计算公式如下：

$$Funsor = \frac{V(C1) + V(C2) - 2V(C1 \bigcap C2)}{V(C1) + V(C2) - V(C1 \bigcap C2)} \quad (\text{Villéger，2013}),$$

$$Funsim = \frac{2\min(V(C1),\ V(C2)) - 2V(C1 \bigcap C2)}{2\min(V(C1),\ V(C2)) - V(C1 \bigcap C2)} \quad (\text{Villéger，2013}),$$

$$Funnes = \frac{\mid V(C1) - V(C2) \mid}{V(C1) + V(C2) - V(C1 \bigcap C2)} \times$$
$$\frac{V(C1 \bigcap C2)}{2\min(V(C1),\ V(C2)) - V(C1 \bigcap C2)} \quad (\text{Villéger，2013}),$$

式中，$C1$ 和 $C2$ 代表两个群落；$V(C1)$ 和 $V(C2)$ 分别代表两群落中物种功能特征所占空间体积；$V(C1 \bigcap C2)$ 代表两个群落功能空间相交部分的体积。

所有计算均在 R-4.1.2 中进行，所使用的包为："FD""ade4""vegan" 和 "beta-part" 等。

（三）系统发育 β 多样性

利用渔获物数据构建"站位×物种存在"的鱼类群落 0-1 矩阵，利用 COI 基因构建鱼类系统发育树。

系统发育 β 多样性通过量化两群落间有根系统发育树的共享分支长度，将局部过程（如生物相互作用和环境过滤）与更多区域过程（包括性状进化、物种形成和扩散）联系起来，可以更好地理解当前生物多样性模式的机制。本研究采用 Leprieur（Leprieur et al.，2012）的方法计算系统发育 β 多样性，该方法扩展了 Baselga 计算分类 β 多样性的框架，将系统发育 β 多样性指数分解为周转和嵌套两个组分：

$$PD = \sum_{T} w_t \quad (\text{Leprieur et al.，2012}),$$

$$PD_{tot} = \sum_{T_j \cup T_k} w_t \quad (\text{Leprieur et al.，2012}),$$

$$PD_k = \sum_{T_k} w_t \quad (\text{Leprieur et al.，2012}),$$

$$PD_j = \sum_{T_j} w_j \quad (\text{Leprieur et al.，2012}),$$

$$b = PD_{tot} - PD_k \quad (\text{Leprieur et al.，2012}),$$

$$c = PD_{tot} - PD_j \quad (\text{Leprieur et al.，2012}),$$

$$a = PD_k + PD_j - PD_{tot} \quad (\text{Leprieur et al.，2012}),$$

$$PhyloSor = \frac{2PD_{tot} - PD_k - PD_j}{PD_k + PD_j} \quad (\text{Leprieur et al.，2012}),$$

$$PhyloSor_{turn} = \frac{\min(PD_{tot} - PD_k,\ PD_{tot} - PD_j)}{PD_k + PD_j - PD_{tot} + \min(PD_{tot} - PD_k,\ PD_{tot} - PD_j)}$$
$$(\text{Leprieur et al.，2012}),$$

$$PhyloSor_{nes}＝PhyloSor－PhyloSor_{turn}（Leprieur\ et\ al.，2012），$$

式中，PD 为群落的系统发育树支长总和；PD_{tot} 为群落 j 与群落 k 的并集分支；T_j 和 T_k 是区域内有根树 T 的子集，代表区域内群落 j 和群落 k 的系统发育树；PD_k 为群落 k 的分支和；w_t 代表树 T 中每个分支 t 的长度；PD_j 为群落 j 的分支和；a 代表两群落间共享的分支长度之和；b 代表群落 j 独有的分支长度之和；c 代表群落 k 独有的分支长度之和。

所有计算均在 R 4.1.2 中进行，所使用的包为 "phangorn" "ade4" "vegan" 和 "betapart" 等。

六、鱼类多样性不同指标间的相关性

研究生物多样性指数之间的关系是了解群落健康状况和演替趋势的有效方法（He & Legendre，2002）。例如，健康群落（即具有不饱和生态位的群落）的丰富度与均匀度往往呈正相关，而不健康群落的丰富度与均匀度往往呈负相关（Zhang et al.，2012；Yan et al.，2023）。本研究使用线性模型来描述 Mantel's 排列检验下多样性不同方面之间的所有关系。

七、鱼类群落构建机制

对环境数据标准化后进行主成分分析（PCA），使用 vegan 包中的 "wascores" 函数（Oksanen et al.，2015）计算物种与环境 PCA 轴的亲和力。用物种之间的欧几里得距离来定义环境亲和力的相似性。使用 FD 包的 "gowdis" 函数计算物种间的性状距离。使用 vegan 包中的 "mantel. correlog" 函数测试环境距离和性状距离之间的相关性，并对多重比较进行 Holm 调整（Borcard et al.，2018）。性状和环境距离之间的显著相关性可测试功能相似的物种是否具有相似的环境偏好（Losos，2010）。以上步骤是利用功能 β 多样性检验生态过程的先决条件（Cavender–Bares et al.，2009）。

为了估计局域尺度上选择（环境过滤）、均质化扩散、扩散限制和漂变对鱼类群落构建的贡献，本研究采用了 Stegen（2013）提出的框架，使用功能距离代替系统发育距离（Ford et al.，2017）。根据物种的功能特征对物种之间的高尔差异进行层次聚类构建功能树，使用 picante 包中的丰度加权 "commdistnt" 函数计算了功能树每个分支的 β 平均最近分类距离（βMNTD，β – mean nearest taxon distance）（Kembel et al.，2010）。该函数可量化样本中每个物种在功能树与其最接近的物种之间的功能距离（Fine and Kembel，2011）。使用物种名称和丰度的 999 种排列，纳入空模型来识别 βMNTD 与随机的偏差。β 最近分类群指数（βNTI，β – nearest taxon index）被量化为 βMNTD 与随机的偏离，即作为与零模型的标准差。｜βNTI｜的值＞2 被认为是替换过程明显偏离偶然预期（Stegen et al.，2013）。以上分析基于 Stegen（2013）使用的 R 代码，该代码可以在 https：//github. com/stegen/Stegen_etal_ISME_2013 中获取。

若样本对的｜βNTI｜<2，则群落构建是以随机过程主导，即均质化扩散或与扩散限制一起作用或漂变的单独结果（Ford and Roberts，2020）。为了区分这些过程，本研究应用了 Chase（Chase et al.，2011）的 Raup–Crick（RCbray）概率度量。这种零模型方法根据观察到的物种的群落数量和物种的相对丰度来随机地组装群落（Stegen et al.，2013）。

应用该零模型通过999种数据排列来构建随机化的群落丰富度和物种丰度。然后将零模型的结果标准化为-1~1（Chase et al.，2011；Stegen et al.，2013）。删除已知的$|\beta NTI|>2$的样本对，对零模型结果进行分区以识别剩余的群落构建过程。若$|RCbray|$的值$<$0.95，则表示漂变的单独作用，若RCbray的值$>+0.95$，则表示由扩散限制和漂变共同作用，若RCbray的值<-0.95，则表示由均质化扩散所致（Stegen et al.，2013）。

群落构建中环境过滤或限制相似性的过程则分别通过其与偶然预期的收敛或发散来识别（Botta ‹ ukát and Czúcz，2016，Keddy，1995）。对于每个性状，计算观察到的功能离散度（F_{dis_obs}）值，即样本中性状值的丰度加权多元离散度（Laliberté and Legendre，2010）。当与零模型结合时，该指标能够检测性状的收敛或发散（Mason et al.，2013）。本研究选择功能丰富度（F_{ris_obs}）和离散度（F_{dis_obs}）来表示功能多样性，零模型则是通过picante包的"randomizeMatrix"函数的"richness"方法创建的（Kembel et al.，2010），该方法在保持样本丰富度的同时随机化样本内的丰度。对每个性状分别进行1 000种数据排列，随机偏差计算如下：

$$FD_{SES}=\frac{F_{dis\_obs}-mean(F_{dis\_null})}{sd\ (F_{dis\_null})}\text{（FORD B M，2020），}$$

$$FR_{SES}=\frac{F_{ris\_obs}-mean(F_{ris\_null})}{sd(F_{ris\_null})}\text{（FORD B M，2020），}$$

其中，FD_{SES}为功能离散度的随机偏差；F_{dis_obs}为实际群落的功能离散度；F_{dis_null}为零模型构建群落的功能离散度；FR_{SES}为功能丰富度的随机偏差；F_{ris_obs}为实际群落的功能丰富度；F_{ris_null}为零模型构建群落的功能丰富度。

使用R中的"wilcox. test"函数的Wilcoxon秩和检验来测试实际群落与随机群落（$FD_{SES}=0$，$FR_{SES}=0$）的功能多样性的显著偏离。使用Spearman相关性来定义环境与FD_{SES}和FR_{SES}的相关性。

第三章

北部湾渔业环境

第一节　物化环境

一、温度、盐度

北部湾长年受季风影响，其环流结构随季节转换，水文情况复杂。受环流影响，北部湾温度和盐度有着明显的季节和区域差异（杨士瑛等，2006）。夏季，北部湾存在着三种不同性质的海水，分别为沿岸水、外海水和混合水，而冬季，湾内仅存沿岸水和混合水两种海水。其中，沿岸水在夏季和冬季的特征均是盐度低（<32），水温垂直均匀；夏季外海水的特征是低温、高盐（>33.5）；混合水的特征介于沿岸水和外海水之间，在夏季的盐度为32.0～33.5，在冬季则是高盐（>33），且水温高于沿岸水（谭光华，1987）。整体而言，北部湾表层温度的分布呈现北高南低的趋势，而表层盐度受影响的因素较多，一般呈现近岸高、远岸低的趋势（胡建宇，2008；侍茂崇等，2019）。

2022年休渔前航次调查结果显示，北部湾表层海水温度为22.1～27.8℃，均值为25.1℃。其中海南岛西南近岸40～60 m深海域的25号站位最高，湾内40～60 m深海域的11号站位最低。海南岛西侧、南侧和湾口站位的温度较高，湾内和湾中站位的温度较低。整体上，呈现东南高、西北低的趋势。休渔后航次调查结果显示，北部湾表层海水温度为28.9～31.8℃，均值为30.4℃，为休渔前航次的1.2倍。其中湾中40～60 m深海域的12号站位最高，海南岛西侧近岸40～60 m深海域的9号站位最低。湾内和湾口站位的温度高于湾中及湾外站位（图3-1）。

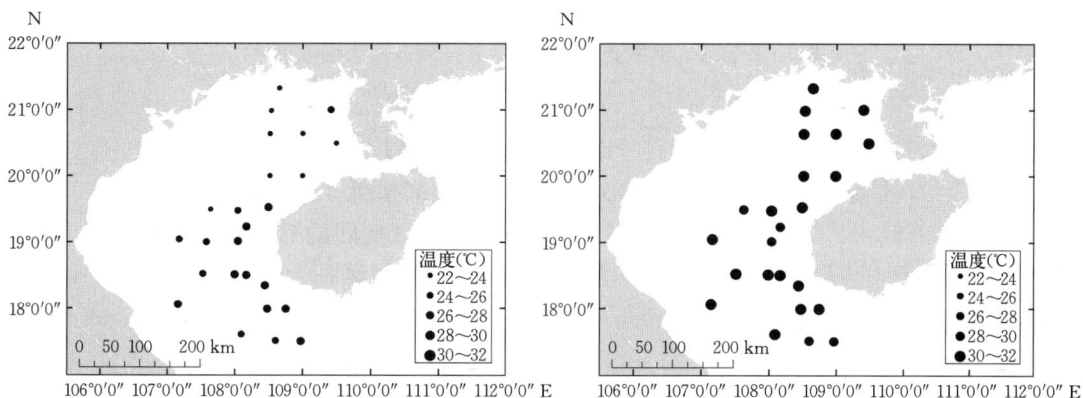

图3-1　2022年北部湾休渔前后两航次温度分布

休渔后较休渔前，湾内40～60 m深海域的11号站位和海南岛西北近岸20～40 m深海域的8号站位的温度升高超40%；防城港南部近岸0～20 m深海域的1号站位、琼州海峡西侧 0～20 m 深海域的 3 号站位、湾内 20～40 m 深海域的 6 号、7 号站位及湾中 40～60 m 深海域的 12 号站位的温度升高了 30％～40％；海南岛西南侧近岸 40～60 m 深海域的 9 号和 25 号站位及湾中 40～60 m 深海域的 15 号站位的温度变化较小，仅升高了 10％左右。

2022 年休渔前航次调查结果显示，80～100 m 深度梯度海域的海水表层平均温度最高，为 26.1 ℃；其次是 40～60 m 深度梯度海域，为最高值的 98％，且温度分布较离散；20～40 m 深度梯度海域的海水表层平均温度最低，为最高值的 85％，且温度分布较均匀。休渔后航次调查结果显示，20～40 m 深度梯度海域的海水表层平均温度最高，为 30.9 ℃；其次是 0～20 m 深度梯度海域，为最高值的 99％；40～60 m 深度梯度海域的海水表层平均温度最低，为 30.4 ℃，且温度分布较离散。休渔后较休渔前，40～60 m 和 80～100 m 深海域的海水表层平均温度上升了 16％～18％；0～20 m、20～40 m 和 60～80 m 深海域的海水表层平均温度上升了 23％～36％（图 3-2）。

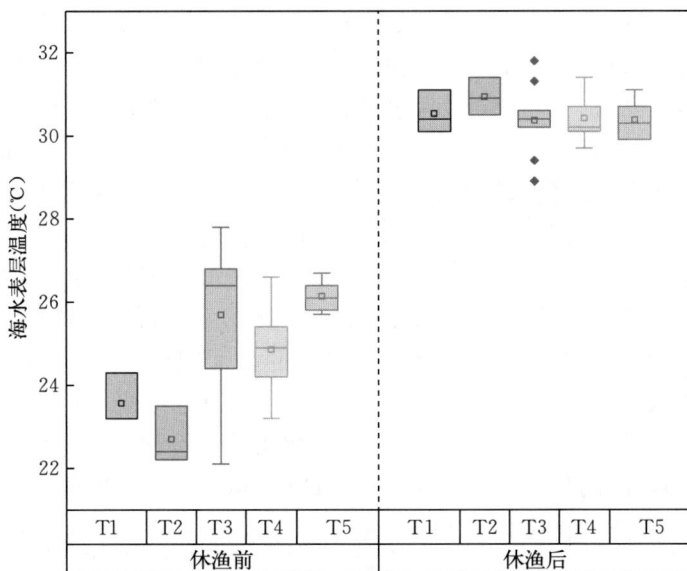

图 3-2　2022 年休渔前后两航次各深度海水表层温度
T1. 0～20 m　T2. 20～40 m　T3. 40～60 m　T4. 60～80 m　T5. 80～100 m

2022 年休渔前航次调查结果显示，北部湾海水表层平均温度最高的区域为Ⅵ区，平均温度为 26.3 ℃，且温度分布较均匀；其次是Ⅲ区，较最高值低 1％；Ⅱ区海水表层平均温度最低，较最高值低 4.2 ℃。休渔后航次调查结果显示，各区域间的海水表层温度均有不同程度的升高。Ⅱ区海水表层平均温度最高，为 31.3 ℃；其次是Ⅰ区，为最高值的 98％，且温度分布较离散；Ⅲ区海水表层平均温度最低，为最高值的 94％，且温度分布较均匀。休渔后较休渔前，各区域间的海水表层平均温度均有不同程度的升高。其中，Ⅰ区和Ⅱ区的海水表层平均温度上升幅度较大，分别升高了 32％和 37％（图 3-3）。

2022 年休渔前航次调查结果显示，北部湾海水盐度为 31.1～34.6，均值为 33.8。其中海南岛西侧近岸 40～60 m 深海域的 9 号站位最高，海南岛西北近岸 20～40 m 深海域的 8 号站位最低。湾中、湾口和湾外站位的盐度较高，雷州半岛西侧和海南岛西北近岸站位的盐度

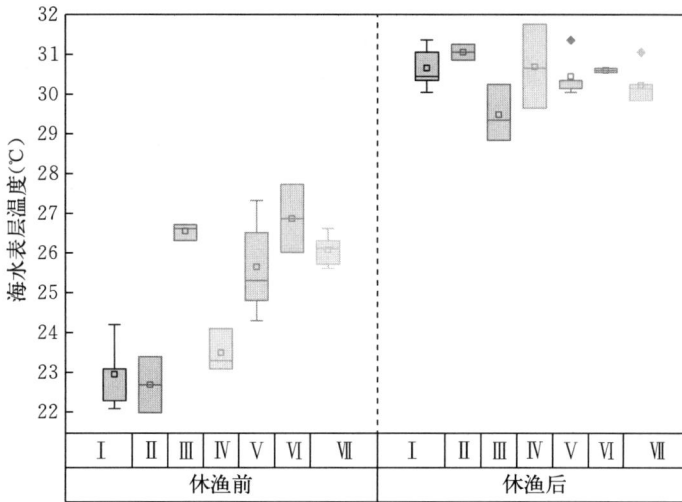

图 3-3　2022 年休渔前后两航次各区域海水表层温度

较低。整体上，呈现西南高、东北低的趋势。休渔后航次调查结果显示，北部湾海水盐度为29.5~33.8，均值为 32.7，较休渔前航次降低 1.1。其中海南岛西侧近岸 40~60 m 深海域的9 号站位最高，湾内 20~40 m 深海域的 6 号站位最低。湾口和湾外站位的盐度高于湾内站位（图 3-4）。

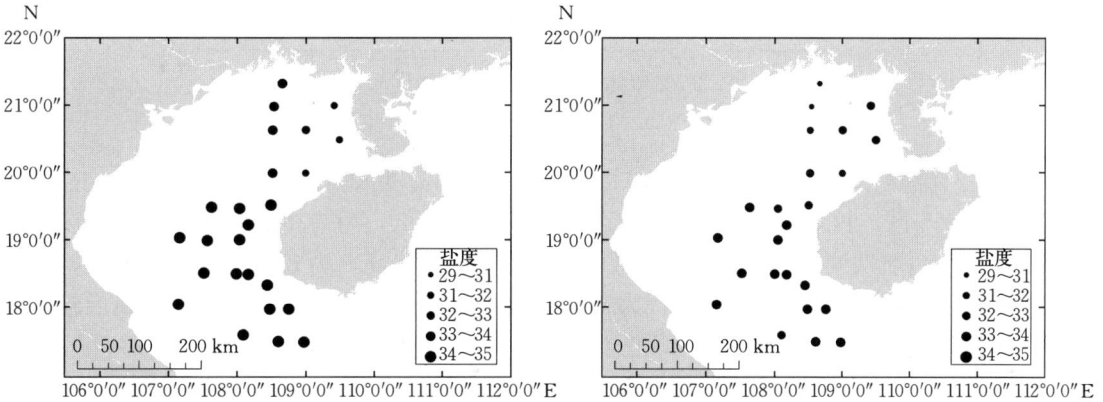

图 3-4　2022 年北部湾休渔前后两航次盐度分布

休渔后较休渔前，琼州海峡西侧 0~20 m 深海域的 2 号和 3 号站位及海南岛西北近岸20~40 m 深海域的 8 号站位的盐度升高了 2% 左右，其余站位均有不同程度降低。其中，湾内 20~40 m 深海域的 6 号站位降幅最大，较休渔前降低了 12%；防城港南部近岸 0~20 m深海域的 1 号站位和湾内 40~60 m 深海域的 11 号站位的盐度降低了 8% 左右；其余站位降低了 2%~5% 左右。

2022 年休渔前航次调查结果显示，60~80 m 深度梯度海域的海水平均盐度最高，为34.3；其次是 40~60 m 深度梯度海域，较最高值低 0.1，且盐度分布较离散；0~20 m 深度梯度海域的海水平均盐度最低，为最高值的 94%。休渔后航次调查结果显示，80~100 m 深度梯度海域的海水平均盐度最高，为33.4，且盐度分布最均匀；其次是60～80 m深度梯度海域，为最高值的99%；20～40 m深度梯度海域的海水盐度最低，为最高值的93%，且盐度分布最离散。休渔后较休渔前，各深度梯度海域的海水盐度均有不同程度的降低。其中，20～40 m、40～60 m和60～80 m深度梯度海域的海水平均盐度降低了3%～4%；80～100 m深度梯度海域的海水平均盐度降低了2.5%，0～20 m深度梯度海域的海水平均盐度降幅最小，仅降低了1.5%（图3-5）。

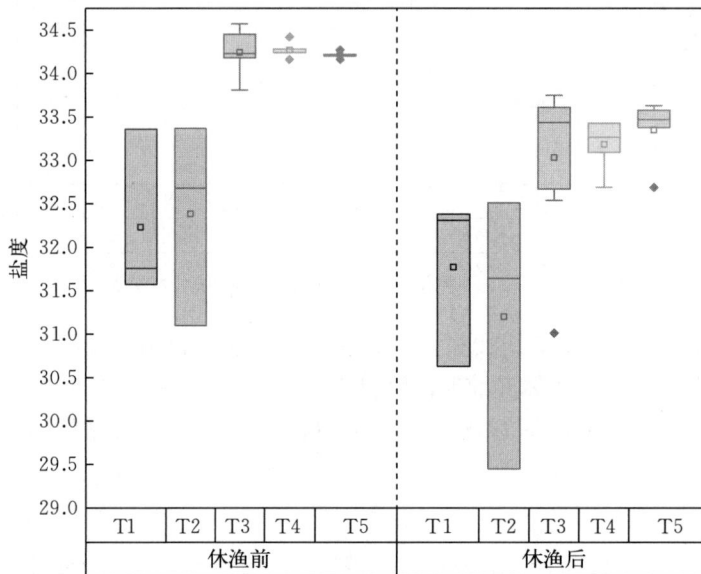

图3-5 2022年休渔前后两航次各深度海水盐度

T1.0～20 m T2.20～40 m T3.40～60 m T4.60～80 m T5.80～100 m

2022年休渔前航次调查结果显示，北部湾海水平均盐度最高的区域为Ⅲ区，平均盐度为34.6；其次是Ⅴ区，较最高值低0.2；Ⅰ区海水平均盐度最低，为最高值的95%，且盐度分布较离散。休渔后航次调查结果显示，Ⅵ区的海水平均盐度最高，为33.6；其次是Ⅶ区，为最高值的99%；Ⅰ区海水平均盐度最低，为最高值的94%，且盐度分布最离散。休渔后较休渔前，Ⅰ区的海水平均盐度降幅最大，降低了4.2%，且盐度分布差异增加（图3-6）。

二、pH

在大量的温室气体中，CO_2受人类活动影响最为明显，随着工业化的发展，大气中的CO_2浓度激增（Solomon et al.，2007）。人类活动每年排放的CO_2约有50%停留在大气中，而余下的CO_2则被海洋等自然生态系统吸收（Burns et al.，2008）。表层海水在与大气进行CO_2气体交换时，会导致水体的pH变化（Doney et al.，2009）。海水体系一般采用总H^+标准，$pH_T = -\log_{10}[H^+]_T$，而$[H^+]_T = [H^+] + [HSO_4^-]$（Dickson et al.，2007）。通常海水在清洁大气平衡条件下，25 ℃时的总H^+标准pH为8.02～8.06（Pelletier et al.，2007）。若正常海水的pH下降0.2～0.3，海洋中的生物均会受到不同程度的影响，尤其是贝类及有钙质外部结构的生物，如珊瑚和有孔虫等（Gao et al.，2007；Zeebe et al.，2008；Hall-Spen-

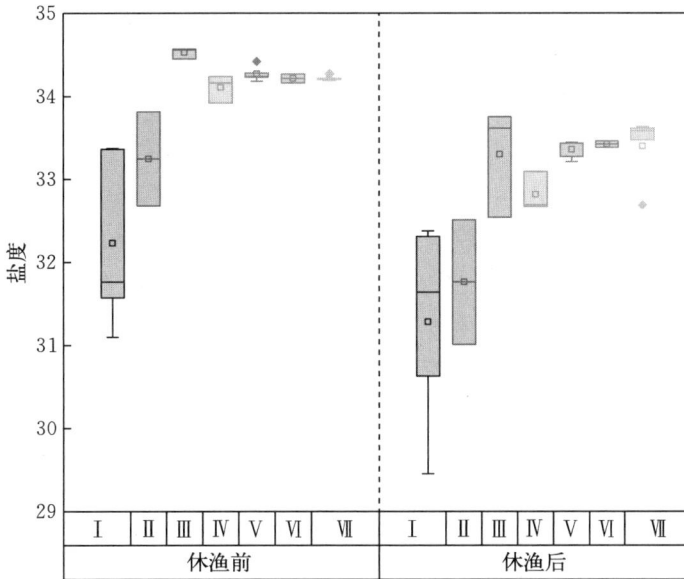

图 3-6 2022 年休渔前后两航次各区域海水盐度

cer et al.，2008）。2016 年调查显示，北部湾东北部海域 4 月的 pH 均值低于 8.12，至同年
8 月逐渐升高，8 月的 pH 均值高于 8.15（袁涌铨等，2019）。

2022 年休渔前航次调查结果显示，北部湾海水 pH 为 8.02～9.05，均值为 8.3。其中湾
内 20～40 m 深海域的 7 号站位最高，湾中 60～80 m 深海域的 18 号站位最低。湾内、海南岛
西侧近岸站位的 pH 较高，北部近岸和湾中站位的 pH 较低。休渔后航次调查结果显示，北
部湾表层海水 pH 为 7.91～8.89，均值为 8.4，较休渔前航次升高了 0.1。其中湾口 60～
80 m 深海域的 21 号站位最高，防城港南部近岸 0～20 m 深海域的 1 号站位最低。湾内西部
和湾中站位的 pH 较低（图 3-7）。

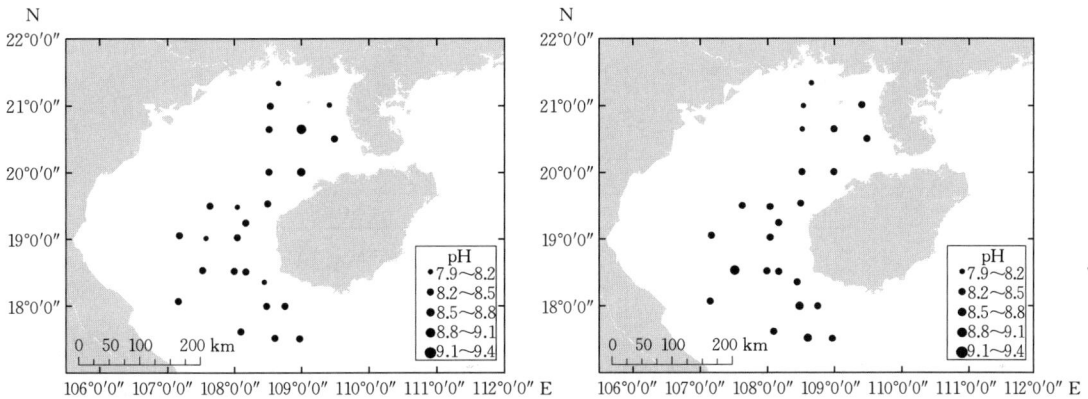

图 3-7 2022 年北部湾休渔前后两航次 pH 分布

休渔后较休渔前，除海南岛西侧近岸 40～60 m 深海域的 9 号站位外，各站位均有不
同程度的增减。湾口 60～80 m 深海域的 21 号站位和海南岛西南近岸 40～60 m 深海域的
25 号站位的 pH 升高了 5%～6%；琼州海峡西侧 0～20 m 深海域的 3 号站位、湾中 40～

60 m 深海域的 15 号、17 号和 60~80 m 深海域的 5 号站位及湾口 40~60 m 深海域的 10 号、16 号和 60~80 m 深海域的 19 号、80~100 m 深海域的 22 号站位和湾外 80~100 m 深海域的 4 号和 24 号等站位的 pH 升高了 1%~3%；防城港南部近岸 0~20 m 深海域的 1 号站位、湾内的 6 号和 11 号站位、湾中 40~60 m 深海域的 12 号站位和海南岛西北近岸 20~40 m 深海域的 8 号站位的 pH 降低了 1%~4%；湾内 20~40 m 深海域的 7 号站位的 pH 降幅最大，下降了 8%。

2022 年休渔前航次调查结果显示，20~40 m 深度梯度海域的海水平均 pH 最高，为 8.7 且 pH 值分布最离散；其次是 80~100 m 深度梯度海域，为最高值的 96% 且 pH 值分布最均匀，60~80 m 深度梯度海域的海水平均 pH 最低，为最高值的 95%。休渔后航次调查结果显示，60~80 m 深度梯度海域的海水平均 pH 最高，为 8.5；其次是 80~100 m 深度梯度海域，较最高值低 0.03；0~20 m 深度梯度海域的海水平均 pH 最低，为最高值的 97%。休渔后较休渔前，除 20~40 m 深度梯度海域的海水平均 pH 降低了 5% 外，其余各深度梯度海域的海水平均 pH 均有不同程度的升高，其中，0~20 m 深海域的海水平均 pH 仅升高了 0.1%；40~60 m、60~80 m 和 80~100 m 深海域的海水平均 pH 升高了 1%~3%（图 3-8）。

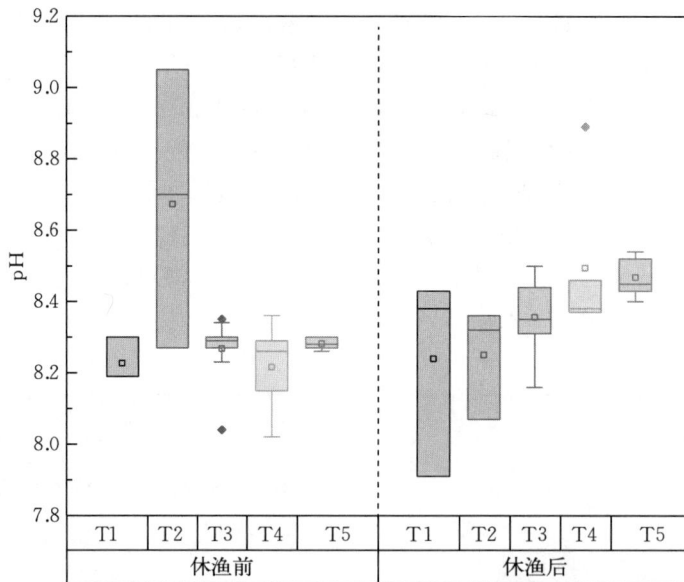

图 3-8 2022 年休渔前后两航次各深度海水 pH
T1.0~20 m T2.20~40 m T3.40~60 m T4.60~80 m T5.80~100 m

2022 年休渔前航次调查结果显示，北部湾海水平均 pH 最高的区域为 Ⅱ 区，平均 pH 为 8.6 且 pH 分布最离散；其次是 Ⅰ 区，为最高值的 97%；Ⅵ 区海水平均 pH 最低，为最高值的 96%。休渔后航次调查结果显示，Ⅴ 区的海水平均 pH 最高，为 8.5；其次是 Ⅶ 区，仅较最高值低 0.03；Ⅰ 区海水平均 pH 最低，为最高值的 97%，且 pH 分布最离散。休渔后较休渔前，仅 Ⅰ 区和 Ⅲ 区的海水 pH 分别降低了 1.2% 和 4.8%；Ⅵ 区的海水 pH 涨幅较大，升高了 2.9%（图 3-9）。

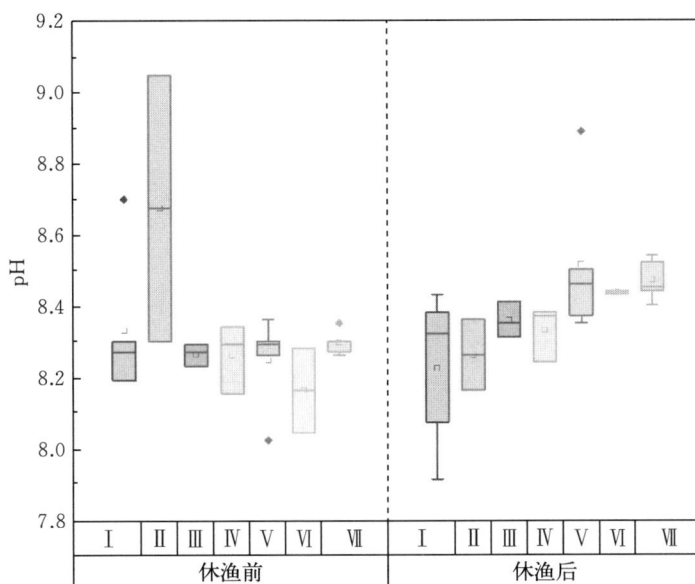

图 3-9　2022 年休渔前后两航次各区域海水 pH

三、叶绿素 a

浮游植物能够利用光能实现碳的转化，是海洋中的初级生产者，在海洋生态系统的物质循环和能量转化过程中扮演着重要角色（沈国英等，2002）。叶绿素 a 是参与浮游植物光合作用的主要色素，其含量可反映海域浮游植物现存量和海水初级生产力。根据前人调查研究，2001—2002 年北部湾的叶绿素 a 浓度为 0.237～0.567 mg/m³，2011—2016 年叶绿素 a 浓度为 0.16～10.28 μg/L，2017—2021 年夏季的叶绿素 a 浓度为 0.03～10.59 μg/L，高浓度区主要为广西沿岸海域和海南岛西侧近岸海域。水体中的叶绿素 a 浓度分布趋势大致为东高西低，近岸高、远岸低，表层高、底层低（孙典荣，2008；刘大召，2019；郑侦明等，2022）。

2022 年休渔前航次调查结果显示，北部湾海水叶绿素 a 浓度为 1.03～7.74 μg/L，均值为 2.28 μg/L。其中雷州半岛西北近岸 0～20 m 深海域的 2 号站位最高，海南岛西南近岸 40～60 m 深海域的 25 号站位最低。雷州半岛西侧站位的叶绿素 a 浓度较高，湾口和湾外站位的叶绿素 a 浓度较低。整体上，北部湾 4 月叶绿素 a 浓度分布呈东北高、西南低的趋势。休渔后航次调查结果显示，北部湾表层海水叶绿素 a 浓度为 1.30～6.18 μg/L，均值为 2.47 μg/L，较休渔前航次升高了 8%。其中雷州半岛西北近岸 0～20 m 深海域的 2 号站位最高，湾口 80～100 m 深海域的 22 号站位最低。湾内和海南岛西北侧近岸站位的叶绿素 a 浓度较高，湾中、湾口和湾外站位的叶绿素 a 浓度较低。整体呈北高南低，近岸高、远岸低的趋势（图 3-10）。

2022 年休渔前航次调查结果显示，0～20 m 深度梯度海域的海水叶绿素 a 平均浓度最高，为 5.0 μg/L，且叶绿素浓度分布最离散；其次是 20～40 m 深度梯度海域，为最高值的 78%；80～100 m 深度梯度海域的海水叶绿素 a 平均浓度最低，为最高值的 28%，且叶绿素

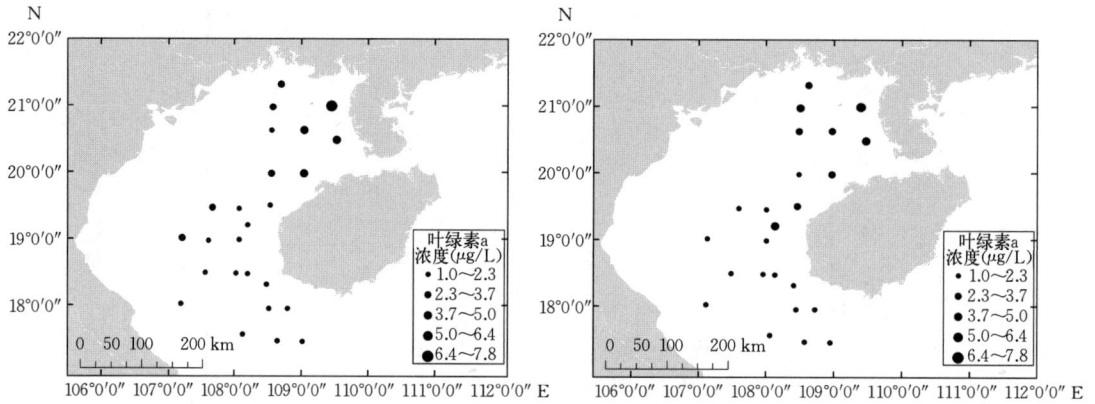

图 3-10 2022 年北部湾休渔前后两航次叶绿素 a 浓度分布

浓度分布最均匀。休渔后航次调查结果显示，0～20 m 深度梯度海域的海水叶绿素 a 平均浓度最高，为 4.4 μg/L，且叶绿素浓度分布最离散；其次是 20～40 m 深度梯度海域，为最高值的 71%；60～80 m 深度梯度海域的海水叶绿素 a 平均浓度最低，为最高值的 34%，且叶绿素浓度分布最均匀。休渔后较休渔前，40～60 m 深度梯度海域的叶绿素 a 平均浓度涨幅最大，升高了 24%；60～80 m 深度梯度海域的叶绿素 a 平均浓度降幅最大，降低了 25%（图 3-11）。

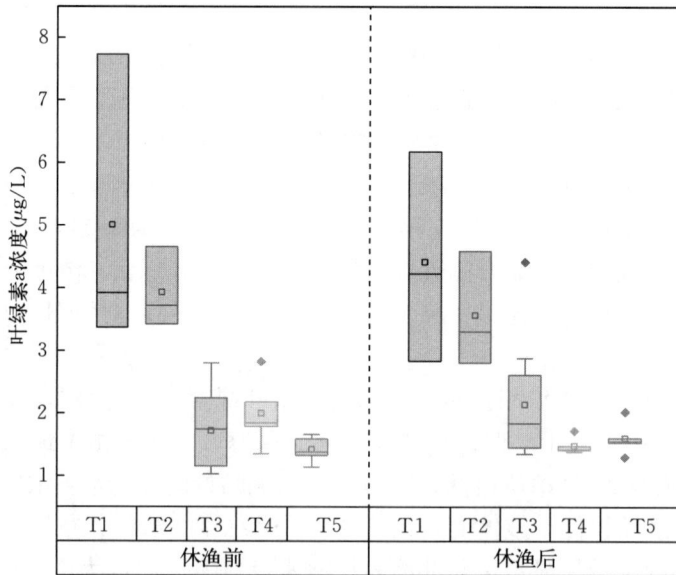

图 3-11 2022 年休渔前后两航次各深度海水叶绿素 a 浓度

T1. 0～20 m　T2. 20～40 m　T3. 40～60 m　T4. 60～80 m　T5. 80～100 m

2022 年休渔前航次调查结果显示，北部湾海水叶绿素 a 平均浓度最高的区域为 I 区，海水叶绿素 a 平均浓度为 4.6 μg/L；其次是 II 区，为最高值的 59%；VI 区海水叶绿素 a 平均浓度最低，为最高值的 30%。休渔后航次调查结果显示，I 区的海水叶绿素 a 平均浓度最高，为 4.1 μg/L，且叶绿素 a 浓度分布较离散；其次是 III 区，为最高值的 76%；VI 区海水叶绿素 a 平均浓度最低，为最高值的 32%。休渔后较休渔前，I 区的海水叶绿素 a 平均浓度降低

11%，Ⅲ区的海水叶绿素 a 平均浓度涨幅最高，升高了 88%（图 3-12）。

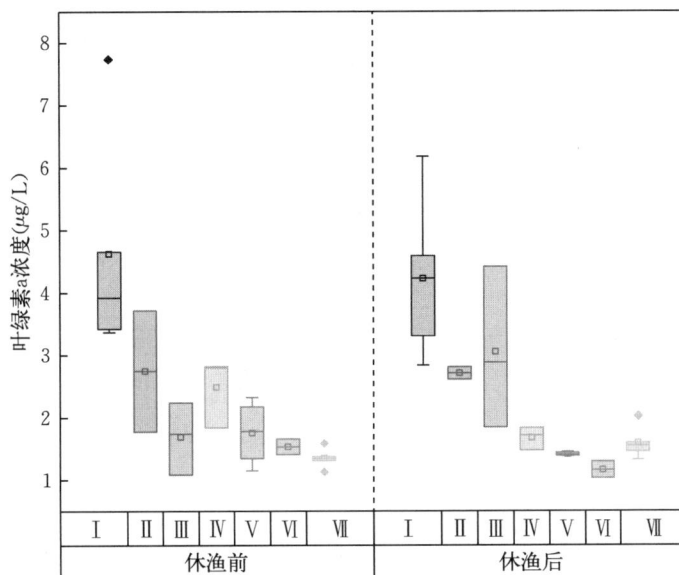

图 3-12 2022 年休渔前后两航次各区域海水叶绿素 a 浓度

四、化学需氧量

北部湾近岸海域赤潮灾害的发生次数较东南各省份相对较少，但赤潮灾害风险在增加（申友利等，2022）。赤潮的频繁发生会给近岸产卵场带来严重危害，增加渔业生物的死亡率，对渔业资源的稳定产生影响（程济生，2004），而化学需氧量（COD）则是影响赤潮发生的重要因素，已有研究表明，COD 浓度大于 1 mg/L 的海域有可能发生赤潮（王修林等，2015）。

北部湾近岸的 COD 无明显的季节规律。2016 年近岸海域表层海水的 COD 值为 0.00~3.13 mg/L，春季 COD 值较高，均值为 1.49 mg/L，秋季较低，均值为 1.10 mg/L（李萍等，2019）；2021 年夏季近岸表层海水的 COD 值为 0.34~1.47 mg/L，均值为 0.99 mg/L，2022 年冬季为 0.45~1.83 mg/L，均值为 0.99 mg/L（陶晓娉等，2022）。

2022 年休渔前航次调查结果显示，北部湾表层海水 COD 值为 0.48~1.87 mg/L，均值为 1.38 mg/L，浓度大于 1 mg/L 的站位占 4/5，所有站位均符合国家一类海水水质标准。其中，雷州半岛西部近岸 0~20 m 深海域的 2 号站位最高，防城港南部 20~40 m 深海域的 6 号站位最低。广东和广西沿岸、湾中和湾外站位的 COD 浓度较高，但也有位于湾内、湾口和海南岛西岸的零星站位 COD 浓度极低。整体上，海南岛西岸海域浓度略低于其他海域。休渔后航次调查结果显示，北部湾表层海水 COD 值为 0.48~2.90 mg/L，均值 1.71 mg/L，为休渔前航次的 1.2 倍，浓度大于 1 mg/L 的站位占 4/5，符合国家一类海水水质标准的站位占 14/25。其中，涠洲岛西南部 40~60 m 深海域的 11 号站位最高，该站位东部 20~40 m 深海域的 7 号站位最低。除 11 号站位外，湾内和湾中的站位 COD 浓度明显低于湾口和湾外站位，尤其是海南岛西北沿岸的站位 COD 浓度极低。整体上，北部湾南部海域的 COD 浓度远高于北部海域（图 3-13）。

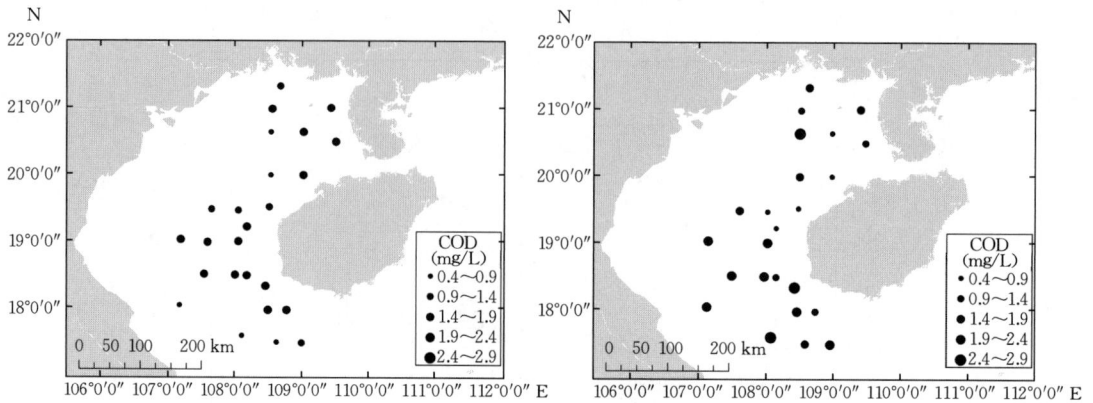

图 3-13　2022 年北部湾休渔前后两航次 COD 浓度分布

　　休渔后较休渔前，湾口的 20 号、22 号站位和湾中的 15 号站位的 COD 浓度明显升高，分别为休渔前的 3 倍、1.9 倍和 1.8 倍左右；湾外的 4 号站位、湾内的 11 号站位、湾中的 17 号站位、湾口的 19 号和 25 号站位 COD 浓度也均有较明显的升高，升高幅度超过 50%；防城港近海的 1 号站位、海南岛西岸的 13 号站位、湾口的 21 号站位和湾外的 24 号站位 COD 浓度轻微上升；湾内的 8 号站位和海南岛近岸的 9 号、10 号站位及湾中的 14 号站位 COD 浓度明显降低，均较休渔前降低了一半左右；琼州海峡西侧的 3 号站位和湾中的 5 号站位 COD 浓度略有降低；而雷州半岛西北近岸的 2 号站位和湾口的 16 号站位 COD 浓度在休渔前后无明显变化。

　　2022 年休渔前航次调查结果显示，北部湾 60～80 m 深海域的 COD 平均浓度最高，浓度为 1.67 mg/L，且该深度的 COD 浓度分布最均匀；其次是 0～20 m 深海域，COD 平均浓度为最高值的 95%；COD 平均浓度最低的海域为 20～40 m 深海域，浓度仅为最高值的 67%。休渔后航次调查结果显示，80～100 m 深海域的 COD 平均浓度最高，为 2.3 mg/L；其次是 60～80 m 深海域，COD 平均浓度为最高值的 74；20～40 m 深海域的 COD 平均浓度最低，为最高值的 31%。休渔后较休渔前，40～60 m 和 80～100 m 深海域的 COD 平均浓度分别升高了 26% 和 88%；20～40 m 深海域的 COD 平均浓度比休渔前降低了 27%（图 3-14）。

　　2022 年休渔前航次调查结果显示，北部湾 COD 平均浓度最高的区域为 Ⅳ 区，浓度为 1.6 mg/L，且该区域的 COD 浓度分布最均匀；其次是 Ⅱ 区，COD 平均浓度为最高值的 98%；COD 平均浓度最低的区域为 Ⅲ 区，浓度仅为最高值的 57.5%。休渔后航次调查结果显示，COD 平均浓度最高的区域为 Ⅵ 区，浓度为 2.36 mg/L，且该区域的 COD 浓度分布最均匀；其次是 Ⅴ 区，COD 平均浓度均为最高值的 96%；COD 平均浓度最低的区域为 Ⅲ 区，浓度为最高值的 47%。休渔后较休渔前，Ⅱ 区的浓度分布更加离散；Ⅵ 区浓度在休渔后升高了 105%；Ⅳ 区的 COD 平均浓度降幅较大，降低了 19%（图 3-15）。

五、溶解氧

　　海水表层的溶解氧（DO）主要来源于大气的溶解及藻类和浮游植物的光合作用。北部湾海域的 DO 含量存在一定的变化规律，水温较低的冬、春季节的 DO 含量高于水温较高的夏、秋季节（李萍等，2019；马浩阳等，2020；陶晓娉等，2022）。

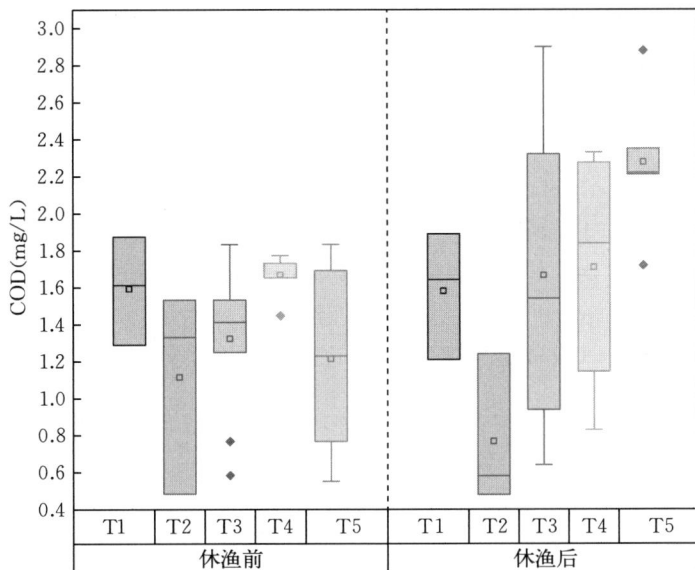

图 3-14 2022 年休渔前后两航次各深度 COD

T1.0~20 m T2.20~40 m T3.40~60 m T4.60~80 m T5.80~100 m

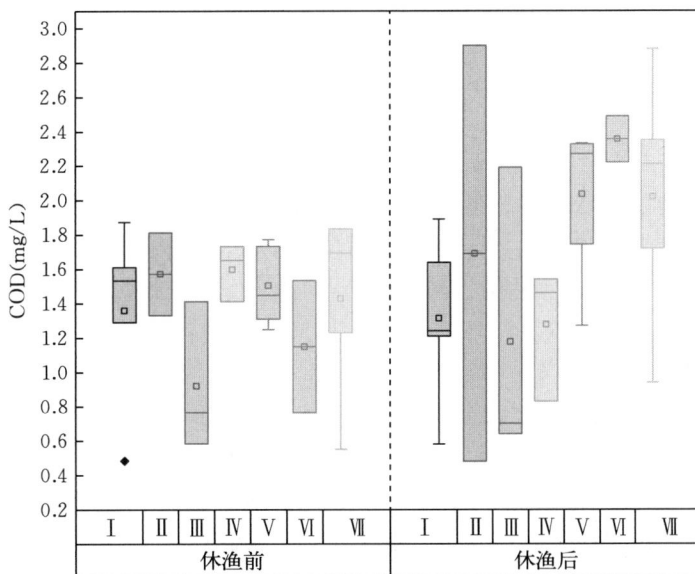

图 3-15 2022 年休渔前后两航次各区域海水 COD

2006 年整个北部湾海域表层海水的 DO 值范围为 2.39~8.73 mg/L，其中夏季均值最低，为 6.09 mg/L，21.9％的站位超一类水质标准；冬季均值最高，为 7.41 mg/L，所有站位均符合一类水质标准（马浩阳等，2020）。2016 年北部湾近岸海域表层海水的 DO 值范围为 3.13~9.79 mg/L，其中 8 月均值最低，为 5.88 mg/L，36％的检测站位海水 DO 值超一类水质标准；3 月 DO 均值最高，为 7.47 mg/L，所有监测站的 DO 值均符合海水一类水质标准（李萍等，2019）。2021 年北部湾近岸海域表层海水的 DO 值为 3.62~8.19 mg/L，其中夏季均值最低，为 5.40 mg/L，超过 50％的站位超一类水质标准；冬季均值最高，为 7.42 mg/L，所有站位均符合一类水质标准（陶晓娉等，2022）。

2022 年休渔前航次调查结果显示，北部湾表层海水 DO 值为 5.16～8.15 mg/L，均值为 6.71 mg/L，16% 的站位超国家一类海水水质标准。其中雷州半岛西部近岸 0～20 m 深海域的 2 号站位最高，湾中西南部 80～100 m 深海域的 22 号站位最低，为最高值的 63%。广东、广西沿岸、湾内、湾中及湾外站位的 DO 值存在较明显的随纬度下降的趋势，近岸海域的 DO 值大于湾中海域（图 3-16）。休渔后航次调查结果显示，北部湾表层海水 DO 值为 5.12～7.1 mg/L，均值 5.77 mg/L，为休渔前航次的 86%，超国家一类海水水质标准的站位占所有站位的 64%。其中防城港南部 20～40 m 深海域的 6 号站位 DO 值最高，雷州半岛西南部、琼州海峡西侧 0～20 m 深海域的 3 号站位最低，为最高值的 72%。

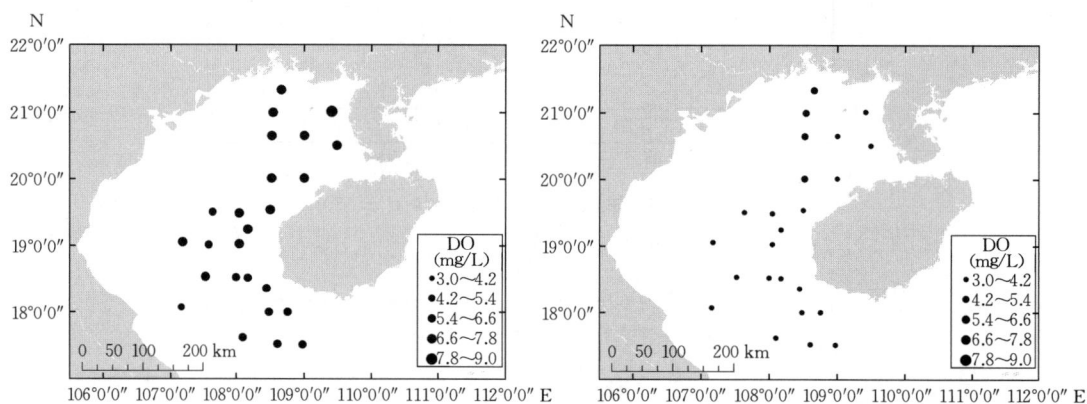

图 3-16　2022 年北部湾休渔前后两航次 DO 浓度分布

休渔后，各站位的 DO 浓度均低于休渔前；雷州半岛西侧近岸的 2 号和 3 号站位、湾内的 7 号站位和海南岛近岸的 10 号和 14 号站位的 DO 浓度较休渔前降幅较大，较休渔前降低 20%～30%；湾外的 4 号站位、湾内的 6 号站位、海南岛西北侧近海的 9 号和 12 号站位的 DO 浓度与休渔前接近，仅降低了不到 10%；其余各站位的 DO 浓度较休渔前降低了 10%～20%。

2022 年休渔前航次调查结果显示，北部湾 0～20 m 深海域的 DO 平均浓度最高，浓度为 7.59 mg/L；其次是 20～40 m 深海域，DO 平均浓度为最高值的 97%，且浓度分布最均匀；DO 平均浓度最低的海域为 80～100 m 深海域，浓度仅为最高值的 78%，且浓度分布最离散。休渔后航次调查结果显示，20～40 m 深海域的 DO 平均浓度最高，浓度为 6.18 mg/L，且该深度的 DO 浓度分布最离散；其次是 40～60 m 深海域，DO 平均浓度为最高值的 95%；DO 平均浓度最低的海域为 60～80 m 深海域，浓度仅为最高值的 89%。休渔后较休渔前，各深度海域的 DO 平均浓度均有不同程度的降低。其中，0～20 m 深海域的 DO 平均浓度降幅最大，降低了 25%（图 3-17）。

2022 年休渔前航次调查结果显示，北部湾 DO 平均浓度最高的区域为Ⅰ区，浓度为 7.49 mg/L；其次是Ⅱ区，DO 平均浓度为最高值的 99%，且浓度分布最均匀；DO 平均浓度最低的区域为Ⅵ区，浓度仅为最高值的 75%。休渔后航次调查结果显示，DO 平均浓度最高的区域为Ⅰ区，浓度为 6.2 mg/L，且该区域的 DO 浓度分布较离散；其次是Ⅱ区，DO 平均浓度为最高值的 99%；DO 平均浓度最低的区域为Ⅶ区，浓度仅为最高值的

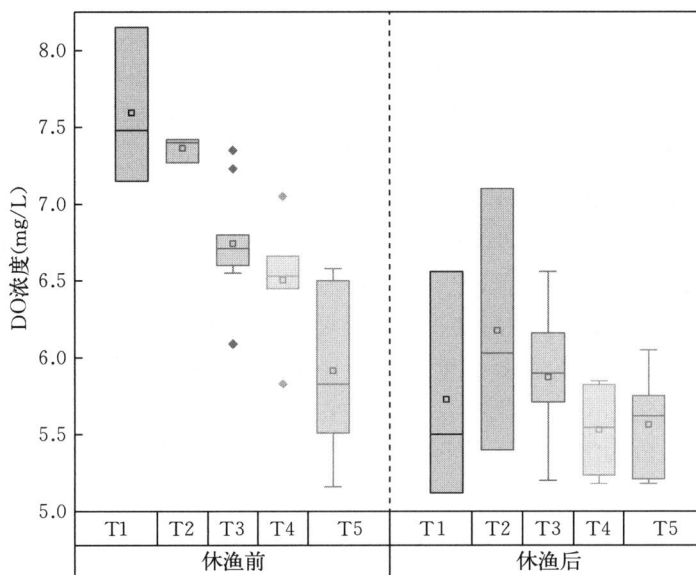

图 3-17 2022 年休渔前后两航次各深度 DO 浓度

T1.0～20 m　T2.20～40 m　T3.40～60 m　T4.60～80 m　T5.80～100 m

89%。休渔后较休渔前，仅Ⅵ区的 DO 平均浓度上升了 0.7%；Ⅰ区的 DO 平均浓度降幅最大，降低了 17%（图 3-18）。

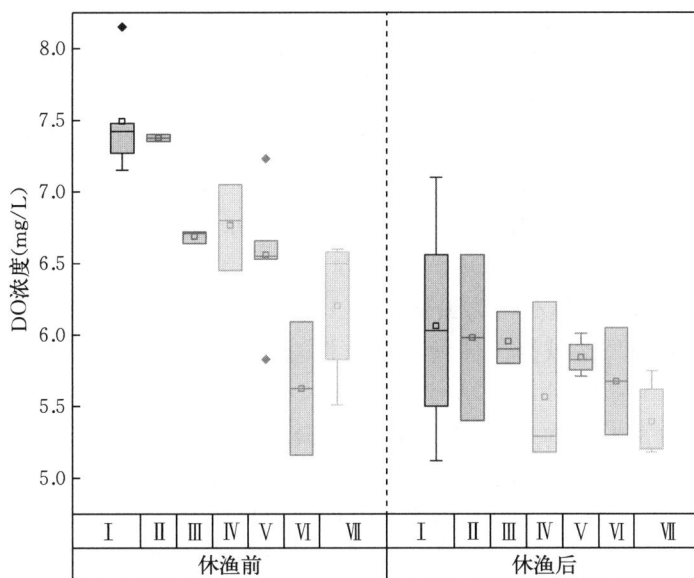

图 3-18 2022 年休渔前后两航次各区域 DO 浓度

六、氮、磷

氮是海洋中的主要营养元素，与生物生长和繁殖密切相关，对生态系统的平衡有着重要影响。海洋中氮的分布和变化与多方面的因素有关，如水团运输、沉积和矿化等非生物因素及细菌、浮游动植物和鱼类活动等生物因素。其主要来源是河流输入、大气沉降、沉积物与水体交换和生物固氮等作用。海水中的氮分为有机氮和无机氮，有机氮主要有尿素、氨基酸、蛋白质、尿酸和脂肪胺等含氮有机物，其中可溶性有机氮主要以尿素和蛋白质形式存在，可以通过氨化等作用转换为氨氮；溶解无机氮（DIN）主要包括硝酸盐（NO_3-N）、亚硝酸盐（NO_2-N）和氨氮（NH_4-N），其中 NO_3-N 与 NH_4-N 是主要的含氮营养盐，NO_2-N 在海水中的浓度极低，它主要作为硝化-反硝化过程的中间产物存在。总氮（TN）指海水中所有含氮化合物，即无机氮、溶解有机氮和固体有机氮的总和。海水中 TN 和 DIN 均是水质污染程度的重要指标（王明俊，1981）。

磷同样是海洋生物必需的营养元素之一，它控制着海洋生态系统中的初级生产过程，同时也是水体富营养化的主要污染物之一。磷主要以无机磷和有机磷两种化学形态存在于海水中，每种形态又分为溶解和颗粒两种形态。浮游植物可直接利用的磷是溶解态的磷酸盐（PO_4-P），而总磷（TP）则是指海水中溶解态和颗粒态的所有含磷化合物的总和。海水中 TP 和 PO_4-P 亦是水质污染程度的重要指标（张冬鹏，2000；王小平，1996）。

（一）溶解无机氮

2006 年整个北部湾海域表层海水的 DIN 值范围为 $0\sim0.133$ mg/L，其中夏季均值最低，为 0.010 mg/L，全海域 DIN 浓度较低且分布均匀，广西近岸和琼州海峡西口浓度较高；秋季均值最高，为 0.035 mg/L，DIN 浓度分布与夏季相似，琼州海峡西口浓度较高，整个海域全年航次的站位均符合一类水质标准（郑爱榕等，2010）。2016 年北部湾近岸海域表层海水的 DIN 值范围为 $0.017\,4\sim0.581\,7$ mg/L，其中 10 月均值最低，为 0.117 0 mg/L，仅 6% 的检测站位海水 DIN 值超海水二类水质标准，其余站位 DIN 值均符合二类水质标准；5 月 DIN 均值最高，为 0.206 6 mg/L，74% 的监测站 DIN 值达到海水二类水质标准（李萍等，2019）。2021 年北部湾近岸海域表层海水的 DIN 值为 $0.03\sim0.43$ mg/L，其中冬季均值最低，为 0.16 mg/L，59.1% 的站位符合一类水质标准；夏季均值最高，为 0.17 mg/L，55.6% 的站位符合一类水质标准（陶晓娉等，2022）。

2022 年休渔前航次调查结果显示，北部湾表层海水 DIN 值为 $0.08\sim0.37$ mg/L，均值 0.16 mg/L，其中湾外 $80\sim100$ m 深海域的 24 号站位 DIN 值最低，海南岛西岸 $40\sim60$ m 深海域的 13 号站位 DIN 值最高，为最低值的 4.6 倍。海南岛西侧近岸和湾内海域的 DIN 浓度较湾中、湾口和湾外海域高。休渔后航次调查结果显示，北部湾表层海水 DIN 值为 $0.04\sim0.26$ mg/L，均值 0.11 mg/L，湾中北部 $40\sim60$ m 深海域的 12 号站位 DIN 值最低，湾口 $80\sim100$ m 深海域的 22 号站位 DIN 值最高，为最低值的 6.5 倍。北部湾海域的中心区域和湾外区域的 DIN 浓度较其他区域低（图 3-19）。

休渔后较休渔前，湾外的 4 号站位和湾口的 21 号站位的 DIN 浓度明显升高，分别升高了 120% 和 70% 左右；防城港近海的 1 号站位和海南岛西侧近岸的 15 号站位的 DIN 浓度也均有较明显的升高，升高幅度为 50% 左右；湾外的 24 号站位和海南岛西南近岸的 25 号站位的 DIN 浓度轻微上升；湾内的 6 号和 7 号站位、海南岛西侧近岸的 8 号站位和 16 号站位及湾中的 12 号和 17 号站位的 DIN 浓度明显降低，均较休渔前降低了一半左右；雷州半岛西侧近岸的 2 号和 3 站位、湾中的 5 号和 14 号站位的 DIN 浓度略有降低；而湾内的 11 号站位和湾口的 19 号站位的 DIN 浓度在休渔前后无明显的变化。

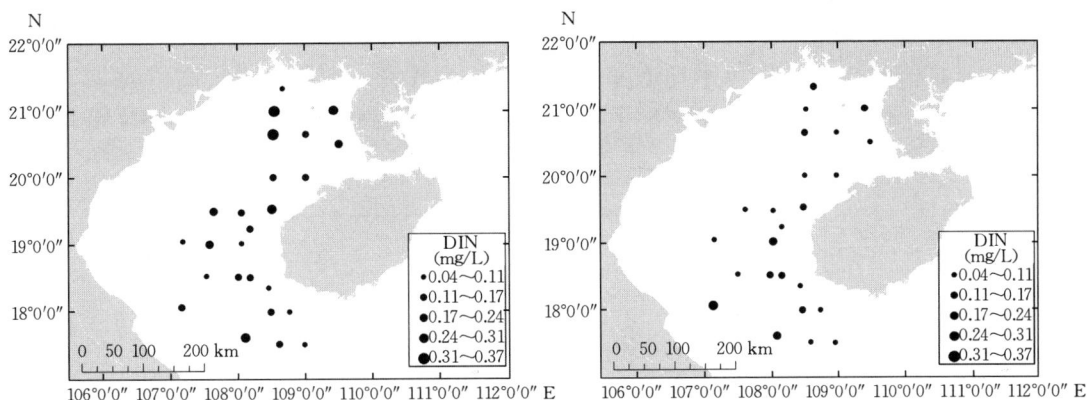

图 3-19　2022 年北部湾休渔前航次 DIN 浓度分布

2022 年休渔前航次调查结果显示，北部湾 20～40 m 深海域的 DIN 平均浓度最高，浓度为 0.26 mg/L；其次是 40～60 m 深海域，DIN 平均浓度为最高值的 97%；DIN 平均浓度最低的海域为 80～100 m 深海域，浓度仅为最高值的 42%。休渔后航次调查结果显示，80～100 m 深海域的 DIN 平均浓度最高，浓度为 0.15 mg/L，且该深度的 DIN 浓度分布最离散；其次是 0～20 m 深海域，DIN 平均浓度为最高值的 80%；DIN 平均浓度最低的海域为 20～40 m 深海域，浓度仅为最高值的 53%，且该深度的 DIN 浓度分布最均匀。休渔后较休渔前，仅 80～100 m 深海域的 DIN 平均浓度升高了 40%，且浓度分布更离散；20～40 m 深海域的 DIN 平均浓度降幅最大，降低了 69%，且浓度分布更加均匀（图 3-20）。

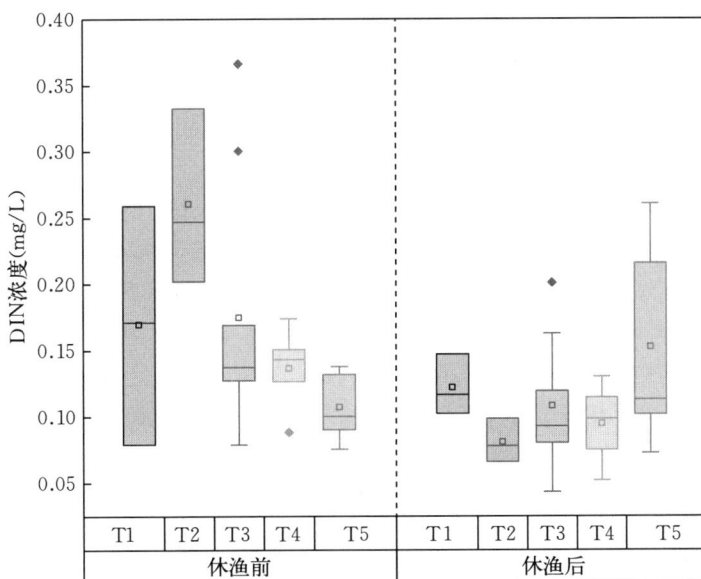

图 3-20　2022 年休渔前后两航次各深度 DIN 浓度

T1.0～20 m　T2.20～40 m　T3.40～60 m　T4.60～80 m　T5.80～100 m

2022 年休渔前航次调查结果显示，北部湾 DIN 平均浓度最高的区域为 Ⅰ 区，浓度为 0.22 mg/L；其次是 Ⅲ 区，DIN 平均浓度为最高值的 95%；DIN 平均浓度最低的区域为 Ⅵ

区，浓度仅为最高值的 51%。2022 年休渔后航次调查结果显示，DIN 平均浓度最高的区域为Ⅵ区，浓度为 0.18 mg/L，且该区域的 DIN 浓度分布最离散；其次是Ⅲ区，DIN 平均浓度为最高值的 83%；DIN 平均浓度最低的区域为Ⅳ区，浓度仅为最高值的 33%。休渔后较休渔前，仅Ⅵ区和Ⅶ区的 DIN 平均浓度升高了 64% 和 2%；Ⅰ区的 DIN 平均浓度降幅最大，降低了 48%（图 3-21）。

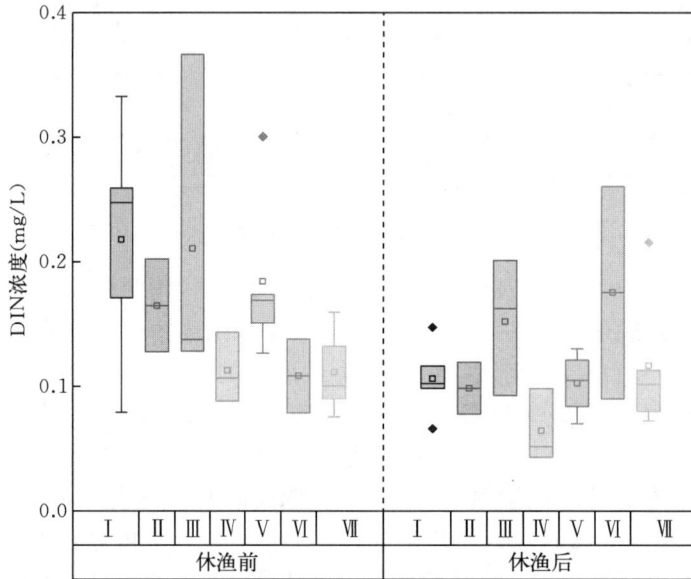

图 3-21　2022 年休渔前后两航次各区域 DIN 浓度

（二）总氮

2006 年整个北部湾海域表层海水的 TN 值范围为 0.038～0.481 mg/L，其中冬季均值最低，为 0.116 mg/L，琼州海峡西口浓度较高；春季均值最高，为 0.202 mg/L，TN 浓度分布较均匀（吴敏兰，2014）。

2022 年休渔前航次调查结果显示，北部湾表层海水 TN 值为 0.10～1.02 mg/L，均值 0.44 mg/L，其中海南岛西南近岸 80～100 m 深海域的 25 号站位 TN 值最低，湾中 60～80 m 深海域的 18 号站位 TN 值最高，超最低值 10 倍。湾内和湾口区域的 TN 浓度较其他区域低。休渔后航次调查结果显示，北部湾表层海水 TN 值为 0.31～0.82 mg/L，均值 0.56 mg/L，其中湾内 0～20 m 深海域的 2 号站位 TN 值最低，海南岛北部近岸 40～60 m 深海域的 11 号站位 TN 值最高，为最低值的 3 倍多。湾内及海南岛西南和西北近岸区域的 TN 浓度较其他区域高（图 3-22）。

休渔后较休渔前，湾外的 4 号和 23 号站位，湾中的 5 号和 14 号站位，海南岛西侧近岸的 8 号和 25 号站位及湾口的 20 号、21 号和 22 号站位的 TN 浓度大幅升高，分别升高了 100%～400%；海南岛西侧近岸的 9 号和 15 号站位及湾口的 19 号站位的 TN 浓度也均有较明显的升高，升高幅度为 30%～70%；湾外的 24 号站位和海南岛西南近岸的 25 号站位的 TN 浓度轻微上升；北部湾东北近岸的 1～3 号站位，湾内的 11 号站位和湾中的 12 号、13 号站位的 TN 浓度明显降低，均较休渔前降低了 30% 左右；而湾内的 6 号和 7 号站位及湾外的 24 号站位的 TN 浓度在休渔前后无明显的变化。

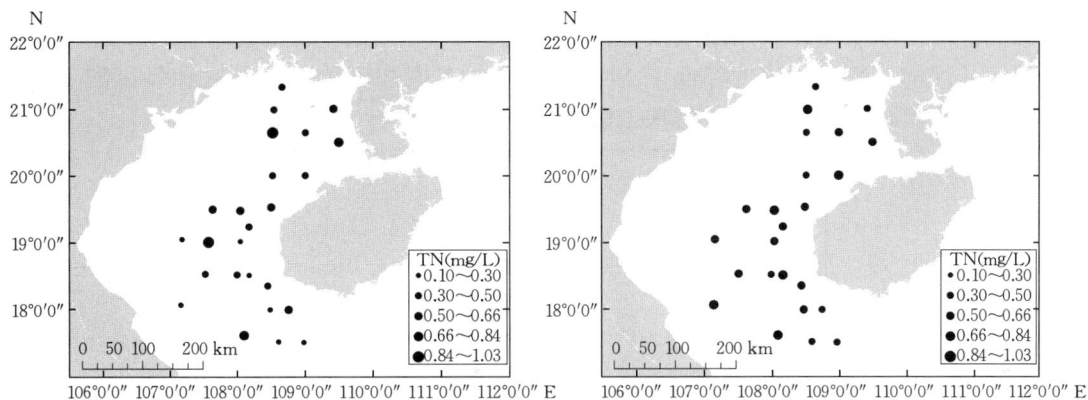

图 3-22 2022 年北部湾休渔前后两航次 TN 浓度分布

2022 年休渔前航次调查结果显示，北部湾 0~20 m 深海域的 TN 平均浓度最高，浓度为 0.61 mg/L，其次是 20~40 m 深海域，浓度为最高值的 97%；80~100 m 深海域的 TN 平均浓度最低，为最高值的 43%。休渔后航次调查结果显示，20~40 m 深海域的 TN 平均浓度最高，浓度为 0.71 mg/L；其次是 80~100 m 深海域，TN 平均浓度为最高值的 82%；0~20 m 深海域的 TN 平均浓度最低，为最高值的 61%。休渔后较休渔前，0~20 m 深海域的 TN 平均浓度降低了 30%；80~100 m 深海域的 TN 平均浓度涨幅最大，升高了 120%（图 3-23）。

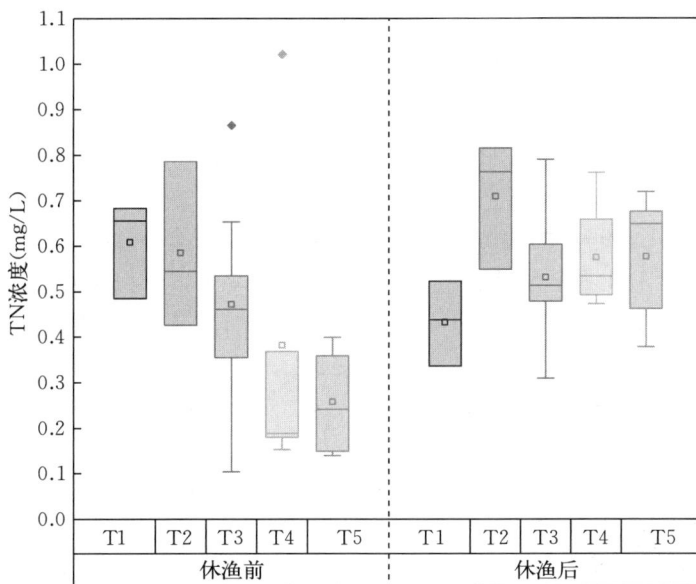

图 3-23 2022 年休渔前后两航次各深度 TN 浓度

T1.0~20 m   T2.20~40 m   T3.40~60 m   T4.60~80 m   T5.80~100 m

2022 年休渔前航次调查结果显示，北部湾 TN 平均浓度最高的区域为 I 区，浓度为 0.61 mg/L；其次是 V 区，TN 平均浓度为最高值的 90%，且浓度分布最离散；TN 平均浓度最低的区域为 VI 区，浓度不足最高值的 20%，且浓度分布最均匀。休渔后航次调查结果显示，TN 平均浓度最高的区域为Ⅴ区，浓度为 0.6 mg/L；其次是Ⅵ区，TN 平均浓度为最高值的 98%；TN 平均浓度最低的区域为Ⅱ区，浓度为最高值的 72%。休渔后较休渔前，Ⅱ区的 TN 平均浓度降低了 14%，浓度分布更加不均匀；Ⅳ区和Ⅵ区的 TN 平均浓度涨幅较大，分别升高了 1 倍和 4 倍（图 3-24）。

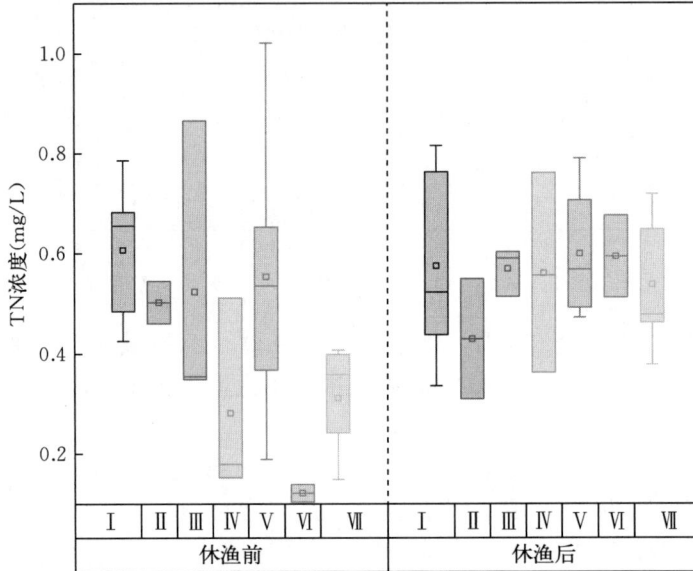

图 3-24　2022 年休渔前后两航次各区域 TN 浓度

（三）磷酸盐

2006 年整个北部湾海域表层海水的 PO_4-P 值范围为 0.001～0.010 mg/L，其中春季均值最低，为 0.001 mg/L；夏季均值最高，为 0.009 mg/L。PO_4-P 浓度分布趋势为近岸较近海高，整个海域全年航次的站位均符合一类水质标准（郑爱榕等，2010）。2016 年北部湾近岸海域表层海水的 PO_4-P 值范围为 0.000 4～0.082 7 mg/L，其中 5 月均值最低，为 0.006 3 mg/L，96% 的检测站位海水 PO_4-P 值符合一类水质标准，8% 的站位超一类水质标准；3 月 PO_4-P 均值最高，为 0.007 7 mg/L，96% 的检测站位海水 PO_4-P 值符合一类水质标准，10% 的站位超一类水质标准（李萍等，2019）。2021 年北部湾近岸海域表层海水的 PO_4-P 值为 0.004～0.037 mg/L，其中夏季均值最低，为 0.019 mg/L，44.4% 的站位符合一类标准；冬季均值最高，为 0.021 mg/L，45.4% 的站位符合一类标准（陶晓娉等，2022）。

2022 年休渔前航次调查结果显示，北部湾表层海水 PO_4-P 值为 0.00～0.03 mg/L，均值 0.004 mg/L，其中海南岛西北部 20～40 m 深海域的 8 号和 60～80 m 深海域的 14 号站位未检出 PO_4-P，湾外 80～100 m 深海域的 23 号站位 PO_4-P 值最高。除湾口 80～100 m 深海域的 22 号站位和湾外的 24 号站位外，整片海域的 PO_4-P 浓度均较低。休渔后航次调查结果显示，北部湾表层海水 PO_4-P 值为 0～0.003 mg/L，均值 0.001 mg/L，湾内中部 20～40 m 深海域的 7 号站位 PO_4-P 值最低，海南岛南岸 40～60 m 深海域的 16 号站位 PO_4-P 值最高。北部湾东北部近岸和海南岛西南部近岸的 PO_4-P 浓度较其他区域高（图 3-25）。

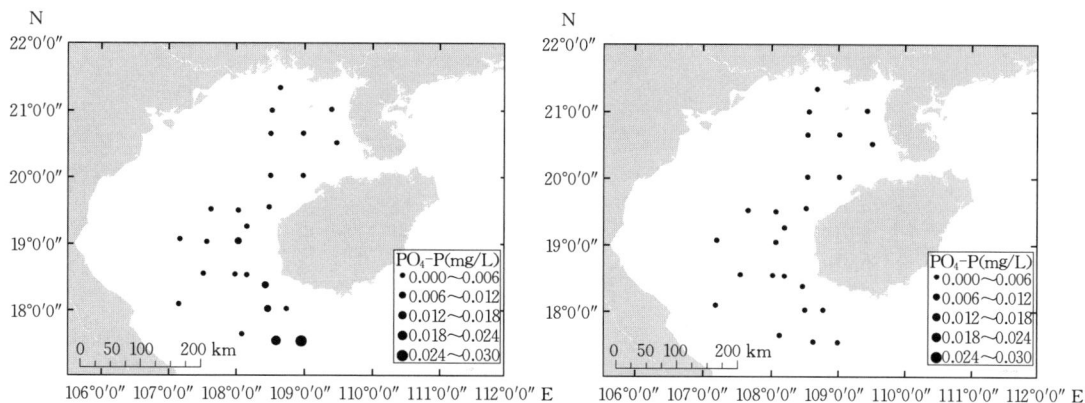

图 3-25　2022 年北部湾休渔前后两航次 PO$_4$-P 浓度分布

休渔后较休渔前，北部湾东北部近岸的 1 号和 3 号站位、湾中的 5 号和 14 号站位及湾口的 10 号和 20 号站位的 PO$_4$-P 浓度大幅升高，分别升高了 70% 和 440%；海南岛西侧近岸的 16 号站位及湾中的 17 号站位的 PO$_4$-P 浓度也均有较明显的升高，升高幅度为 10%~30%；湾内的 7 号站位、湾口的 21 号和 22 号站位、湾外的 23 号和 24 号站位及海南岛西南近岸的 25 号站位的 PO$_4$-P 浓度明显降低，均较休渔前降低了 90% 左右；北部湾东北近岸的 2 号站位，湾外的 4 号站位，湾内的 6 号和 11 号站位，湾中的 12 号、13 号和 15 号站位及湾口的 19 号站位的 PO$_4$-P 浓度明显降低，均较休渔前降低了 15%~50%。

2022 年休渔前航次调查结果显示，北部湾 80~100 m 深海域的 PO$_4$-P 平均浓度最高，浓度为 0.012 mg/L，且该深度的 PO$_4$-P 浓度分布最离散；其次是 60~80 m 深海域，PO$_4$-P 平均浓度为最高值的 25%，但浓度分布较 80~100 m 深海域更均匀；PO$_4$-P 平均浓度最低的海域为 20~40 m 深海域，浓度仅为最高值的 8%，浓度分布最均匀。休渔后航次调查结果显示，0~20 m 深海域的 PO$_4$-P 平均浓度最高，浓度为 0.002 mg/L；其次 60~80 m 深海域，PO$_4$-P 平均浓度为最高值的 50%；PO$_4$-P 平均浓度最低的海域为 20~40 m 深海域，浓度接近 0 mg/L。休渔后较休渔前，20~40 m、40~60 m、60~80 m 和 80~100 m 深海域的 PO$_4$-P 平均浓度分别降低了 53%、41%、65% 和 92%（图 3-26）。

2022 年休渔前航次调查结果显示，北部湾 PO$_4$-P 平均浓度最高的区域为Ⅵ区，浓度为 0.015 mg/L；其次是Ⅶ区，PO$_4$-P 平均浓度为最高值的 53%，浓度分布最不均匀；PO$_4$-P 平均浓度最低的区域为Ⅳ区，浓度不足最高值的 6%。休渔后航次调查结果显示，PO$_4$-P 平均浓度最高的区域为Ⅴ区，浓度为 0.002 mg/L；其余区域的 PO$_4$-P 平均浓度均接近Ⅴ区的 50%，其中Ⅵ区的浓度分布最均匀。休渔后较休渔前，Ⅱ区、Ⅲ区、Ⅴ区、Ⅵ区和Ⅶ区的 PO$_4$-P 平均浓度分别降低了 64%、41%、51%、95% 和 86%（图 3-27）。

（四）总磷

2006 年整个北部湾海域表层海水的 TP 值范围为 0.005~0.115 mg/L，其中冬季均值最低，为 0.029 mg/L，雷州半岛西南近岸浓度较高；夏季均值最高，为 0.052 mg/L，琼州海峡西口浓度较高（吴敏兰，2014）。

2022 年休渔前航次调查结果显示，北部湾表层海水 TP 值为 0.02~0.09 mg/L，均值 0.05 mg/L，其中海南岛西南近岸 40~60 m 深海域的 25 号站位 TP 值最低，其西北侧 40~60 m 深海域的 16 号站位 TP 值最高。北部湾东北近岸、湾中和湾口中部区域浓度较其他

39

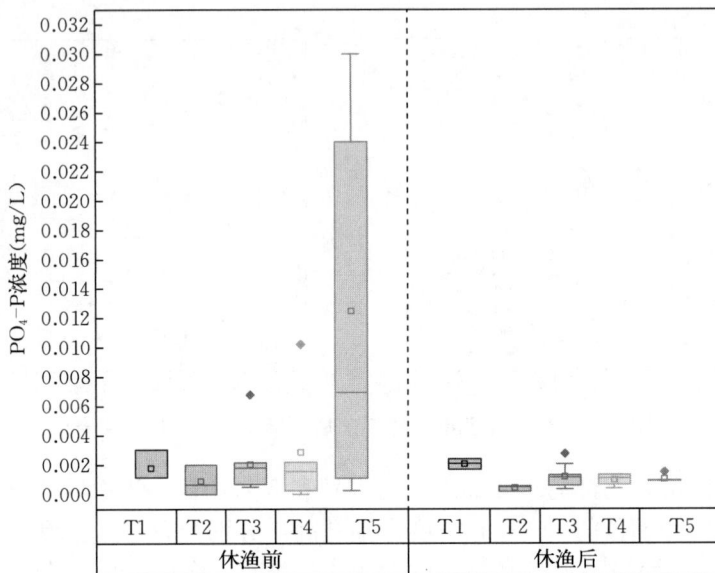

图 3-26　2022 年休渔前后两航次各深度 PO_4-P 浓度

T1.0~20 m　T2.20~40 m　T3.40~60 m　T4.60~80 m　T5.80~100 m

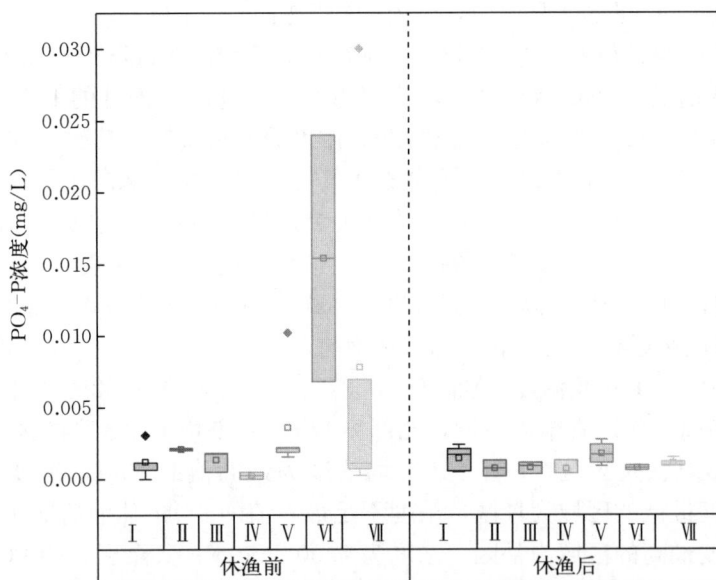

图 3-27　2022 年休渔前后两航次各区域 PO_4-P 浓度

区域略低。休渔后航次调查结果显示，北部湾表层海水 TP 值为 0.003~0.02 mg/L，均值 0.01 mg/L，海南岛西北部 60~80 m 深海域的 14 号站位 TP 值最低，海南岛北部近岸 40~60 m 深海域的 11 号站位 TP 值最高。北部湾东北近岸、湾中和湾口中部区域浓度较其他区域略低（图 3-28）。

休渔后较休渔前，各站位 TP 浓度均有不同程度的降低。其中北部湾东北部近岸的 1~3 号站位，海南岛西侧近岸的 8~10 号站位、13 号站位和 16 号站位，湾内的 11 号站位，湾中的 14 号站位和 17 号站位，湾口的 20 号和 22 号站位及湾外的 23 号和 24 号站位

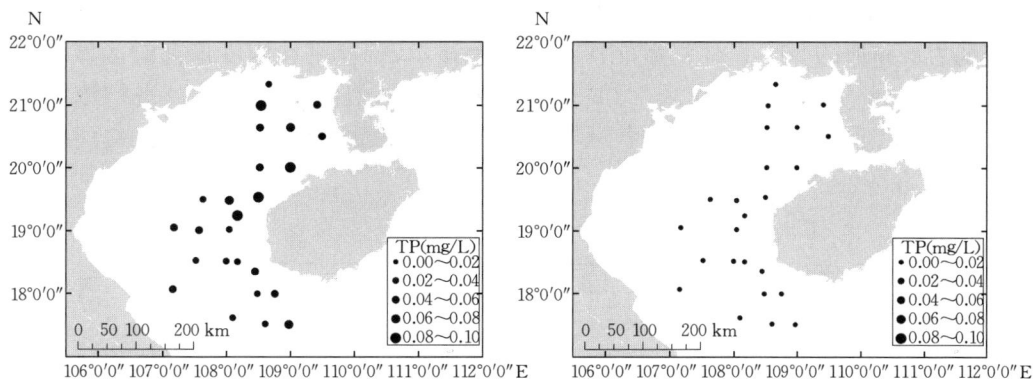

图 3-28　2022 年北部湾休渔前后两航次 TP 浓度分布

的 TP 浓度大幅降低，分别降低了 70%～90%；湾外的 4 号站位，湾中的 5 号、12 号和 15 号站位，湾内的 6 号和 7 号站位，湾口的 19 号和 21 号站位及海南岛西南侧近岸的 25 号站位的 TP 浓度亦明显降低，均较休渔前降低了 52%～70%。

2022 年休渔前航次调查结果显示，北部湾 40～60 m 深海域的 TP 平均浓度最高，浓度为 0.06 mg/L，且 TP 浓度分布最离散；其次是 20～40 m 深海域，TP 平均浓度为最高值的 83%；60～80 m 深海域的浓度最低，为最高值的 67%。休渔后航次调查结果显示，40～60 m 深海域的 TP 平均浓度最高，浓度为 0.015 mg/L；其次是 20～40 m 深海域，TP 平均浓度为最高值的 98%；0～20 m 深海域的 TP 浓度最低，为 0.005 mg/L。休渔后较休渔前，0～20 m 深海域的 TP 平均浓度降低了 85%；20～40 m、40～60 m、60～80 m 和 80～100 m 深海域的 TP 平均浓度分别降低了 71%～78%（图 3-29）。

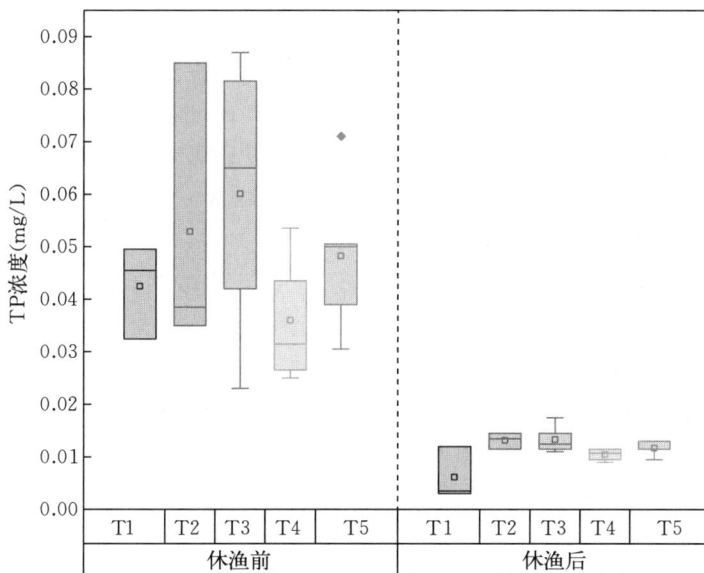

图 3-29　2022 年休渔前后两航次各深度 TP 浓度

T1. 0～20 m　T2. 20～40 m　T3. 40～60 m　T4. 60～80 m　T5. 80～100 m

2022 年休渔前航次调查结果显示，北部湾 TP 平均浓度最高的区域为Ⅱ区，浓度为

0.06 mg/L；其次是Ⅶ区，TP平均浓度为最高值的99%；TP平均浓度最低的区域为Ⅵ区，浓度为最高值的50%。休渔后航次调查结果显示，TP平均浓度最高的区域为Ⅱ区，浓度为0.017 mg/L；其次是Ⅶ区，TP平均浓度为最高值的98%；Ⅰ区平均浓度最低，为Ⅱ区的59%。休渔后较休渔前，各区域的TP平均浓度均大幅降低。其中，Ⅰ区的降幅最大，下降了80%（图3-30）。

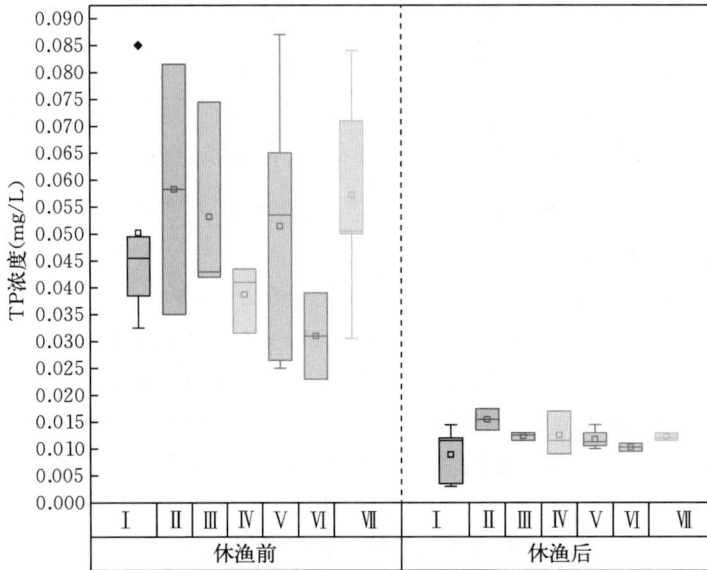

图3-30　2022年休渔前后两航次各区域TP浓度

第二节　环境梯度格局

2022年休渔前航次结果显示，深度与盐度存在极显著的正相关，与温度呈显著正相关，与PO_4-P浓度呈正相关，而与溶解氧浓度、叶绿素a浓度存在极显著的负相关，与化学需氧量呈显著负相关；温度与盐度呈极显著的相关性，与叶绿素a浓度和溶解氧浓度呈显著负相关；pH仅与盐度存在负相关关系；盐度与叶绿素a浓度呈极显著的负相关，与溶解氧浓度呈显著的负相关；叶绿素a浓度与溶解氧浓度呈极显著正相关；可溶性氮浓度与总氮浓度呈显著正相关（图3-31）。

2022年休渔后航次结果显示，深度与pH呈正相关，与盐度存在极显著的正相关，而与叶绿素a浓度存在极显著的负相关；温度仅与盐度存在负相关，与其余环境因子无显著的相关性；pH与盐度存在极显著的正相关，与溶解氧存在显著的负相关；盐度与叶绿素a浓度和溶解氧呈显著负相关（图3-32）。

PCA结果显示，休渔前环境特征主成分分析的两个轴共解释了57.59%。PC1轴（40.96%）与深度（DEP）、盐度（SAL）、温度（TEM）、磷酸盐（PO_4-P）、溶解氧（DO）、叶绿素a浓度（CHL）和总磷（TP）密切相关，PC2轴（16.63%）上pH（PH）、化学需氧量（COD）、可溶性氮（DIN）和总氮（TN）的得分较高。休渔后环境

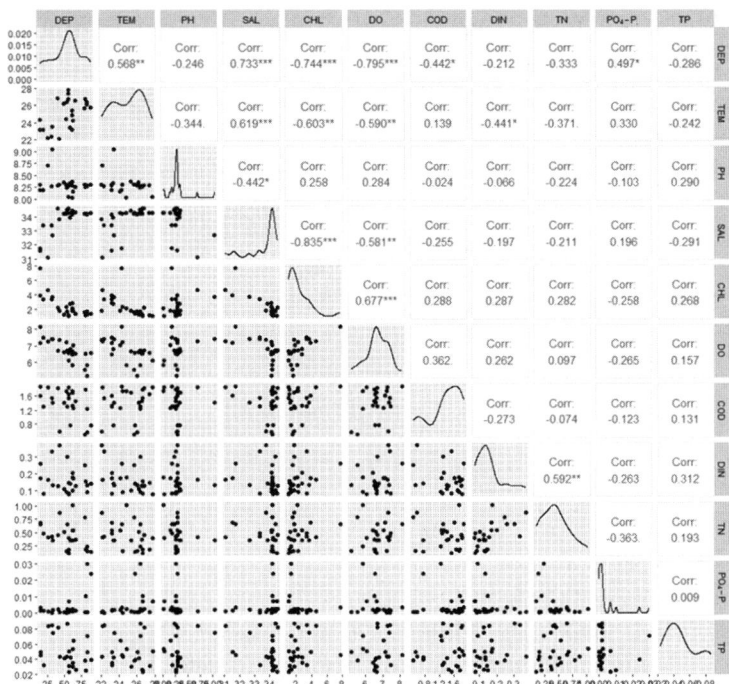

图 3-31 休渔前北部湾环境变量相关性

DEP. 深度　TEM. 温度　PH. pH　SAL. 盐度　CHL. 叶绿素浓度　DO. 溶解氧浓度

COD. 化学需氧量　DIN. 可溶性氮　TN. 总氮　PO₄-P. 磷酸盐　TP. 总磷

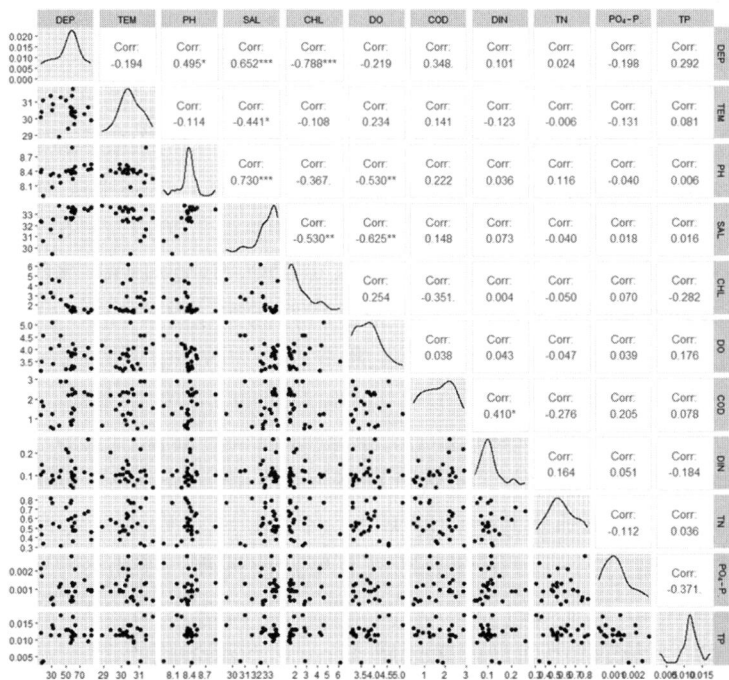

图 3-32 休渔后北部湾环境变量相关性

DEP. 深度　TEM. 温度　PH. pH　SAL. 盐度　CHL. 叶绿素浓度　DO. 溶解氧浓度

COD. 化学需氧量　DIN. 可溶性氮　TN. 总氮　PO₄-P. 磷酸盐　TP. 总磷

特征主成分分析的两个轴共解释了 45.95%。PC1 轴（30.08%）与深度（DEP）、化学需氧量（COD）、pH（PH）和盐度（SAL）密切相关，PC2 轴（15.87%）与温度（TEM）、磷酸盐（PO_4-P）、可溶性氮（DIN）和总磷（TP）密切相关（图 3-33）。

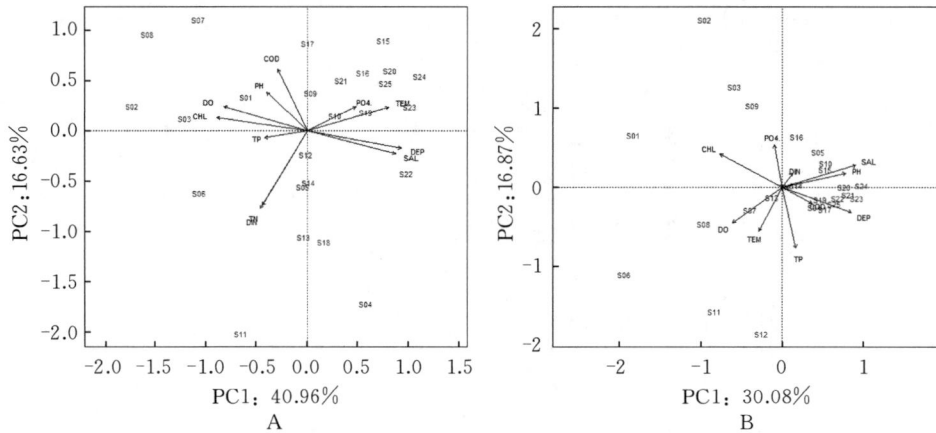

图 3-33 休渔前后环境变量的主成分分析

A. 休渔前航次环境变量 PCA　B. 休渔后航次环境变量 PCA

第三节　生物环境

一、浮游动物

浮游动物是海洋生态系统中重要的次级生产者，其群落动态通过"上行效应"影响着鱼类、甲壳类等生物资源的资源量及种群结构，同时还通过"下行效应"制约着浮游植物群落（朱延忠，2008）。根据往年调查结果，2001—2002 年北部湾浮游动物生物量范围为 16.87~27.70 mg/m³，2006 年夏季共鉴定浮游动物 466 种，平均丰度为 192.56 ind./m³，冬季鉴定 334 种，平均丰度为 112.35 ind./m³（郑白雯等，2013）；2017 年广西近岸共鉴定浮游动物 275 种，平均丰度 789.95 ind./m³（庞碧剑等，2019）。北部湾浮游动物分布与水深有关，种数随水深增加而升高，同时夏季种数远多于冬季种数（郑白雯等，2013）。

2022 年休渔前航次调查结果显示，北部湾浮游动物数量密度为 2~54 ind./L，均值为 10.4 ind./L。其中防城港南部近岸 0~20 m 深海域的 1 号站位最高，湾中 40~60 m 深海域的 15 号站位最低。北部沿岸站位的浮游动物数量密度较高，湾中、湾口和湾外站位的浮游动物数量密度较低。整体上，呈现北部近岸高，南部远岸低。休渔后航次调查结果显示，北部湾表层海水浮游动物数量密度为 2~47 ind./L，均值为 8.72 ind./L，为休渔前航次的 84%。其中湾内 20~40 m 深海域的 6 号站位最高，湾中 60~80 m 深海域的 14 号站位、湾口 40~60 m 深海域的 16 号站位、60~80 m 深海域的 19 号站位、湾外 80~100 m 深海域的 23 号站位和海南岛西南近岸 40~60 m 深海域的 25 号站位最低。湾内和雷州半岛西侧站位的浮游动物数量密度高于湾中、湾口及湾外站位（图 3-34）。

休渔后较休渔前，湾内 20~40 m 深海域的 6 号站位和湾中 40~60 m 深海域的 15 号站位的浮游动物数量密度涨幅较高，分别升高了 2.1 倍和 2.5 倍；海南岛西侧近岸 40~

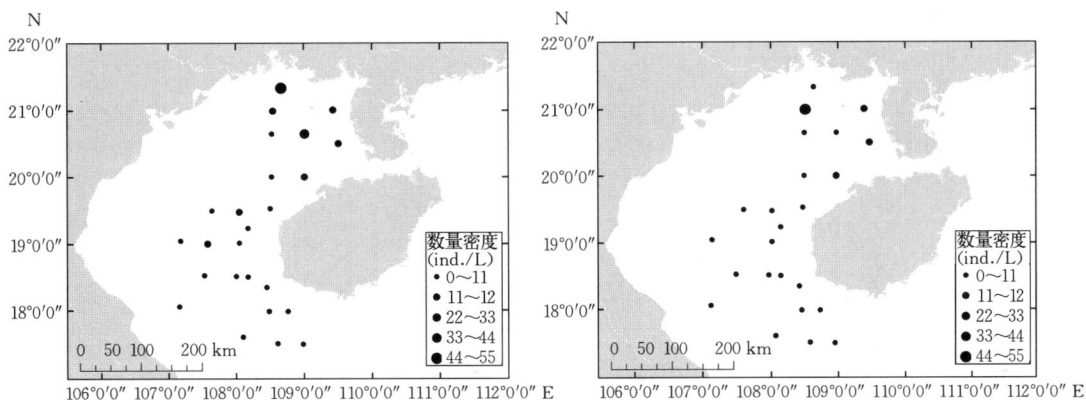

图 3-34　2022 年北部湾休渔前后两航次浮游动物数量密度分布

60 m 深海域的 9 号站位和湾中 40～60 m 深海域的 17 号站位分别升高了 75％和 50％；湾口 80～100 m 深海域的 20 号站位和海南岛西侧近岸 40～60 m 深海域的 13 号站位分别升高了 25％和 33％；琼州海峡西侧 0～20 m 深海域的 3 号站位升高了 7％；雷州半岛西北近岸 0～20 m 深海域的 2 号站位和湾口 60～80 m 深海域的 21 号站位的浮游动物数量密度分别降低了 1/5 和 1/4；湾内 40～60 m 深海域的 11 号站位、湾中 40～60 m 深海域的 5 号和 12 号站位、湾口的 16 号及湾外 80～100 m 深海域的 24 号站位等降低了 1/3；湾口 40～60 m 深海域的 10 号、22 号站位和湾外 80～100 m 深海域的 4 号站位降低了一半；湾中 60～80 m 深海域的 14 号站位的浮游动物数量密度降幅最大，降低了 89％。

2022 年休渔前航次调查结果显示，0～20 m 深度梯度海域的浮游动物平均数量密度最高，为 29.7 ind./L；其次是 20～40 m 深度梯度海域，为最高值的 80％；40～60 m 深度梯度海域的浮游动物平均数量密度最低，为最高值的 14％。休渔后航次调查结果显示，20～40 m 深度梯度海域的浮游动物平均数量密度最高，为 22.3 ind./L；其次是 0～20 m 深度梯度海域，为最高值的 64％；60～80 m 深度梯度海域的浮游动物平均数量密度最低，为最高值的 15％。休渔后较休渔前，除 40～60 m 深度梯度海域的浮游动物平均数量密度升高了 2.5％外，其余各深度梯度海域的浮游动物平均数量密度均有不同程度的降低。其中，60～80 m 深海域的浮游动物平均数量密度降幅最大，降低了 69％（图 3-35）。

2022 年休渔前航次调查结果显示，北部湾浮游动物平均数量密度最高的区域为 Ⅰ 区，为 25 ind./L；其次是 Ⅱ 区，为最高值的 88％；Ⅲ 区浮游动物平均数量密度最低，为最高值的 16％。休渔后航次调查结果显示，Ⅰ 区的浮游动物平均数量密度最高，为 21 ind./L；其次是 Ⅶ 区，为最高值的 30％；Ⅵ 区浮游动物平均数量密度最低，为最高值的 19％。休渔后较休渔前，Ⅲ 区的浮游动物平均数量密度涨幅最高，升高了 50％；Ⅱ 区的浮游动物平均数量密度降幅最大，降低了 77％（图 3-36）。

二、底栖动物

底栖动物在海洋生态系统的能量流动和物质循环中具有重要作用，其摄食、掘洞等活动直接或间接地影响着本地的生态系统（BOIX，et al.，2008）。其区域性强，迁移能力弱的特性，多被用于海洋生态环境变化的研究（何海明，1989）。因此，底栖动物生物量

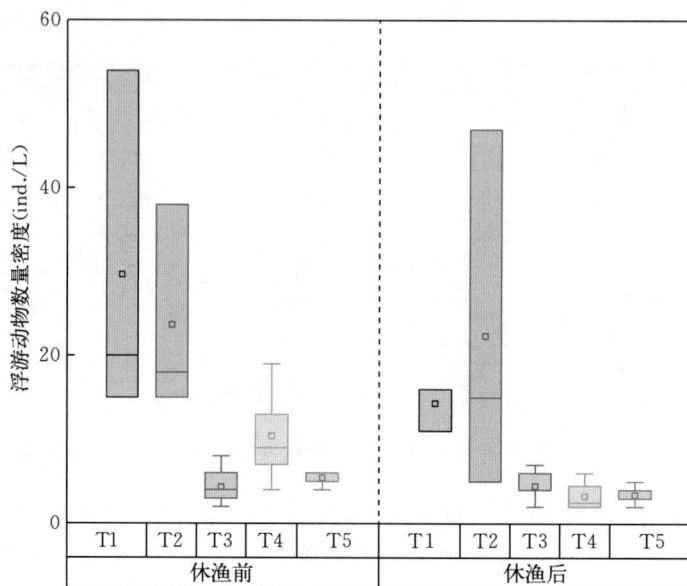

图 3-35　2022年休渔前后两航次各深度浮游动物数量密度

T1. 0~20 m　T2. 20~40 m　T3. 40~60 m　T4. 60~80 m　T5. 80~100 m

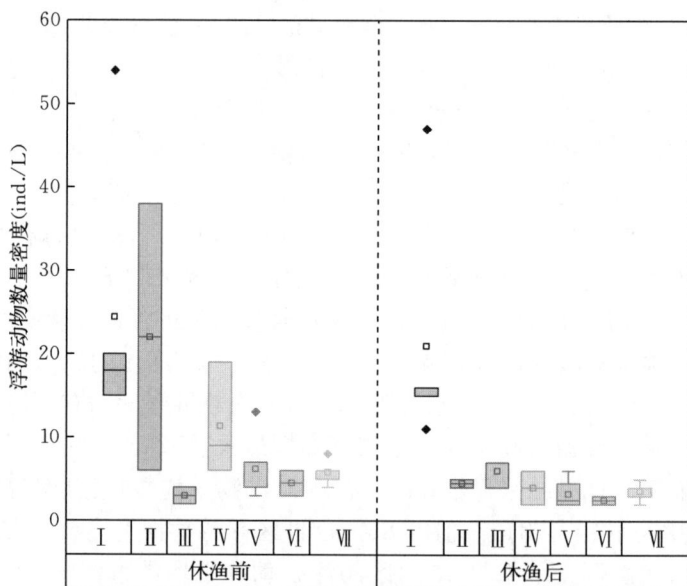

图 3-36　2022年休渔前后两航次各区域浮游动物数量密度

可作为评价环境质量的指标（祝琳，2022）。根据往年调查结果，2001—2002年北部湾底栖动物生物量范围为 8.4~10.8 mg/m³，均值为 9.4 mg/m³，属中低生物量海域（孙典荣，2008）。

2022年休渔前航次调查结果显示，北部湾底栖动物数量密度为 0~22.8 ind./m²，均值为 7.5 ind./m²。其中湾口 80~100 m 深海域的 20 号站位最高，湾内 20~40 m 深海域的 6 号站位、湾中 60~80 m 深海域的 14 号站位、湾口 60~80 m 深海域的 21 号站位和海南岛西南近岸 40～60 m 深海域的 25 号站位最低。雷州半岛西侧和海南岛西南侧近岸站位的底栖动物数量密度较高，湾内、湾口和湾外站位的底栖动物数量密度较低。休渔后航次调查结果显示，北部湾底栖动物数量密度为 0～12 ind. /m²，均值为 3.2 ind. /m²，为休渔前航次的 43%。其中湾内 20～40 m 深海域的 6 号站位最高，湾中 60～80 m 深海域的 14 号站位、湾口 40～60 m 深海域的 16 号站位、60～80 m 深海域的 19 号站位、湾外 80～100 m深海域的 23 号站位和海南岛西南近岸 40～60 m 深海域的 25 号站位最低。海南岛西北近岸站位的底栖动物数量密度较高（图 3-37）。

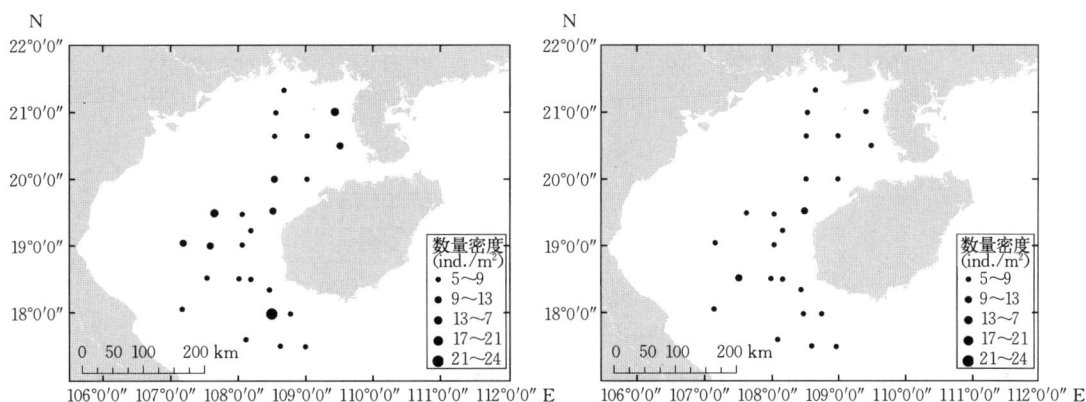

图 3-37　2022 年北部湾休渔前后两航次底栖动物数量密度分布

休渔后较休渔前，湾内 20～40 m 深海域的 6 号站位、湾中 60～80 m 深海域的 14 号站位、湾口 60～80 m 深海域的 21 号站位和海南岛西南近岸 40～60 m 深海域的 25 号站位出现了底栖动物的分布；防城港南部近岸 0～20 m 深海域的 1 号站位和海南岛西侧近岸 40～60 m 深海域的 13 号站位分别升高了 45% 和 15%；雷州半岛西北近岸 0～20 m 深海域的 2 号站位，湾中的 15 号、17 号站位和湾口的 10 号、20 号站位的底栖动物数量密度降低了 50%～70%；海南岛西侧近岸的 8 号、9 号站位，湾内的 7 号和 11 号站位、湾口的 16 号和 19 号站位及湾外的 4 号站位的底栖动物数量密度降低了 70%～90%；琼州海峡西侧 0～20 m 深海域的 3 号站位、湾中 60～80 m 深海域的 5 号站位、湾口 80～100 m深海域的 22 号站位和湾外 80～100 m 深海域的 24 号站位的底栖动物消失。

2022 年休渔前航次调查结果显示，0～20 m 深度梯度海域的底栖动物平均数量密度最高，为 9.7 ind. /m²；其次是 80～100 m 深度梯度海域，为最高值的 87%；20～40 m 深度梯度海域的底栖动物平均数量密度最低，为最高值的 60%。休渔后航次调查结果显示，60～80 m 深度梯度海域的底栖动物平均数量密度最高，为 4 ind. /m²；其次是 40～60 m深度梯度海域，为最高值的 96%；20～40 m 深度梯度海域的底栖动物平均数量密度最低，为最高值的 41%。休渔后较休渔前，各深度梯度海域的浮游动物平均数量密度均有不同程度的降低。其中，0～20 m 深海域的底栖动物平均数量密度降幅最大，降低了 80%（图 3-38）。

2022 年休渔前航次调查结果显示，北部湾底栖动物平均数量密度最高的区域为Ⅳ区，为 9 ind. /m²；其次是Ⅱ区，为最高值的 99%；Ⅵ区底栖动物平均数量密度最低，为最高值的 39%。休渔后航次调查结果显示，Ⅲ区的底栖动物平均数量密度最高，为 5.2 ind. /m²；其次

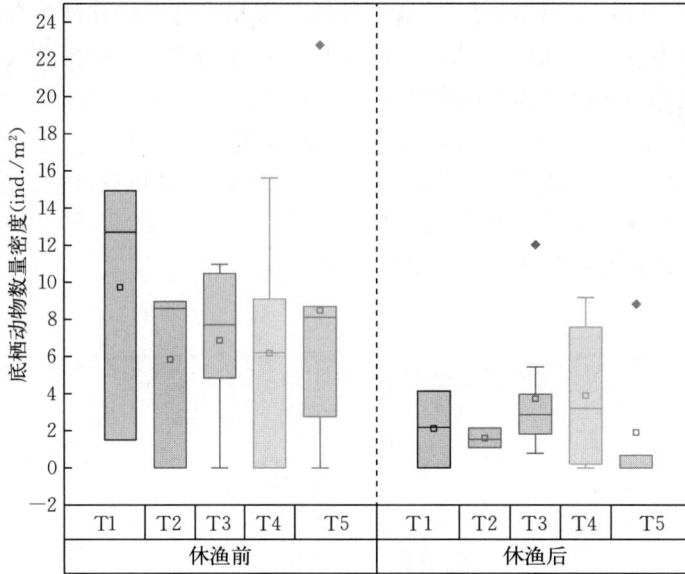

图 3-38 2022 年休渔前后两航次各深度底栖动物数量密度

T1.0~20 m　T2.20~40 m　T3.40~60 m　T4.60~80 m　T5.80~100 m

是Ⅴ区，为最高值的 80%；Ⅱ区底栖动物平均数量密度最低，为最高值的 40%。休渔后较休渔前，各区的底栖动物平均数量密度均有不同程度的降低。其中，Ⅱ区的浮游动物平均数量密度降幅最大，降低了 75%（图 3-39）。

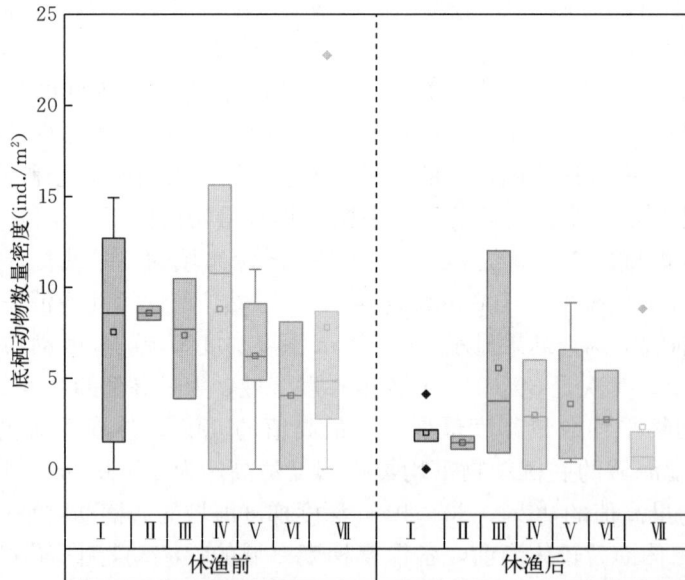

图 3-39 2022 年休渔前后两航次各区域底栖动物数量密度

第四章

北部湾渔业资源

渔业资源指天然水域中具有开发利用价值的鱼类、甲壳类、头足类和贝类等经济动植物的总体，又称水产资源。渔业资源根据其开发程度可分为：利用枯竭，即在相当长时期内资源量难以恢复到正常水平；过度利用，即资源已经衰退，但保护措施得当，尚能恢复；充分利用，即能贴合资源自然更新节奏，保持最适持续产量；未充分利用，即资源利用尚有潜力（陈新军等，2018）。

北部湾自然环境优越，渔业资源丰富，种类繁多。20世纪60年代，北部湾鱼类种数最高纪录500种左右，2007年调查记录323种，2011年和2018年调查记录分别为253种和218种（何雄波，2023）。湾内鱼类大部分属热带、亚热带近海性鱼类，鱼类区系独特，多数鱼类为湾内洄游，春季到广西和粤西近岸产卵、育幼，而后向湾中和湾西洄游（Aoyama，1973）。湾内渔业资源分布广，群体不大，体型小，生长速度快，寿命短，鱼种混栖，种间数量相互补充，繁殖力强，怀卵量多，产卵场分散（孙典荣，2008）。北部湾渔业为周边地区的经济发展做出了巨大的贡献，带动了生态农业和旅游业等相关产业的发展，而渔业资源和海洋环境却没有受到与之相对应的保护。随着北部湾周边地区经济的快速发展、捕捞强度的提高和沿湾工程项目的建设，北部湾沿岸海域生态环境不断恶化，水质严重下降，渔业资源大幅衰退。根据1961—2017年北部湾底拖网资源密度调查显示，海域内渔业资源密度持续、显著下滑，渔业资源质量呈下降趋势。湾内渔业资源处于过度开发和不稳定的状态，种类更替现象十分明显。主要经济物种迅速衰竭，如红鳍笛鲷、长棘银鲈和断带石鲈等；有些物种呈不稳定的波动状态，其渔获量在不同年份变化很大，如二长棘犁齿鲷、短尾大眼鲷和蓝圆鲹等；有些物种的渔获量较为稳定，如带鱼、蛇鲻和刺鲳等（乔延龙等，2008；王雪辉等，2018）。衰竭的种群多为生态位高和经济价值高的种类，波动型种群则主要是一些群体数量较大的中上层鱼类和生态位较低、生命周期短的近底层鱼类，稳定型种群多为分布广泛、产卵期较长、受捕捞压力影响小的种类。种类的更替主要体现在三个方面：一是底层小型鱼类的大量繁殖，尤其是没有经济价值的小型底层鱼类日本发光鲷，随着高价值种类的衰退，日本发光鲷大量繁殖，在渔获中的占比居高不下；二是以蓝圆鲹和竹䇲鱼为主的中上层种类占比增加，且在渔获中占比波动明显；三是近底层鱼类优势种更替明显，如长尾大眼鲷和短尾大眼鲷的更替以及白姑鱼和大头白姑鱼的更替（贾晓平，2003；乔延龙等，2008）。从1999年开始，我国大力推进渔船双控、减船转产、伏季休渔、限额捕捞等调控政策，渔业资源质量下降的趋势才有所减缓（陈作志等，2008；粟丽等，2021；孙典荣等，2004）。

第一节　渔业资源结构

一、资源组成

全年共捕获物种 233 种，其中以鱼类为主，占 81.1%；其次是甲壳类，占 15.0%；头足类最少，占 3.9%。休渔前后渔获种类组成未显现出明显的变化。休渔前航次共捕获物种 183 种，鱼类占比 82.0%，甲壳类占比 14.2%，头足类占比 3.8%；休渔前后两航次类群组成占比相似，休渔后航次共捕获物种 186 种，鱼类种类占比 80.6%，甲壳类种类占比 14.0%，头足类种类占比 5.4%（表 4-1 和表 4-2）。

表 4-1　2022 年北部湾渔业资源种类组成

时间	类群	目	科	属	种
休渔前	甲壳类	1	8	17	26
	头足类	3	5	7	7
	鱼类	25	72	109	150
休渔后	甲壳类	1	9	17	26
	头足类	3	6	8	10
	鱼类	22	70	108	150

表 4-2　2022 年北部湾渔获种名

种名	拉丁名	缩写	目	科
尖头斜齿鲨	*Scoliodon laticaudus*	Sco. lat	真鲨目	真鲨科
条纹斑竹鲨	*Chiloscyllium plagiosum*	Chi. pla	须鲨目	天竺鲨科
古氏魟	*Neotrygon kuhlii*	Neo. kuh	鲼形目	魟科
尖嘴魟	*Telatrygon zugei*	Tel. zug	鲼形目	魟科
鲍氏鳐	*Okamejei boesemani*	Oka. boe	鳐形目	鳐科
大鳍鳚蛇鳗	*Scolecenchelys macropterus*	Sco. mac	鳗鲡目	蛇鳗科
尖吻蛇鳗	*Ophichthus apicalis*	Oph. api	鳗鲡目	蛇鳗科
食蟹豆齿鳗	*Pisodonophis cancrivorus*	Pis. can	鳗鲡目	蛇鳗科
杂食豆齿鳗	*Pisodonophis boro*	Pis. bor	鳗鲡目	蛇鳗科
海鳗	*Muraenesox cinereus*	Mur. cin	鳗鲡目	海鳗科
褐海鳗	*Muraenesox bagio*	Mur. bag	鳗鲡目	海鳗科
克里裸胸鳝	*Gymnothorax cribroris*	Gym. cri	鳗鲡目	海鳝科
网纹裸胸鳝	*Gymnothorax reticularis*	Gym. ret	鳗鲡目	海鳝科
匀斑裸胸鳝	*Gymnothorax reevesii*	Gym. ree	鳗鲡目	海鳝科
前肛鳗	*Dysomma anguillare*	Dys. ang	鳗鲡目	合鳃鳗科
线尾蜥鳗	*Saurenchelys fierasfer*	Sau. fie	鳗鲡目	鸭嘴鳗科
黑尾吻鳗	*Rhynchoconger ectenurus*	Rhy. ect	鳗鲡目	康吉鳗科
异颌颌吻鳗	*Gnathophis heterognathos*	Gna. het	鳗鲡目	康吉鳗科

（续）

种名	拉丁名	缩写	目	科
黑鮟鱇	*Lophiomus setigerus*	*Lop. set*	鮟鱇目	鮟鱇科
毛躄鱼	*Antennarius hispidus*	*Ant. his*	鮟鱇目	躄鱼科
突额棘茄鱼	*Halieutaea indica*	*Hal. ind*	鮟鱇目	蝙蝠鱼科
杜氏棱鳀	*Thryssa dussumieri*	*Thr. dus*	鲱形目	鳀科
汉氏棱鳀	*Thryssa hamiltoni*	*Thr. ham*	鲱形目	鳀科
黄吻棱鳀	*Thryssa vitrirostris*	*Thr. vit*	鲱形目	鳀科
康氏侧带小公鱼	*Stolephorus commersonnii*	*Sto. com*	鲱形目	鳀科
小头黄鲫	*Setipinna breviceps*	*Set. bre*	鲱形目	鳀科
黑口鰳	*Ilisha melastoma*	*Ili. mel*	鲱形目	锯腹鳓科
鰳	*Ilisha elongata*	*Ili. elo*	鲱形目	锯腹鳓科
黄泽小沙丁鱼	*Sardinella lemuru*	*Sar. lem*	鲱形目	水滑科
青鳞小沙丁鱼	*Sardinella zunasi*	*Sar. zun*	鲱形目	水滑科
圆吻海鰶	*Nematalosa nasus*	*Nem. nas*	鲱形目	水滑科
长颌宝刀鱼	*Chirocentrus nudus*	*Chi. nud*	鲱形目	宝刀鱼科
大头狗母鱼	*Trachinocephalus myops*	*Tra. myo*	仙女鱼目	狗母鱼科
多齿蛇鲻	*Saurida tumbil*	*Sau. tum*	仙女鱼目	狗母鱼科
花斑蛇鲻	*Saurida undosquamis*	*Sau. und*	仙女鱼目	狗母鱼科
长蛇鲻	*Saurida elongata*	*Sau. elo*	仙女鱼目	狗母鱼科
肩斑狗母鱼	*Synodus hoshinonis*	*Syn. hos*	仙女鱼目	狗母鱼科
叉短带鳚	*Plagiotremus spilistius*	*Pla. spi*	鳚形目	鳚科
带鳚	*Xiphasia setifer*	*Xip. set*	鳚形目	鳚科
麦氏犀鳕	*Bregmaceros mcclellandi*	*Bre. mcc*	鳕形目	犀鳕科
少鳞犀鳕	*Bregmaceros rarisquamosus*	*Bre. rar*	鳕形目	犀鳕科
多须鼬鳚	*Brotula multibarbata*	*Bro. mul*	鼬鳚目	鼬鳚科
仙鼬鳚	*Sirembo imberbis*	*Sir. imb*	鼬鳚目	鼬鳚科
皇带鱼	*Regalecus glesne*	*Reg. gle*	月鱼目	皇带鱼科
绿背鲻	*Planiliza subviridis*	*Pla. sub*	鲻形目	鲻科
斑鳍白姑鱼	*Pennahia pawak*	*Pen. paw*	刺尾鱼目	石首鱼科
大头白姑鱼	*Pennahia macrocephalus*	*Pen. mac*	刺尾鱼目	石首鱼科
截尾白姑鱼	*Pennahia aneus*	*Pen. ane*	刺尾鱼目	石首鱼科
尖头黄鳍牙鰔	*Chrysochir aureus*	*Chr. aur*	刺尾鱼目	石首鱼科
皮氏叫姑鱼	*Johnius belangerii*	*Joh. bel*	刺尾鱼目	石首鱼科
少棘胡椒鲷	*Diagramma pictum*	*Dia. pic*	刺尾鱼目	石鲈科
大斑石鲈	*Pomadasys maculatus*	*Pom. mac*	刺尾鱼目	石鲈科
长尾大眼鲷	*Priacanthus tayenus*	*Pri. tay*	刺尾鱼目	大眼鲷科
短尾大眼鲷	*Priacanthus macracanthus*	*Pri. mac*	刺尾鱼目	大眼鲷科

（续）

种名	拉丁名	缩写	目	科
二长棘犁齿鲷	*Evynnis cardinalis*	*Evy. car*	刺尾鱼目	鲷科
真鲷	*Pagrus major*	*Pag. maj*	刺尾鱼目	鲷科
褐蓝子鱼	*Siganus fuscescens*	*Sig. fus*	刺尾鱼目	蓝子鱼科
横带髭鲷	*Hapalogenys analis*	*Hap. ana*	刺尾鱼目	松鲷科
红鳍笛鲷	*Lutjanus erythropterus*	*Lut. ery*	刺尾鱼目	笛鲷科
红鳍裸颊鲷	*Lethrinus haematopterus*	*Let. hae*	刺尾鱼目	裸颊鲷科
细纹鲾	*Leiognathus berbis*	*Lei. ber*	刺尾鱼目	鲾科
项斑项鲾	*Nuchequula nuchalis*	*Nuc. nuc*	刺尾鱼目	鲾科
短吻鲾	*Photopectoralis bindus*	*Pho. bin*	刺尾鱼目	鲾科
黄斑光胸鲾	*Photopectoralis bindus*	*Pho. bin*	刺尾鱼目	鲾科
鹿斑仰口鲾	*Secutor ruconius*	*Sec. ruc*	刺尾鱼目	鲾科
琼斯布氏鲾	*Eubleekeria jonesi*	*Eub. jon*	刺尾鱼目	鲾科
横斑金线鱼	*Nemipterus furcosus*	*Nem. fur*	刺尾鱼目	金线鱼科
红棘金线鱼	*Nemipterus nemurus*	*Nem. nem*	刺尾鱼目	金线鱼科
缘金线鱼	*Nemipterus marginatus*	*Nem. mar*	刺尾鱼目	金线鱼科
深水金线鱼	*Nemipterus bathybius*	*Nem. bat*	刺尾鱼目	金线鱼科
日本金线鱼	*Nemipterus japonicus*	*Nem. jap*	刺尾鱼目	金线鱼科
金线鱼	*Nemipterus virgatus*	*Nem. vir*	刺尾鱼目	金线鱼科
条纹眶棘鲈	*Scolopsis taenioptera*	*Sco. tae*	刺尾鱼目	金线鱼科
克氏棘赤刀鱼	*Acanthocepola krusensternii*	*Aca. kru*	刺尾鱼目	赤刀鱼科
朴罗蝶鱼	*Roa modestus*	*Roa. mod*	刺尾鱼目	蝴蝶鱼科
红尾银鲈	*Gerres erythrourus*	*Ger. ery*	刺尾鱼目	银鲈科
长棘银鲈	*Gerres filamentosus*	*Ger. fil*	刺尾鱼目	银鲈科
七带银鲈	*Gerres septemfasciatus*	*Ger. sep*	刺尾鱼目	银鲈科
日本银鲈	*Gerres equulus*	*Ger. equ*	刺尾鱼目	银鲈科
少鳞鱚	*Sillago japonica*	*Sil. jap*	刺尾鱼目	鱚科
白方头鱼	*Branchiostegus albus*	*Bra. alb*	刺尾鱼目	方头鱼科
银方头鱼	*Branchiostegus argentatus*	*Bra. arg*	刺尾鱼目	方头鱼科
弓背鳄齿鱼	*Champsodon atridorsalis*	*Cha. atr*	发光鲷目	鳄齿鱼科
日本发光鲷	*Acropoma japonicum*	*Acr. jap*	发光鲷目	发光鲷科
白边银口天竺鲷	*Jaydia albomarginatus*	*Jay. alb*	钩头鱼目	天竺鲷科
斑鳍银口天竺鲷	*Jaydia carinatus*	*Jay. car*	钩头鱼目	天竺鲷科
黑边银口天竺鲷	*Jaydia truncata*	*Jay. tru*	钩头鱼目	天竺鲷科
黑鳃银口天竺鲷	*Jaydia poecilopterus*	*Jay. poe*	钩头鱼目	天竺鲷科
横带银口天竺鲷	*Jaydia striata*	*Jay. str*	钩头鱼目	天竺鲷科
史密斯银口天竺鲷	*Jaydia smithi*	*Jay. smi*	钩头鱼目	天竺鲷科

（续）

种名	拉丁名	缩写	目	科
印度洋银口天竺鲷	*Jaydia striatodes*	*Jay. str*	钩头鱼目	天竺鲷科
半线鹦天竺鲷	*Ostorhinchus semilineatus*	*Ost. sem*	钩头鱼目	天竺鲷科
侧带鹦天竺鲷	*Ostorhinchus pleuron*	*Ost. ple*	钩头鱼目	天竺鲷科
贪食鹦天竺鲷	*Ostorhinchus gularis*	*Ost. gul*	钩头鱼目	天竺鲷科
橙点石斑鱼	*Epinephelus bleekeri*	*Epi. ble*	鲈形目	石斑鱼科
点带石斑鱼	*Epinephelus coioides*	*Epi. coi*	鲈形目	石斑鱼科
宽带石斑鱼	*Epinephelus latifasciatus*	*Epi. lat*	鲈形目	石斑鱼科
六带石斑鱼	*Epinephelus sexfasciatus*	*Epi. sex*	鲈形目	石斑鱼科
日本瞳鲬	*Inegocia japonica*	*Ine. jap*	鲈形目	鲬科
犬牙鲬	*Ratabulus megacephalus*	*Rat. meg*	鲈形目	鲬科
锯齿鳞鲬	*Onigocia spinosa*	*Oni. spi*	鲈形目	鲬科
大鳞鳞鲬	*Onigocia macrolepis*	*Oni. mac*	鲈形目	鲬科
棘线鲬	*Grammoplites scaber*	*Gra. sca*	鲈形目	鲬科
凹鳍鲬	*Kumococius rodericensis*	*Kum. rod*	鲈形目	鲬科
窄眶缝鲬	*Thysanophrys chiltonae*	*Thy. chi*	鲈形目	鲬科
魔拟鲉	*Scorpaenopsis neglecta*	*Sco. neg*	鲈形目	鲉科
花斑短鳍蓑鲉	*Dendrochirus zebra*	*Den. zeb*	鲈形目	鲉科
环纹蓑鲉	*Pterois lunulata*	*Pte. lun*	鲈形目	鲉科
膛头鲉	*Trachicephalus uranoscopus*	*Tra. ura*	鲈形目	毒鲉科
居氏鬼鲉	*Inimicus japonicus*	*Ini. jap*	鲈形目	毒鲉科
红鳍赤鲉	*Paracentropogon rubripinnis*	*Par. rub*	鲈形目	毒鲉科
棱须蓑鲉	*Apistus carinatus*	*Api. car*	鲈形目	毒鲉科
曲背新棘鲉	*Neomerinthe procurva*	*Neo. pro*	鲈形目	毒鲉科
日本红娘鱼	*Lepidotrigla japonica*	*Lep. jap*	鲈形目	鲂鮄科
翼红娘鱼	*Lepidotrigla alata*	*Lep. ala*	鲈形目	鲂鮄科
项鳞膛	*Uranoscopus tosae*	*Ura. tos*	鲈形目	膛科
眼斑拟鲈	*Parapercis ommatura*	*Par. omm*	鲈形目	拟鲈科
颈斑尖猪鱼	*Leptojulis lambdastigma*	*Lep. lam*	鲈形目	隆头鱼科
斑臂鳍	*Callionymus octostigmatus*	*Cal. oct*	海龙鱼目	鳍科
扁鳍	*Callionymus planus*	*Cal. pla*	海龙鱼目	鳍科
弯角鳍	*Callionymus curvicornis*	*Cal. cur*	海龙鱼目	鳍科
黄带绯鲤	*Upeneus sulphureus*	*Upe. sul*	海龙鱼目	羊鱼科
黄尾绯鲤	*Upeneus sundaicus*	*Upe. sun*	海龙鱼目	羊鱼科
吕宋绯鲤	*Upeneus luzonius*	*Upe. luz*	海龙鱼目	羊鱼科
日本绯鲤	*Upeneus japonicus*	*Upe. jap*	海龙鱼目	羊鱼科
无鳞烟管鱼	*Fistularia commersonii*	*Fis. com*	海龙鱼目	烟管鱼科

（续）

种名	拉丁名	缩写	目	科
粗鳞后颌䲁	*Opistognathus macrolepis*	Opi. mac	丽鱼目	后颌鱼科
斑海鲇	*Arius maculatus*	Ari. mac	鲇形目	海鲇科
内尔褶囊海鲇	*Plicofollis nella*	Pli. nel	鲇形目	海鲇科
线纹鳗鲇	*Plotosus lineatus*	Plo. lin	鲇形目	鳗鲇科
短带鱼	*Trichiurus brevis*	Tri. bre	鲭形目	带鱼科
南海带鱼	*Trichiurus nanhaiensis*	Tri. nan	鲭形目	带鱼科
日本带鱼	*Trichiurus japonicus*	Tri.	鲭形目	带鱼科
沙带鱼	*Lepturacanthus savala*	Lep. sav	鲭形目	带鱼科
羽鳃鲐	*Rastrelliger kanagurta*	Ras. kan	鲭形目	鲭科
康氏马鲛	*Scomberomorus commerson*	Sco. com	鲭形目	鲭科
鳞首方头鲳	*Cubiceps whiteleggii*	Cub. whi	鲭形目	双鳍鲳科
刺鲳	*Psenopsis anomala*	Pse. ano	鲭形目	长鲳科
印度无齿鲳	*Ariomma indica*	Ari. ind	鲭形目	无齿鲳科
银鲳	*Pampus argenteus*	Pam. arg	鲭形目	鲳科
中国鲳	*Pampus chinensis*	Pam. chi	鲭形目	鲳科
鯻	*Terapon theraps*	Ter. the	日鲈目	鯻科
细鳞鯻	*Terapon jarbua*	Ter. jar	日鲈目	鯻科
眼镜鱼	*Mene maculata*	Men. mac	鲹形目	眼镜鱼科
乳香鱼	*Lactarius lactarius*	Lac. lac	鲹形目	乳香鱼科
六指多指马鲅	*Polydactylus sextarius*	Pol. sex	鲹形目	马鲅科
大魣	*Sphyraena barracuda*	Sph. bar	鲹形目	魣科
油魣	*Sphyraena pinguis*	Sph. pin	鲹形目	魣科
大鳞短额鲆	*Engyprosopon grandisquama*	Eng. gra	鲽形目	鲆科
小眼新左鲆	*Neolaeops microphthalmus*	Neo. mic	鲽形目	鲆科
长冠羊舌鲆	*Arnoglossus macrolophus*	Arn. mac	鲽形目	鲆科
大鳞拟棘鲆	*Citharoides macrolepidotus*	Cit. mac	鲽形目	棘鲆科
短鲽	*Brachypleura novaezeelandiae*	Bra. nov	鲽形目	棘鲆科
大牙斑鲆	*Pseudorhombus arsius*	Pse. ars	鲽形目	牙鲆科
桂皮斑鲆	*Pseudorhombus cinnamoneus*	Pse. cin	鲽形目	牙鲆科
瓦鲽	*Poecilopsetta plinthus*	Poe. pli	鲽形目	瓦鲽科
斑头舌鳎	*Cynoglossus puncticeps*	Cyn. pun	鲽形目	舌鳎科
大鳞舌鳎	*Cynoglossus arel*	Cyn. are	鲽形目	舌鳎科
南海舌鳎	*Cynoglossus nanhaiensis*	Cyn. nan	鲽形目	舌鳎科
带纹条鳎	*Zebrias zebra*	Zeb. zeb	鲽形目	鳎科
褐斑栉鳞鳎	*Aseraggodes kobensis*	Ase. kob	鲽形目	鳎科
卵鳎	*Solea ovata*	Sol. ova	鲽形目	鳎科

（续）

种名	拉丁名	缩写	目	科
布氏鲳鲹	*Trachinotus blochii*	*Tra. blo*	鲹形目	鲹科
大甲鲹	*Megalaspis cordyla*	*Meg. cor*	鲹形目	鲹科
大尾副叶鲹	*Alepes vari*	*Ale. var*	鲹形目	鲹科
游鳍叶鲹	*Atule mate*	*Atu. mat*	鲹形目	鲹科
沟鲹	*Atropus atropos*	*Atr. atr*	鲹形目	鲹科
黑鳍副叶鲹	*Alepes melanoptera*	*Ale. mel*	鲹形目	鲹科
及达副叶鲹	*Alepes djedaba*	*Ale. dje*	鲹形目	鲹科
克氏副叶鲹	*Alepes kleinii*	*Ale. kle*	鲹形目	鲹科
金带细鲹	*Selaroides leptolepis*	*Sel. lep*	鲹形目	鲹科
蓝圆鲹	*Decapterus maruadsi*	*Dec. mar*	鲹形目	鲹科
马拉巴若鲹	*Carangoides malabaricus*	*Car. mal*	鲹形目	鲹科
青羽若鲹	*Turrum coeruleopinnatum*	*Tur. coe*	鲹形目	鲹科
乌鲹	*Parastromateus niger*	*Par. nig*	鲹形目	鲹科
长吻丝鲹	*Alectis indica*	*Ale. ind*	鲹形目	鲹科
舟䲉	*Naucrates ductor*	*Nau. duc*	鲹形目	鲹科
竹筴鱼	*Trachurus japonicus*	*Tra. jap*	鲹形目	鲹科
大口犷虾虎鱼	*Gobiopsis macrostoma*	*Gob. mac*	虾虎鱼目	虾虎鱼科
单色颊沟虾虎鱼	*Aulopareia unicolor*	*Aul. uni*	虾虎鱼目	虾虎鱼科
长丝犁突虾虎鱼	*Myersina filifer*	*Mye. fil*	虾虎鱼目	虾虎鱼科
孔虾虎鱼	*Trypauchen vagina*	*Try. vag*	虾虎鱼目	虾虎鱼科
拟矛尾虾虎鱼	*Parachaeturichthys polynema*	*Par. pol*	虾虎鱼目	虾虎鱼科
项鳞沟虾虎鱼	*Oxyurichthys auchenolepis*	*Oxy. auc*	虾虎鱼目	虾虎鱼科
短棘圆刺鲀	*Cyclichthys orbicularis*	*Cyc. orb*	鲀形目	刺鲀科
黑鳃兔头鲀	*Lagocephalus inermis*	*Lag. ine*	鲀形目	鲀科
棕斑兔头鲀	*Lagocephalus spadiceus*	*Lag. spa*	鲀形目	鲀科
黄鳍马面鲀	*Thamnaconus hypargyreus*	*Tha. hyp*	鲀形目	单角鲀科
中华单角鲀	*Monacanthus chinensis*	*Mon. chi*	鲀形目	单角鲀科
斑节对虾	*Penaeus monodon*	*Pen. mon*	十足目	对虾科
短沟对虾	*Penaeus semisulcatus*	*Pen. sem*	十足目	对虾科
墨吉明对虾	*Banana prawn*	*Ban. pra*	十足目	对虾科
日本对虾	*Penaeus japonicus*	*Pen. jap*	十足目	对虾科
哈氏仿对虾	*Parapenaeopsis hardwickii*	*Par. har*	十足目	对虾科
须赤虾	*Metapenaeopsis barbata*	*Met. bar*	十足目	对虾科
近缘新对虾	*Metapenaeus affinis*	*Met. aff*	十足目	对虾科
周氏新对虾	*Metapenaeus joyneri*	*Met. joy*	十足目	对虾科
缘沟对虾	*Aloha Prawn*	*Alo. Pra*	十足目	对虾科

（续）

种名	拉丁名	缩写	目	科
中华管鞭虾	*Solenocera crassicornis*	*Sol. cra*	十足目	管鞭虾科
鲜明鼓虾	*Alpheus distinguendus*	*Alp. dis*	十足目	鼓虾科
九齿扇虾	*Ibacus novemdentatus*	*Iba. nov*	十足目	蝉虾科
条尾近虾蛄	*Anchisquilla fasciata*	*Anc. fas*	十足目	虾蛄科
伍氏口虾蛄	*Oratosquilla woodmasoni*	*Ora. woo*	十足目	虾蛄科
亚洲小口虾蛄	*Oratosquillina asiatica*	*Ora. asi*	十足目	虾蛄科
眼斑猛虾蛄	*Harpiosquilla annandalei*	*Har. ann*	十足目	虾蛄科
口虾蛄	*Oratosquilla oratoria*	*Ora. ora*	十足目	虾蛄科
伍氏平虾蛄	*Erugosquilla woodmasoni*	*Eru. woo*	十足目	虾蛄科
猛虾蛄	*Harpiosquilla harpax*	*Har. har*	十足目	虾蛄科
锯缘青蟹	*Scylla serrata*	*Scy. ser*	十足目	梭子蟹科
变态蟳	*Charybdis variegata*	*Cha. var*	十足目	梭子蟹科
武士蟳	*Charybdis miles*	*Cha. mil*	十足目	梭子蟹科
锈斑蟳	*Charybdis feriatus*	*Cha. fer*	十足目	梭子蟹科
日本蟳	*Charybdis japonica*	*Cha. jap*	十足目	梭子蟹科
少棘短桨蟹	*Thalamita danae*	*Tha. dan*	十足目	梭子蟹科
长眼看守蟹	*Podophthalmus vigil*	*Pod. vig*	十足目	梭子蟹科
红星梭子蟹	*Portunus sanguinolentus*	*Por. san*	十足目	梭子蟹科
三疣梭子蟹	*Portunus trituberculatus*	*Por. tri*	十足目	梭子蟹科
银光梭子蟹	*Portunus argentatus*	*Por. arg*	十足目	梭子蟹科
远洋梭子蟹	*Portunus pelagicus*	*Por. pel*	十足目	梭子蟹科
尖刺绿蛛蟹	*Chlorinoides aculeatus*	*Chl. acu*	十足目	蜘蛛蟹科
颗粒关公蟹	*Dorippe granulata*	*Dor. gra*	十足目	关公蟹科
隆线强蟹	*Eucrate crenata*	*Euc. cre*	十足目	长脚蟹科
标志类声蟹	*Exopheticus insignis*	*Exo. ins*	十足目	长脚蟹科
逍遥馒头蟹	*Calappa philargius*	*Cal. phi*	十足目	馒头蟹科
船蛸	*Argonauta argo*	*Arg. arg*	八腕目	船蛸科
短蛸	*Octopus ocellatus*	*Oct. oce*	八腕目	蛸科
长蛸	*Octopus variabilis*	*Oct. var*	八腕目	蛸科
蓝环章鱼	*Hapalochlaen maculosa*	*Hap. mac*	八腕目	章鱼科
短穗乌贼	*Sepia brevimana*	*Sep. bre*	十腕目	乌贼科
曼氏无针乌贼	*Sepiella maindroni*	*Sep. mai*	十腕目	乌贼科
双喙耳乌贼	*Sepiola birostrata*	*Sep. bir*	十腕目	耳乌贼科
莱氏拟乌贼	*Sepioteuthis lessoniana*	*Sep. les*	枪形目	枪乌贼科
中国枪乌贼	*Uroteuthis chinensis*	*Uro. chi*	枪形目	枪乌贼科

2022 年底拖网调查结果显示，北部湾底层生物群落以鱼类为主，全年数量占比为 76.61%，头足类最少，仅占 0.5%。休渔前鱼类数量占比 74.45%，休渔后占比增加了 4% 左右；休渔前甲壳类数量占比仅为同时期鱼类的 1/3，休渔后占比减少了 5%；休渔前头足类数量占比仅为 0.46%，休渔后占比为 0.54%（图 4-1）。

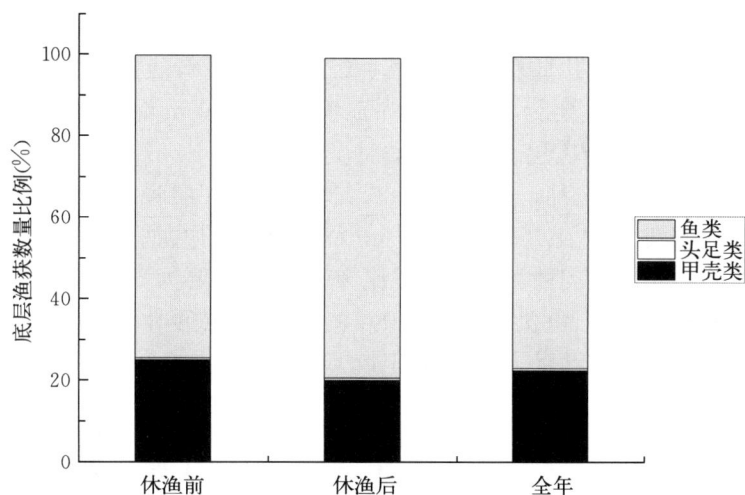

图 4-1　2022 年北部湾底层拖网渔获数量组成

2022 年底拖网调查结果显示，北部湾底层生物群落中，鱼类生物量占比最大，全年占比为 78.59%，头足类占比最小，为 3.04%。休渔前鱼类生物量占比为 81.47%，休渔后占比减少 5% 左右；休渔前甲壳类生物量占比 12.45%，休渔后占比增加 8.4%；休渔前头足类生物量占比仅为甲壳类的 1/3，休渔后生物量占比为 2.26%（图 4-2）。

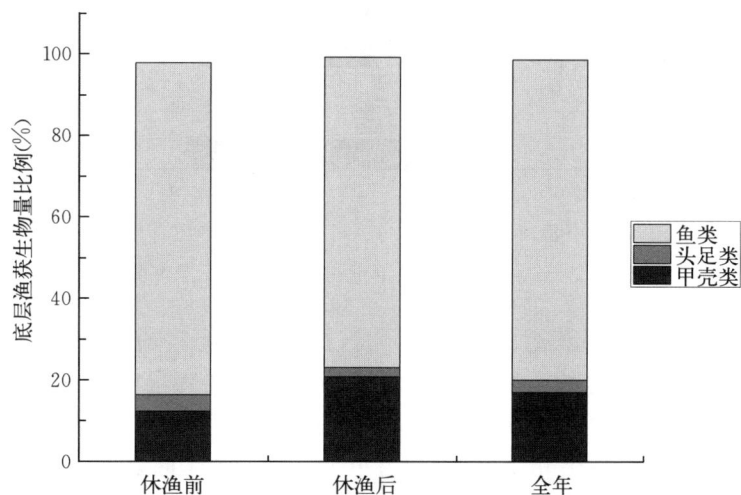

图 4-2　2022 年北部湾底层拖网渔获生物量组成

休渔前后，0～20 m、20～40 m 和 80～100 m 深度的渔获组成明显不同。0～20 m 深度休渔前共捕获物种 48 种，鱼类占比 83.3%，其中底层暖水性鱼类种类最多，占 1/3，主要为项鳞沟虾虎鱼和斑海鲇；休渔后共捕获物种 86 种，鱼类占比 84.9%，其中底层暖水性鱼类种类最多，占比 42.5%，主要为孔虾虎鱼、棕斑兔头鲀和金线鱼。20~40 m 深度休渔前共捕获物种 55 种，鱼类占比 81.8%，其中底层暖水性鱼类种类最多，占 1/3，主要为项鳞沟虾虎鱼和瓦鲽；休渔后共捕获物种 78 种，鱼类占比 89.7%，其中近底层暖水性鱼类种类最多，占比 25.7%，主要为鳎科和石首鱼科鱼类。40~60 m 深度休渔前共捕获物种 131 种，鱼类占比 81.7%，其中底层暖水性鱼类种类最多，占比 41.1%，主要为黄带绯鲤和瓦鲽；休渔后共捕获物种 118 种，鱼类占比 81.1%，其中底层暖水性鱼类种类最多，占比 40.6%，主要为黄带绯鲤和瓦鲽。60~80 m 深度休渔前共捕获物种 97 种，鱼类占比 76.3%，其中底层暖水性鱼类种类最多，占比 37.8%，主要为黄带绯鲤和瓦鲽；休渔后共捕获物种 72 种，鱼类占比 86.1%，其中底层暖水性鱼类种类最多，占比 38.7%，主要为黄带绯鲤和瓦鲽。80~100 m 深度休渔前共捕获物种 26 种，鱼类占比 88.5%，其中底层暖温性鱼类种类最多，占比 30.4%，主要为日本发光鲷和弓背鳄齿鱼；休渔后共捕获物种 46 种，鱼类占比 87.0%，其中底层暖水性鱼类种类最多，占比 27.5%，主要为南海舌鳎和红棘金线鱼（图 4-3）。

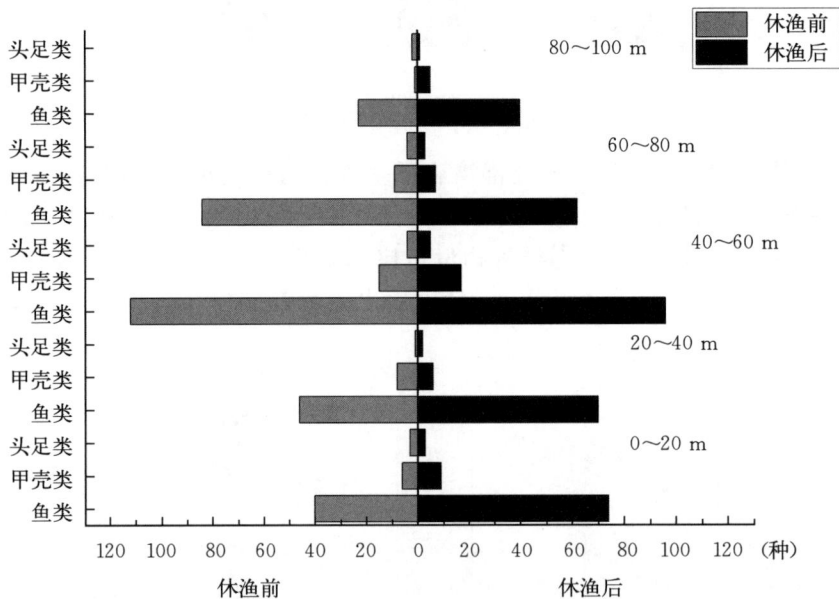

图 4-3　2022 年休渔前后北部湾渔业资源深度分布

休渔前后，各区域的渔获组成明显不同。Ⅰ区休渔前共捕获物种 70 种，鱼类占比 80%，其中底层暖水性鱼类种类最多，占比 41.1%，主要为项鳞沟虾虎鱼和瓦鲽；休渔后共捕获物种 113 种，鱼类占比 85.8%，其中底层暖水性鱼类种类最多，占比 42.5%，主要为棕斑兔头鲀、孔虾虎鱼和金线鱼。Ⅱ区休渔前共捕获物种 41 种，鱼类占比 82.9%，其中底层暖水性鱼类种类最多，占比 52.1%，主要为项鳞沟虾虎鱼和内尔褶囊海鲇；休渔后共捕获物种 60 种，鱼类占比 90.0%，其中底层暖水性和中上层暖温性鱼类种类最多，均占比 24.1%，底层暖水性鱼类主要为瓦鲽和棕斑兔头鲀，中上层暖温性鱼类主要为蓝圆鲹和及达副叶鲹。Ⅲ区休渔前共捕获物种 61 种，鱼类占比 83.6%，其中底层暖水性鱼类种类最多，占比 31.4％，主要为黄带绯鲤和异颌颌吻鳗；休渔后共捕获物种 78 种，鱼类占比 83.3％，其中底层暖水性鱼类种类最多，占比 40.0％，主要为黄带绯鲤和瓦鲽。Ⅳ区休渔前共捕获物种 83 种，鱼类占比 77.5％，其中底层暖水性鱼类种类最多，占比 39.3％，主要为黄带绯鲤和瓦鲽；休渔后共捕获物种 57 种，鱼类占比 86.0％，其中底层暖水性鱼类种类最多，占比 38.7％，主要为瓦鲽和南海舌鳎。Ⅴ区休渔前共捕获物种 83 种，鱼类占比 84.3％，其中底层暖水性鱼类种类最多，占比 38.6％，主要为黄带绯鲤和瓦鲽；休渔后共捕获物种 71 种，鱼类占比 84.5％，其中底层暖水性鱼类种类最多，占比 38.3％，主要为黄带绯鲤和瓦鲽。Ⅵ区休渔前共捕获物种 46 种，鱼类占比 95.7％，其中底层暖水性鱼类种类最多，占比 40.9％，主要为黄带绯鲤和棕斑兔头鲀；休渔后共捕获物种 46 种，鱼类占比 93.5％，其中底层暖水性鱼类种类最多，占比 37.2％，主要为瓦鲽和吕宋绯鲤。Ⅶ区休渔前共捕获物种 40 种，鱼类占比 77.5％，其中底层暖水性鱼类种类最多，占比 35.5％，主要为瓦鲽、棘线鲬和黄带绯鲤；休渔后共捕获物种 48 种，鱼类占比 77.1％，其中底层暖水性鱼类和底层暖温性种类最多，均占比 27.0％，底层暖水性鱼类主要为南海舌鳎、眼斑拟鲈和棕斑兔头鲀，底层暖温性鱼类主要为日本发光鲷和少鳞犀鳕（图 4－4）。

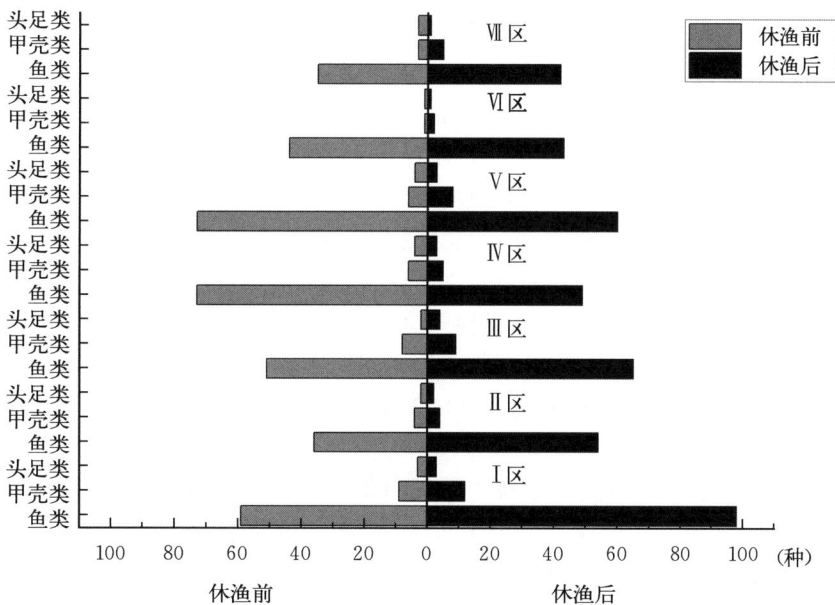

图 4－4 2022 年休渔前后北部湾渔业资源区域分布

二、资源密度

两航次拖网渔获物生物量共 1 589.5 kg，其中休渔前渔获物生物量 713.5 kg，占比 44.9％。休渔前航次中，占底拖网渔获物生物量比例前 3 位的分别是日本发光鲷 （14.9％）、黄带绯鲤（11.8％）和多齿蛇鲻（6.2％）。休渔前各站位渔业资源平均生物量密度为 131.1 kg/km²，其中海南岛西部近海的 15 号站位的资源生物量密度最高，为 528.2 kg/km²，湾外的 23 号和 24 号站位的资源生物量密度最低，为 0.01 kg/km²。休渔后渔获物生物量 876 kg，在两航次渔获物生物量中占比 55.1%。休渔后航次中，占底拖网渔获物生物量比例前 3 位的分别是日本发光鲷（10.1%）、蓝圆鲹（7.4%）和大头白姑鱼（7.0%）。休渔后各站位渔业资源平均生物量密度为 1 135 kg/km²，超过休渔前渔业资源平均生物量密度的 8 倍多，其中海南岛西部近海的 15 号站位的资源生物量密度最高，为 3 023.4 kg/km²，湾口的 22 号站位的资源生物量密度最低，为 5.4 kg/km²（图 4 - 5）。

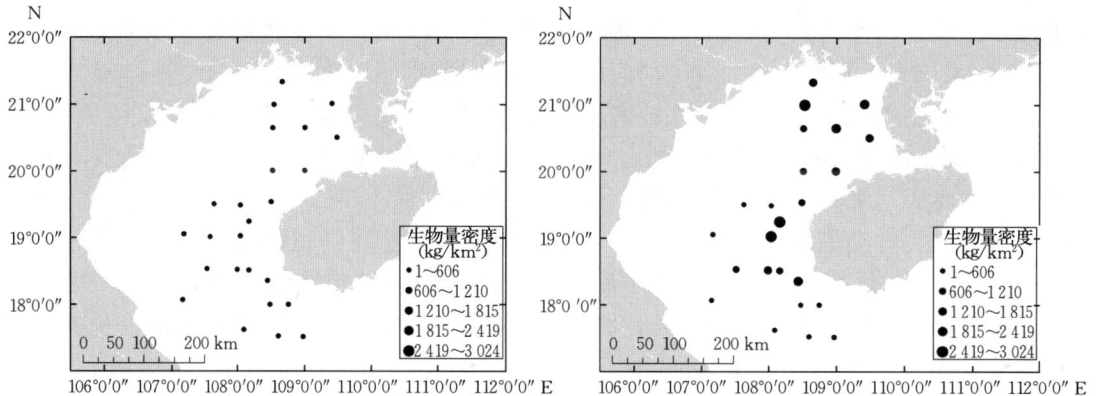

图 4 - 5　2022 年休渔前后两航次渔业资源生物量密度

　　两航次拖网渔获物尾数 152 083 尾，休渔前渔获物尾数 76 519 尾，占比 50.3%。休渔前航次中，占底拖网渔获物尾数比例前 3 位的分别是日本发光鲷（36.6%）、须赤虾（15.4%）和项斑项鲾（7.6%）。休渔前各站位渔业资源平均尾数密度为 13 787 尾/km²，其中海南岛西部近海 15 号站位的资源尾数密度最高，为 77 430 尾/km²，湾外的 23 号站位的资源尾数密度最低，为 11 尾/km²。休渔后渔获物尾数 75 564 尾，在两航次渔获物尾数中占比 49.7%。休渔后航次中，占底拖网渔获物尾数比例前 3 位的分别是日本发光鲷（26.5%）、少棘短桨蟹（6.8%）和项斑项鲾（6.7%）。休渔后各站位渔业资源平均尾数密度为 100 514 尾/km²，超过休渔前渔业资源平均尾数密度的 7 倍多，其中海南岛西部近海 15 号站位的资源尾数密度最高，为 292 599 尾/km²，湾外 23 号站位的资源尾数密度最低，为 35 尾/km²（图 4 - 6）。

　　休渔前后，各深度的资源生物量密度差异明显。休渔前，各深度资源平均生物量密度 655.6 kg/km²，其中 40～60 m 深度的资源生物量密度最高，为 1 816.4 kg/km²，80～100 m 深度的资源生物量密度最低，仅为 2.4 kg/km²。休渔后，各深度资源平均生物量密度 5 448 kg/km²，其中 40～60 m 深度的资源生物量密度最高，为 11 798.2 kg/km²，80～100 m 深度的资源生物量密度最低，仅为最高值的 1/17。休渔后较休渔前，0～20 m 深度的资源生物量密度增加了 12.6 倍，渔获生物量占比前 3 位的物种从须赤虾（36.2%）、杜氏棱鳀（14.5%）和口虾蛄（10.9%）变为少棘短桨蟹（21.4%）、斑鳍白姑鱼（16.1%）和哈氏仿对虾（11.9%）；20～40 m 深度的资源生物量密度增加了 33.6 倍，渔获生物量占比前 3 位的物种从口虾蛄（16.7%）、颗粒关公蟹（9.9%）和中国枪乌贼（8.7%）变为蓝圆鲹（23.1%）、口虾蛄（12.7%）和二长棘犁齿鲷（7.0%）；40～60 m 深度的资源生物量密度增加了 5.5 倍，渔获生物量占比前 3 位的物种从日本发光鲷（17.2%）、黄带绯鲤（10.7%）和大头白姑鱼（8.3%）变为日本发光鲷（21.0%）、大头白姑鱼

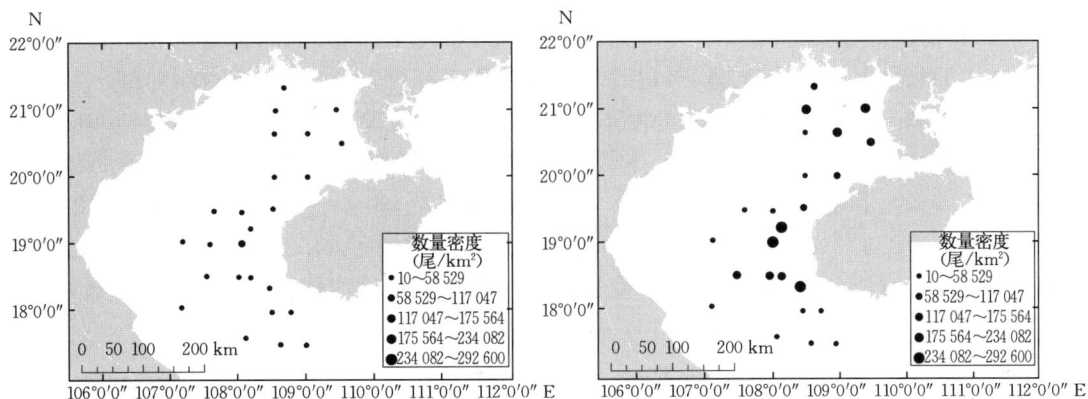

图 4-6　2022 年休渔前航次北部湾渔业资源数量密度

（14.5%）和刺鲳（7.1%）；60～80 m 深度的资源生物量密度增加了 2.4 倍，渔获生物量占比前 3 位的物种从黄带绯鲤（19.5%）、日本发光鲷（17.7%）和项斑项鲾（12.5%）变为日本发光鲷（16.6%）、大头白姑鱼（11.4%）和小头黄鲫（10.9%）；80～100 m 深度的资源生物量密度增加了 284 倍，渔获生物量占比前 3 位的物种从红鳍裸颊鲷（17.3%）、黄带绯鲤（11.4%）和网纹裸胸鳝（6.6%）变为二长棘犁齿鲷（15.8%）、红棘金线鱼（14.2%）和黄鳍马面鲀（10.4%）（图 4-7）。

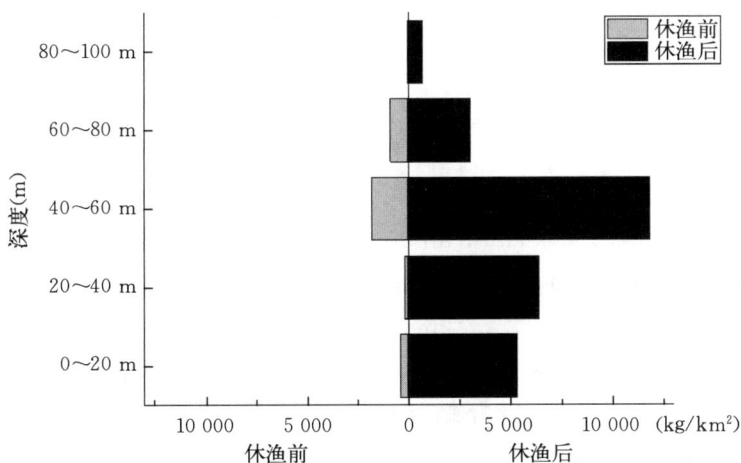

图 4-7　2022 年北部湾渔业资源生物量密度深度分布

　　休渔前后，各深度的资源尾数密度差异明显。休渔前，各深度资源平均尾数密度 68 936 尾/km²，其中 40～60 m 深度的资源尾数密度最高，为 160 310 尾/km²，80～100 m 深度的资源尾数密度最低，仅为 791 尾/km²。休渔后，各深度资源平均尾数密度 482 469 尾/km²，其中 40～60 m 深度的资源尾数密度最高，为 1 150 654 尾/km²，80～100 m 深度的资源尾数密度最低，仅为最高值的 1/32。休渔后较休渔前，0～20 m 深度的资源尾数密度增加了 5.8 倍，渔获尾数占比前 3 位的物种从须赤虾（60.1%）、近缘新对虾（10.3%）和杜氏棱鳀（9.7%）变为少棘短浆蟹（24.3%）、斑鳍白姑鱼（24.1%）和哈氏仿对虾（11.0%）；20～40 m 深度的资源尾数密度增加了 26.5 倍，渔获尾数占比前 3 位的物种从中华管鞭虾

（27.9%）、须赤虾（13.3%）和中国枪乌贼（11.3%）变为项斑项鲾（23.9%）、短吻鲾（15.9%）和蓝圆鲹（12.3%）；40～60 m 深度的资源尾数密度增加了 6.2 倍，渔获尾数占比前 3 位的物种从日本发光鲷（44.8%）、哈氏仿对虾（7.7%）和墨吉明对虾（7.3%）变为日本发光鲷（44.5%）、大头白姑鱼（7.3%）和缘沟勾对虾（6.9%）；60～80 m 深度的资源尾数密度增加了 2 倍，渔获尾数占比前 3 位的物种从日本发光鲷（49.9%）、项斑项鲾（19.9%）和哈氏仿对虾（9.9%）变为日本发光鲷（48.9%）、短吻鲾（12.7%）和小头黄鲫（8.2%）；80～100 m 深度的资源尾数密度增加了 44.5 倍，渔获尾数占比前 3 位的物种从黄带绯鲤（49.9%）、日本发光鲷（10.2%）和弓背鳄齿鱼（7.8%）变为日本发光鲷（30.7%）、少鳞犀鳕（29.5%）和二长棘犁齿鲷（11.9%）（图 4-8）。

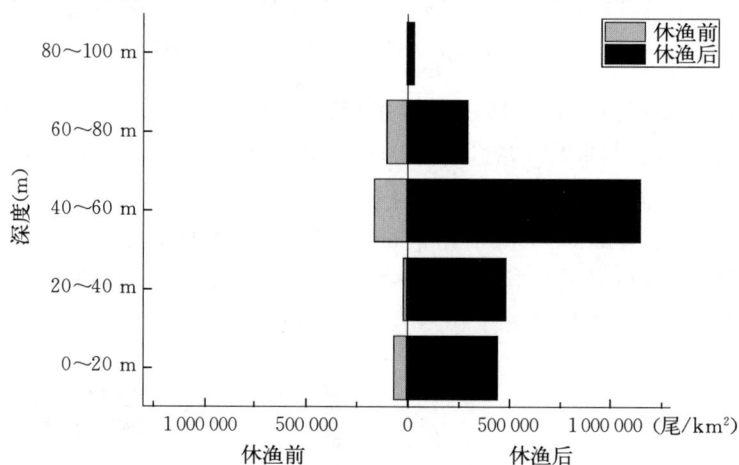

图 4-8　2022 年北部湾渔业资源数量密度深度分布

休渔前后，各区域的资源生物量密度差异明显。休渔前，各区域资源平均生物量密度 468.3 kg/km²，其中 V 区域的资源生物量密度最高，为 1 150.5 kg/km²，Ⅶ 区域的资源生物量密度最低，仅为 66.2 kg/km²。休渔后，各区域资源平均生物量密度 3 891.4 kg/km²，其中 I 区域的资源生物量密度最高，为 9 566.2 kg/km²，Ⅶ 区域的资源生物量密度最低，仅为最高值的 1/11。休渔后较休渔前，Ⅰ 区域的资源生物量密度增加了 17 倍，渔获生物量占比前 3 位的物种从须赤虾（26.9%）、口虾蛄（13.9%）和杜氏棱鳀（10.8%）变为蓝圆鲹（13.3%）、少棘短桨蟹（11.9%）和斑鳍白姑鱼（9.2%）；Ⅱ 区域的资源生物量密度增加了 26 倍，渔获生物量占比前 3 位的物种从莱氏拟乌贼（18.6%）、猛虾蛄（17.7%）和内尔褶囊海鞘（10.8%）变为口虾蛄（13.0%）、二长棘犁齿鲷（11.8%）和蓝圆鲹（9.3%）；Ⅲ 区域的资源生物量密度增加了 6 倍，渔获生物量占比前 3 位的物种从日本发光鲷（24.2%）、日本带鱼（14.2%）和黄带绯鲤（14.0%）变为大头白姑鱼（24.3%）、日本发光鲷（11.9%）和项斑项鲾（7.4%）；Ⅳ 区域的资源生物量密度增加了 2.5 倍，渔获生物量占比前 3 位的物种从多齿蛇鲻（14.9%）、花斑蛇鲻（12.4%）和黄带绯鲤（11.3%）变为二长棘犁齿鲷（32.2%）、多齿蛇鲻（13.5%）和刺鲳（7.2%）；Ⅴ 区域的资源生物量密度增加了 2.4 倍，渔获生物量占比前 3 位的物种从日本发光鲷（20.6%）、黄带绯鲤（17.2%）和多齿蛇鲻（9.9%）变为日本发光鲷（31.8%）、大头白姑鱼

（10.7%）和小头黄鲫（9.6%）；Ⅵ区域的资源生物量密度增加了 12.7 倍，渔获生物量占比前 3 位的物种从克里裸胸鳝（17.5%）、真鲷（10.2%）和棕斑兔头鲀（10.2%）变为日本发光鲷（42.5%）、刺鲳（13.0%）和少棘短桨蟹（7.9%）；Ⅶ区域的资源生物量密度增加了 12 倍，渔获生物量占比前 3 位的物种从中国枪乌贼（17.3%）、蓝圆鲹（12.9%）和古氏虹（8.6%）变为日本发光鲷（14.7%）、二长棘犁齿鲷（12.3%）和黄鳍马面鲀（11.2%）（图 4-9）。

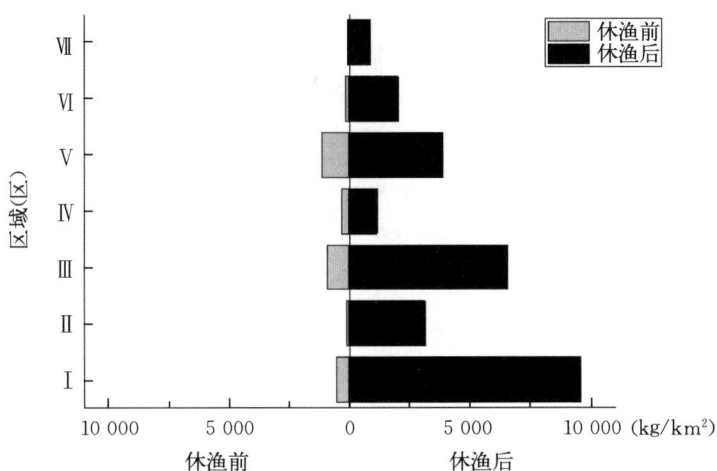

图 4-9　2022 年北部湾渔业资源生物量密度区域分布

　　休渔前后，各区域的资源尾数密度差异明显。休渔前，各区域资源平均尾数密度 468.3 尾/km²，其中Ⅴ区域的资源尾数密度最高，为 1 150.5 尾/km²，Ⅶ区域的资源尾数密度最低，仅为 66.2 尾/km²。休渔后，各区域资源平均尾数密度 3 891.4 尾/km²，其中Ⅰ区域的资源尾数密度最高，为 9 566.2 尾/km²，Ⅶ区域的资源尾数密度最低，仅为最高值的 1/11。休渔后较休渔前，Ⅰ区域的资源尾数密度增加了 17 倍，渔获尾数占比前 3 位的物种从须赤虾（50.4%）、近缘新对虾（8.6%）和杜氏棱鳀（8.1%）变为斑鳍白姑鱼（14.8%）、少棘短桨蟹（14.7%）和短吻鲾（11.0%）；Ⅱ区域的资源尾数密度增加了 26 倍，渔获尾数占比前 3 位的物种从须赤虾（44.7%）、鹿斑仰口鲾（16.5%）和猛虾蛄（7.7%）变为项斑项鲾（27.8%）、鹿斑仰口鲾（18.3%）和蓝圆鲹（10.4%）；Ⅲ区域的资源尾数密度增加了 6 倍，渔获尾数占比前 3 位的物种从日本发光鲷（61.0%）、墨吉明对虾（12.0%）和项斑项鲾（4.9%）变为日本发光鲷（28.3%）、大头白姑鱼（13.4%）和缘沟勾对虾（13.9%）；Ⅳ区域的资源尾数密度增加了 2.5 倍，渔获尾数占比前 3 位的物种从日本发光鲷（45.5%）、弓背鳄齿鱼（10.1%）和须赤虾（7.9%）变为二长棘犁齿鲷（47.5%）、短鲽（5.8%）和多齿蛇鲻（5.0%）；Ⅴ区域的资源尾数密度增加了 2.4 倍，渔获尾数占比前 3 位的物种从日本发光鲷（40.0%）、哈氏仿对虾（17.7%）和项斑项鲾（16.0%）变为日本发光鲷（62.3%）、短吻鲾（8.7%）和小头黄鲫（5.8%）；Ⅵ区域的资源尾数密度增加了 12.7 倍，渔获尾数占比前 3 位的物种从克里裸胸鳝（11.6%）、侧带鹦天竺鲷（9.0%）和黄带绯鲤（8.7%）变为日本发光鲷（75.8%）、少棘短桨蟹（16.3%）和刺鲳（1.1%）；Ⅶ区域的资源尾数密度增加了 12 倍，渔获尾数占比前 3 位的物种从缘沟勾对虾（46.6%）、中国枪乌贼（14.1%）和侧带鹦天竺鲷（11.8%）变为日本发光鲷（37.6%）、少鳞犀鳕（25.7%）和须赤虾（18.8%）（图4-10）。

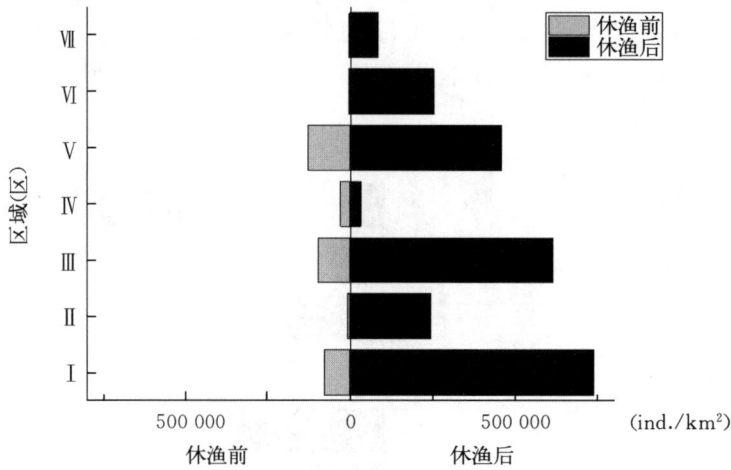

图4-10　2022年北部湾渔业资源数量密度区域分布

三、捕捞效率

根据2022年休渔前航次调查情况，休渔前航次25个调查站位的数量渔获率（每小时每网捕获的渔获数量）范围为1.5～10 755.2 ind./（网·h），平均每个站位1 915.1 ind./（网·h）。其中，海南岛西侧近海的15号站位渔获最多，湾外的23号站位渔获最少；60～80 m深度渔获物最多，为9 661.2 ind./（网·h），占全部渔获量31.57%，80～100 m深度渔获物最少，仅为67.6 ind./（网·h），仅占全部渔获量的0.22%；Ⅴ区渔获最多，为12 042.4 ind./（网·h），占全部渔获量的39.3%，Ⅶ区渔获最少，为126 ind./（网·h），占比0.4%。休渔前后的数量渔获率差异显著，休渔后24个调查站位的数量渔获率范围为1.5～12 192.6 ind./（网·h），平均每个站位4 188.4 ind./（网·h），为休渔前的2.2倍。其中，海南岛西侧近海的15号站位渔获最多，湾外的23号站位渔获最少；40～60 m深度渔获物最多，为44 094.51 ind./（网·h），占全部渔获量的43.8%，80～100 m深度渔获物最少，为1 335.95 ind./（网·h），占1.3%；Ⅰ区渔获最多，为35 207.96 ind./（网·h），占全部渔获量的34.9%，Ⅳ区渔获最少，为1 298.61 ind./（网·h），占比1.3%（表4-3）。

表4-3　2022年北部湾渔获物数据

站位	区域	数量渔获率［ind./（网·h）］		重量渔获率［kg/（网·h）］	
		休渔前	休渔后	休渔前	休渔后
S01	Ⅰ	1 991.3	3 442.2	21.1	58.7
S02	Ⅰ	5 765.1	9 616.9	26.1	95.9
S03	Ⅰ	1 287.1	5 450.2	7.7	67.9
S04	Ⅰ	3.8	496.5	0	20.3

站位	区域	数量渔获率［ind./（网·h）］		重量渔获率［kg/（网·h）］	
		休渔前	休渔后	休渔前	休渔后
S05	Ⅰ	966.7	109.1	15.1	2.5
S06	Ⅱ	513.3	8 262.9	6.7	112
S07	Ⅱ	709.3	8 009.3	7	90
S08	Ⅲ	1 221.9	3 907	12.5	64.5
S09	Ⅲ	635.5	10 695.4	35.5	107.1
S10	Ⅲ	437.4	2 049.8	10	8.5
S11	Ⅳ	453.1	2 075	9.6	40.7
S12	Ⅳ	675.8	974.3	11.5	29.5
S13	Ⅳ	1 956.4	2 570	20.5	40.9
S14	Ⅴ	2 323.7	227.1	21.4	17
S15	Ⅴ	10 755.2	12 192.6	73.7	126.2
S16	Ⅴ	4 256.1	5 596.4	47.6	43.2
S17	Ⅴ	2 571	1 354.5	25.7	11.8
S18	Ⅴ	5 288.8	NA	43.9	NA
S19	Ⅵ	4 602.6	5 486.7	12.9	69.1
S20	Ⅵ	14.8	946.8	0.6	4.2
S21	Ⅶ	831.5	6 584	30.3	37.6
S22	Ⅶ	85.4	3	0.4	0.3
S23	Ⅶ	1.5	1.5	0	2.9
S24	Ⅶ	2.8	31.5	0.1	1.6
S25	Ⅶ	526.8	10 440	21.3	83.9
合计		47 876.9	100 522.7	461.2	1 136.3
平均		1 915.1	4 188.4	18.4	47.3

　　根据 2022 年休渔前航次调查情况，休渔前航次 25 个调查站位的重量渔获率（每小时每网捕获的渔获重量）范围为 0～73.7 kg/（网·h），平均每个站位 18.4 kg/（网·h）。其中，海南岛西侧近海的 15 号站位渔获物最多，湾外的 23 号站位渔获物最少；40～60 m深度梯度渔获物最多，为 255.4 kg/（网·h），占全部渔获量的 55.4%，80～100 m 深度梯度渔获物最少，仅为 1.1 kg/（网·h），占全部渔获量的 0.2%；Ⅴ 区渔获物最多，为160.4 kg/（网·h），占全部渔获量的 34.8%，Ⅶ 区渔获物最少，为 10.7 kg/（网·h），占比 2.3%。休渔后渔获生物量为休渔前的 2.5 倍左右，休渔后航次共捕获渔获物 1 136.3 kg/（网·h），24 个调查站位的重量渔获率范围为 0.3～126.2 kg/（网·h），平均每个站位47.3 kg/（网·h）。其中，海南岛西侧近海的 15 号站位渔获物最多，湾口西部的 22 号站位渔获物最少；40～60 m 深度梯度渔获物最多，为 491.8 kg/（网·h），占全部渔获量的43.3%，80～100 m 深度梯度渔获物最少，为 29.3 kg/（网·h），占 2.6%；Ⅰ 区渔获最多，为 399 kg/（网·h），占全部渔获量的 35.1%，Ⅶ 区渔获最少，为 37.5 kg/（网·h），占比 3.3%（表 4-3）。

休渔前后,40～60 m深度梯度的渔获量均最高,80～100 m深度梯度的渔获量均最低,渔获量的最大最小分布在深度范围内无变化;而渔获量的最大分布在休渔后从湾中的Ⅴ区迁移至西北近岸的Ⅰ区,最小分布在区域范围内无变化,均为湾外的Ⅶ区。

第二节 鱼 类

一、物种组成

全年共捕获鱼类189种,隶属于25目77科131属。休渔前航次共捕获鱼类151种,隶属25目72科109属,休渔后航次共捕获鱼类149种,隶属22目70科108属(参考Eschmeyer's Catalog of Fishes 2023年4月鱼类分类地位)。休渔前后捕获的鱼类种数相近,但物种组成差异明显。

休渔前航次捕获的鱼类,物种组成在目级水平上,以刺尾鱼目为主,占18.47%,其次是鲹形目占14.01%,鲈形目占12.1%,须鲨目、鳐形目、月鱼目、真鲨目和鲼形目最少,仅占0.64%;科级水平上,以天竺鲷科为主,占6.67%,其次是鲹科4.67%,金线鱼科和鲬科各占4%;属级水平上,以银口天竺鲷属为主,占4.64%,其次是金线鱼属,占3.31%,带鱼属占2.65%(图4-11)。

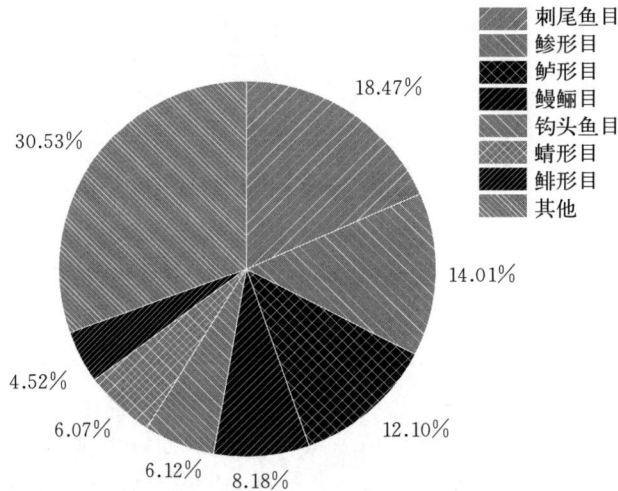

图4-11 2022年休渔前北部湾鱼类物种目级组成

休渔后航次捕获的鱼类,物种组成在目级水平上,以鲹形目为主,占21.48%,其次是刺尾鱼目,占19.46%,鲈形目占10.07%,鳍形目、丽鱼目、鲇形目、鲉形目、鳐形目和真鲨目最少,仅占0.67%;科级水平上,以鲹科为主,占10.07%,其次是金线鱼科、天竺鲷科和虾虎鱼科,各占4.03%;属级水平上,以金线鱼属为主,占4.03%,其次是副叶鲹属和银口天竺鲷属,各占2.68%(图4-12)。

0～20 m深度休渔前捕获鱼类39种,隶属于15目26科35属,刺尾鱼目和鲹形目的种类占比较大,分别占20.5%和15.4%;休渔后捕获鱼类73种,隶属15目37科60属,鲹形目和刺尾鱼目种类占比较大,分别为24.7%和19.2%。休渔后较休渔前,虾虎鱼目、鲀形目、鲹形目、鳗鲡目、鲈形目、海龙鱼目、鲱形目和刺尾鱼目种数均有不同程

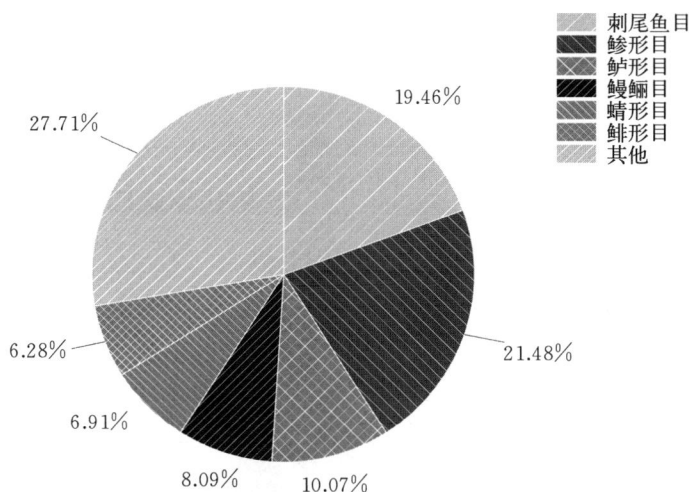

图 4-12　2022 年休渔后北部湾鱼类物种目级组成

度的增加。此外，新出现了日鲈目鱼类，鲻形目鱼类消失（图 4-13）。

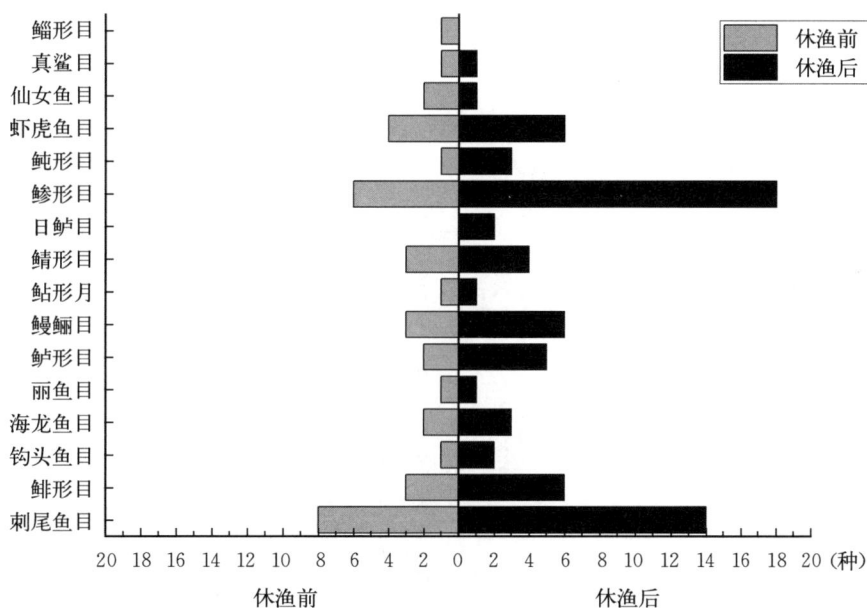

图 4-13　2022 年北部湾 0～20 m 深度鱼类物种分类组成

20～40 m 深度休渔前捕获鱼类 46 种，隶属于 15 目 35 科 40 属，刺尾鱼目和鲹形目的种类占比较大，分别占 21.7% 和 17.4%；休渔后捕获鱼类 70 种，隶属于 14 目 37 科 56 属，鲹形目和刺尾鱼目种类占比较大，分别为 28.6% 和 21.4%。休渔后较休渔前，鲀形目、鲹形目、日鲈目、鲭形目、钩头鱼目、鲱形目和刺尾鱼目种数均有不同程度的增加。此外，新出现了鲼形目鱼类，鲻形目、鼬鳚目、鲇形目和鲛鲼目鱼类消失（图 4-14）。

40～60 m 深度休渔前捕获鱼类 108 种，隶属于 21 目 60 科 87 属，鲹形目和刺尾鱼目的种类占比较大，分别占 18.5% 和 16.7%；休渔后捕获鱼类 70 种，隶属于 20 目 53 科 77 属，鲹形目和刺尾鱼目种类占比较大，均为 19.4%。休渔后较休渔前，须鲨目、鳚形目、

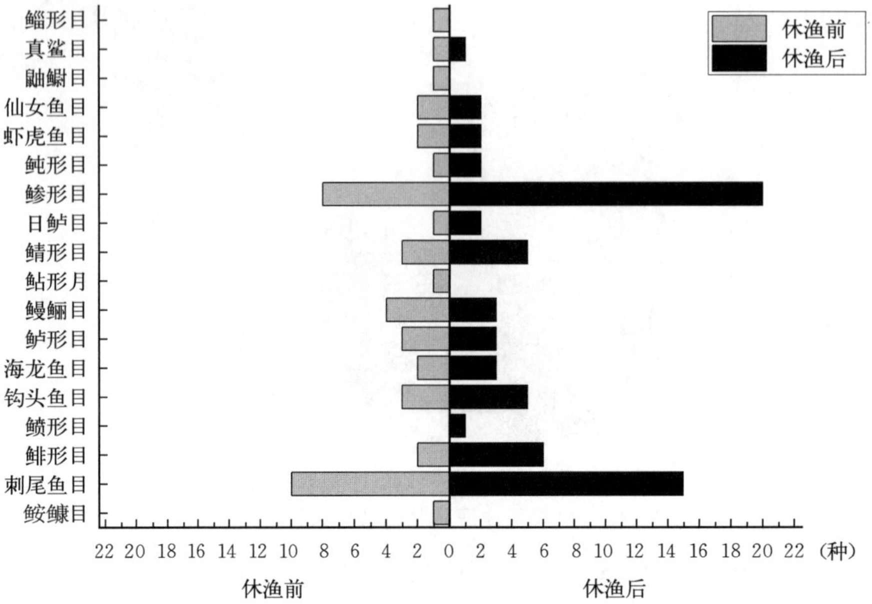

图 4 - 14　2022 年北部湾 20～40 m 深度鱼类物种分类组成

鲀形目和鳗鲡目种数均有不同程度的增加。此外，新出现了真鲨目鱼类，虾虎鱼目和鲇形目鱼类消失（图 4 - 15）。

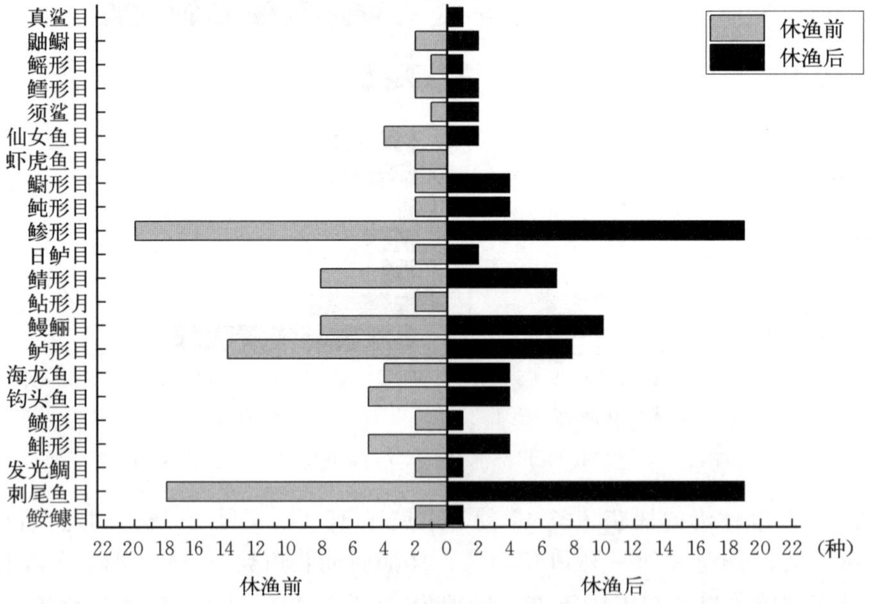

图 4 - 15　2022 年北部湾 40～60 m 深度鱼类物种分类组成

60～80 m 深度休渔前捕获鱼类 74 种，隶属于 18 目 46 科 59 属，刺尾鱼目和鲹形目的种类占比较大，分别占 18.9%和 16.2%；休渔后捕获鱼类 47 种，隶属于 12 目 42 科 52 属，鲹形目和鲈形目种类占比较大，分别占 21.3%和 12.8%。休渔后较休渔前，虾虎鱼目、鲀形目、日鲈目和海龙鱼目种数均有不同程度的增加。此外，新出现了鳚形目鱼类，鼬鳚目、鳐形目、鳕形目、鲼形目、发光鲷目、刺尾鱼目和鲹鳒目鱼类消失（图 4 - 16）。

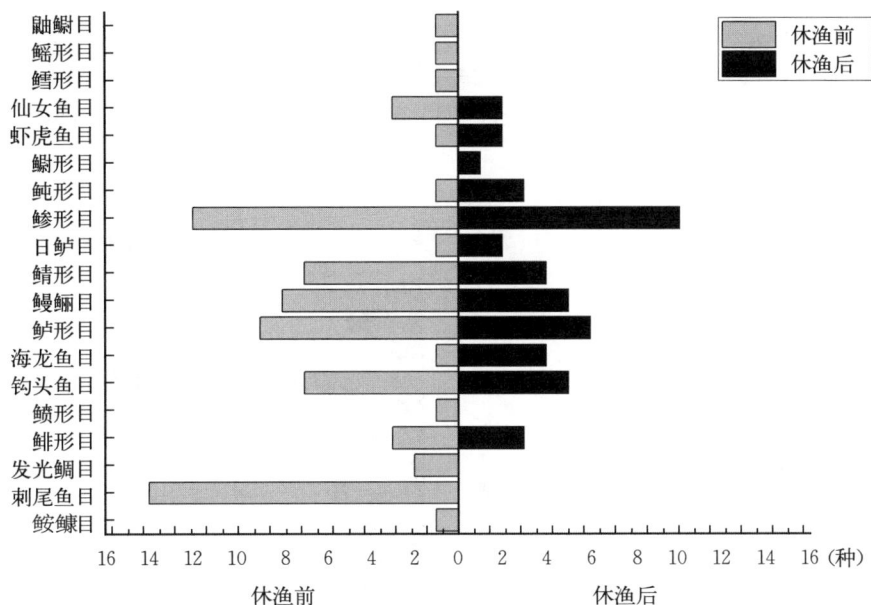

图 4 - 16 2022 年北部湾 60～80 m 深度鱼类物种分类组成

80～100 m 深度休渔前捕获鱼类 23 种，隶属于 11 目 20 科 21 属，鲹形目和鲭形目的种类占比较大，分别占 26.1% 和 17.4%；休渔后捕获鱼类 40 种，隶属于 13 目 28 科 36 属，鲹形目和刺尾鱼目种类占比较大，分别占 30.0% 和 22.5%。休渔后较休渔前，鲀形目、鲹形目、鲈形目、钩头鱼目和刺尾鱼目种数均有不同程度的增加。此外，新出现了鳐形目、日鲈目和鲹鳒目鱼类，海龙鱼目鱼类消失（图 4 - 17）。

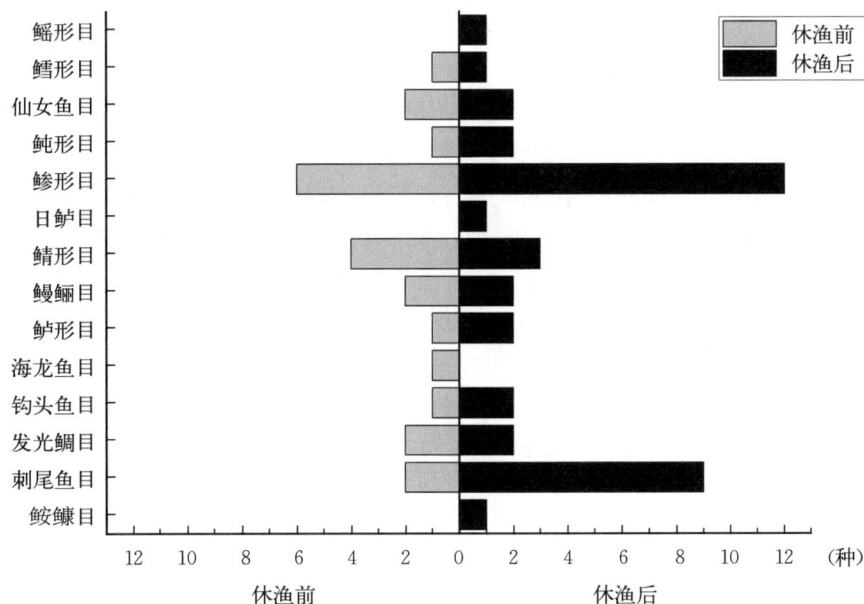

图 4 - 17 2022 年北部湾 80～100 m 深度鱼类物种分类组成

Ⅰ区休渔前捕获鱼类57种，隶属于17目39科50属，刺尾鱼目和鲹形目的种类占比较大，分别占21.1%和14.0%；休渔后捕获鱼类97种，隶属于15目48科75属，鲹形目和刺尾鱼目种类占比较大，分别为24.7%和18.6%。休渔后较休渔前，仙女鱼目、虾虎鱼目、鲀形目、鲹形目、鲭形目、鳗鲡目、鲈形目、海龙鱼目、鲱形目和刺尾鱼目种数均有不同程度的增加。此外，新出现了日鲈目鱼类，鲼形目、鲉鳒目和鲮鳒目鱼类消失（图4-18）。

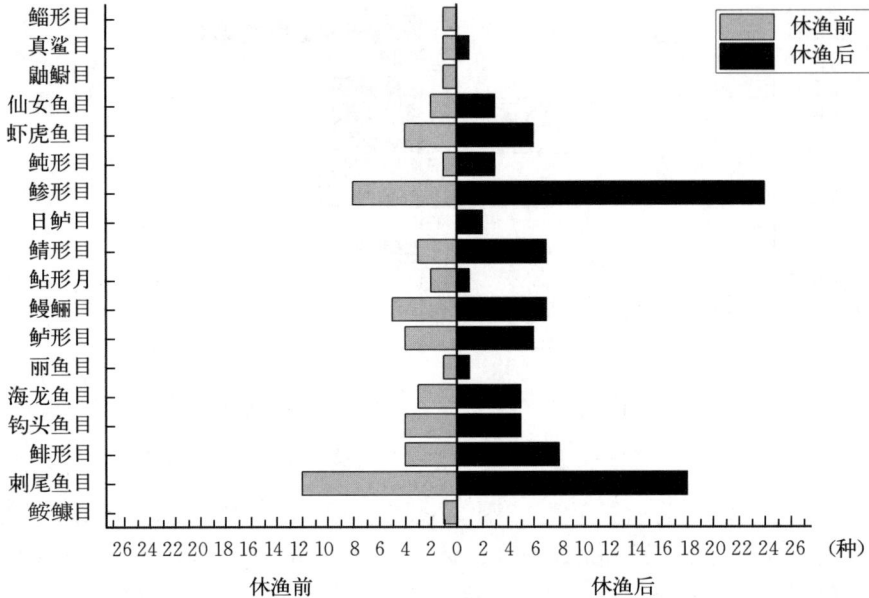

图4-18 2022年北部湾Ⅰ区鱼类物种分类组成

Ⅱ区休渔前捕获鱼类35种，隶属于14目27科32属，刺尾鱼目和鲹形目的种类占比较大，分别占20.0%和17.1%；休渔后捕获鱼类54种，隶属于14目31科46属，鲹形目和刺尾鱼目种类占比较大，分别为29.6%和20.4%。休渔后较休渔前，鲹形目、鲭形目、鲈形目、钩头鱼目和刺尾鱼目种数均有不同程度的增加。此外，新出现了鲀形目、鲭形目和鲱形目鱼类，鲼形目、鲇形目和发光鲷目鱼类消失（图4-19）。

Ⅲ区休渔前捕获鱼类51种，隶属于17目38科45属，刺尾鱼目和鲹形目的种类占比较大，均占13.7%；休渔后捕获鱼类65种，隶属于17目40科55属，鲹形目和刺尾鱼目种类占比较大，分别为18.5%和15.4%。休渔后较休渔前，虾虎鱼目、鲹形目、鳗鲡目、钩头鱼目和刺尾鱼目种数均有不同程度的增加。此外，新出现了真鲨目和鳕形目鱼类，鲇形目和鲮鳒目鱼类消失（图4-20）。

Ⅳ区休渔前捕获鱼类62种，隶属于17目38科48属，鲹形目和刺尾鱼目的种类占比较大，分别占19.4%和17.7%；休渔后捕获鱼类49种，隶属于12目34科42属，鲹形目和刺尾鱼目种类占比较大，分别为30.6%和20.4%。休渔后较休渔前，鲹形目、海龙鱼目和鲱形目种数均有不同程度的增加。此外，鲉鳒目、鳐形目、鳕形目、日鲈目和鲭形目鱼类消失（图4-21）。

Ⅴ区休渔前捕获鱼类35种，隶属于19目49科60属，刺尾鱼目和鲹形目的种类占比较大，分别占17.1%和15.7%；休渔后捕获鱼类54种，隶属于16目39科49属，鲹形

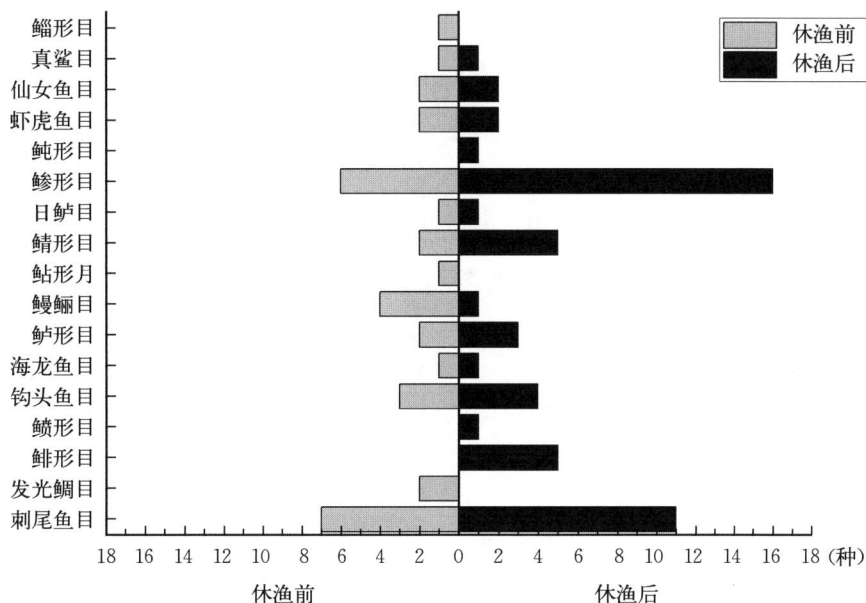

图 4-19 2022 年北部湾 Ⅱ 区鱼类物种分类组成

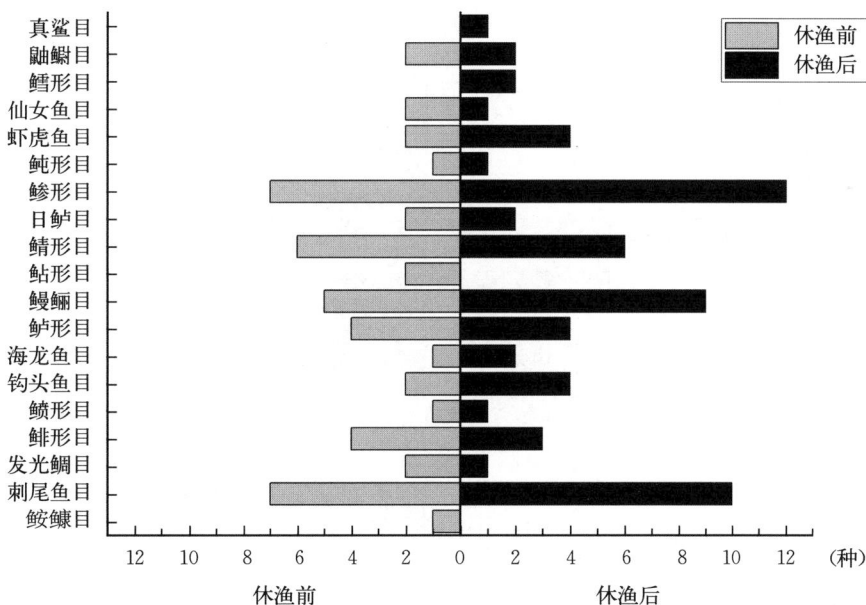

图 4-20 2022 年北部湾 Ⅲ 区鱼类物种分类组成

目和刺尾鱼目种类占比较大,分别为 18.3% 和 16.7%。休渔后较休渔前,鲀形目、日鲈目和鲱形目种数均有不同程度的增加。此外,新出现了鳉形目鱼类,鼬鳚目、鲼形目、须鲨目和鳉形目鱼类消失(图 4-22)。

Ⅵ区休渔前捕获鱼类 35 种,隶属于 14 目 33 科 39 属,刺尾鱼目和鲹形目的种类占比较大,分别占 22.7% 和 18.2%;休渔后捕获鱼类 54 种,隶属于 14 目 32 科 37 属,鲹形目和刺尾鱼目种类占比较大,均为 18.6%。休渔后较休渔前,鲀形目、日鲈目、鲭形目和钩头鱼

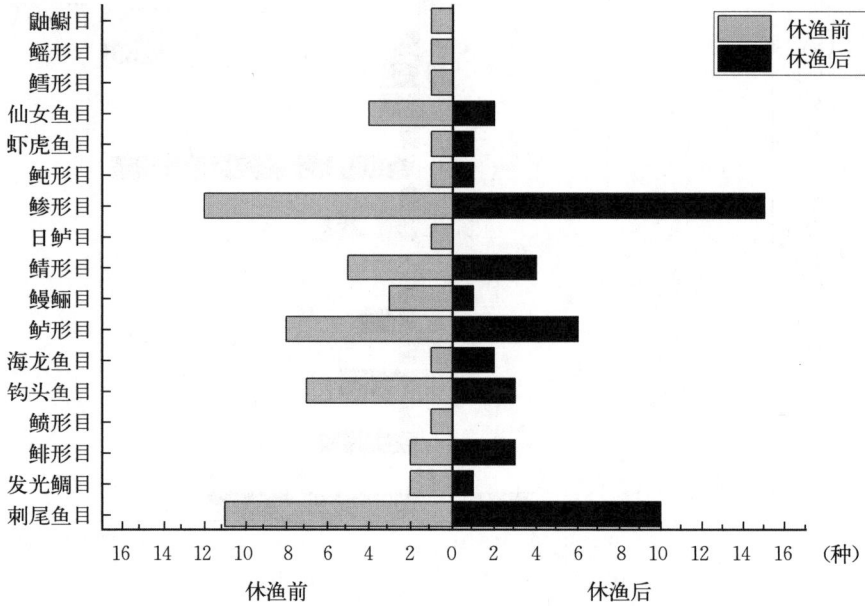

图 4 - 21　2022 年北部湾 Ⅳ 区鱼类物种分类组成

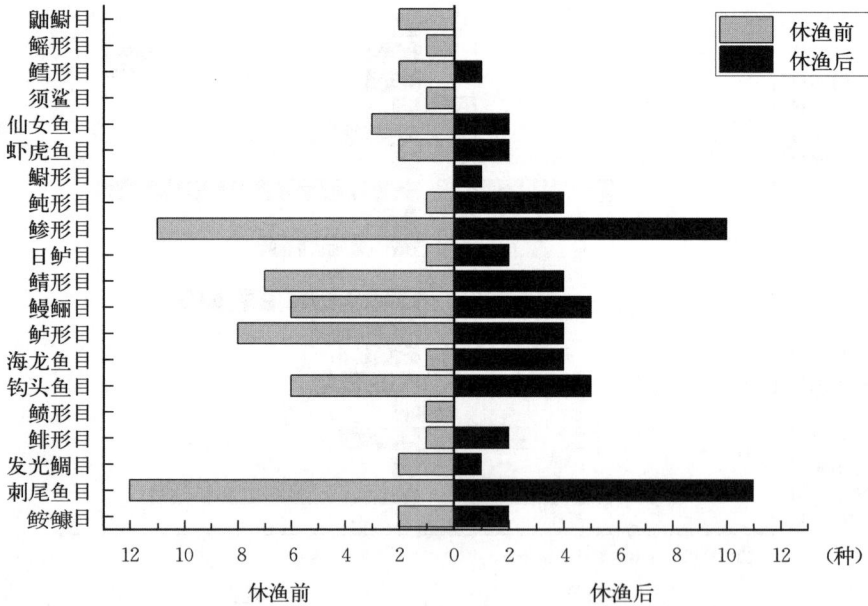

图 4 - 22　2022 年北部湾 Ⅴ 区鱼类物种分类组成

目种数均有不同程度的增加。此外，新出现了鳍形目鱼类，鳎形目鱼类消失（图 4 - 23）。

　　Ⅶ区休渔前捕获鱼类 35 种，隶属于 14 目 26 科 27 属，鲹形目和鲭形目的种类占比较大，分别占 22.6% 和 16.1%；休渔后捕获鱼类 54 种，隶属于 14 目 27 科 35 属，鲹形目和刺尾鱼目种类占比较大，分别为 27.0% 和 18.9%。休渔后较休渔前，鲀形目、鲹形目、鳗鲡目、钩头鱼目和刺尾鱼目种数均有不同程度的增加。此外，新出现了鳕形目和鲹鲱目鱼类，鳎形目、海龙鱼目、鳍形目和鲱形目鱼类消失（图 4 - 24）。

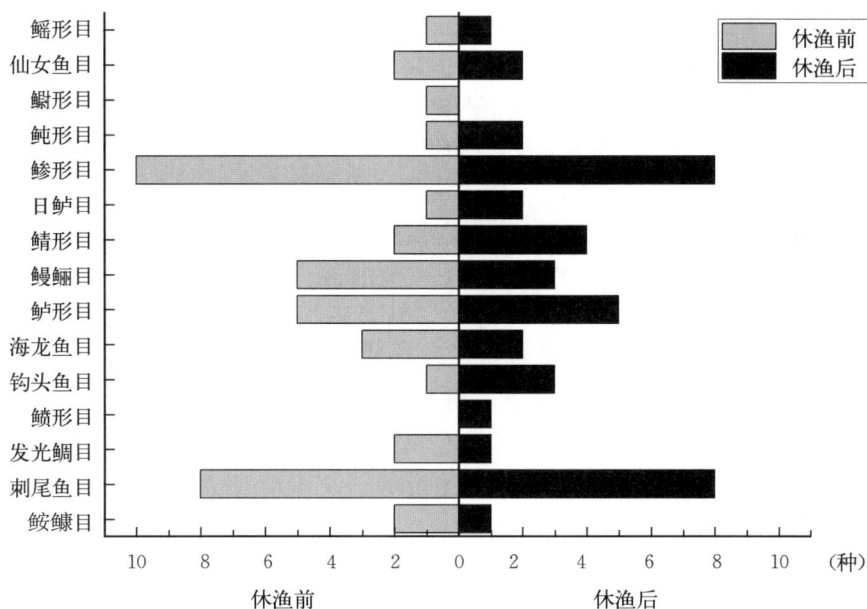

图 4-23　2022 年北部湾 Ⅵ 区鱼类物种分类组成

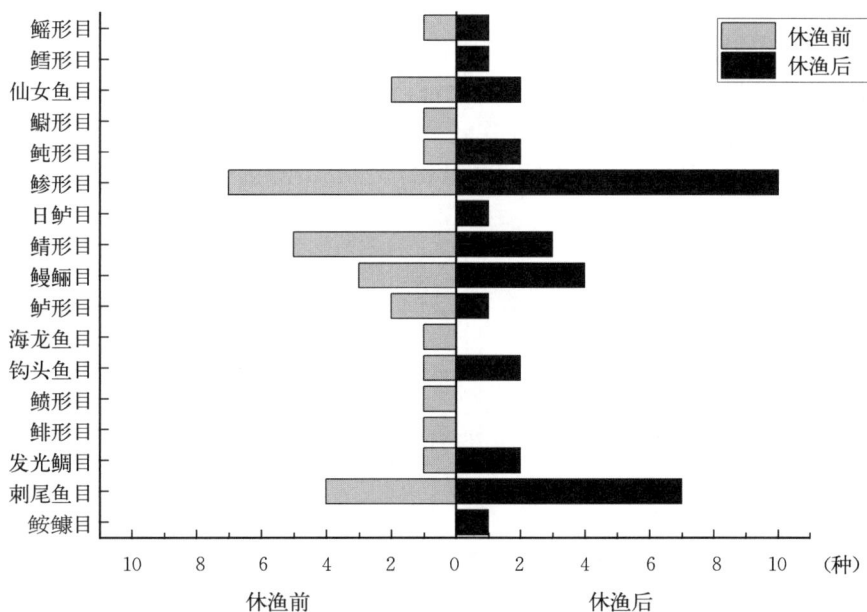

图 4-24　2022 年北部湾 Ⅶ 区鱼类物种分类组成

　　本次调查中的北部湾鱼类主要属于印度洋—西太平洋暖水区系。在所捕鱼类中，底层暖水性鱼类共 81 种，占比 43.3%，主要包括黄带绯鲤、瓦鲽、短鲽、项鳞沟虾虎鱼、孔虾虎鱼和棕斑兔头鲀等；近底层暖水性鱼类共 34 种，占比 18.2%，主要包括短吻鳁、鹿斑仰口鳊、细纹鳊、项斑项鳊、日本带鱼、大头白姑鱼和斑鳍白姑鱼等；底层暖温性鱼类共 29 种，占比 15.5%，主要包括日本发光鲷、弓背鳄齿鱼、二长棘犁齿鲷、多齿蛇鲻、鹦天竺鲷属、银口天竺鲷属和犀鳕属鱼类；中上层暖温性鱼类共 20 种，占比 10.7%，主要包括蓝圆鲹、竹筴鱼、克氏副叶鲹、及达副叶鲹等鲹科鱼类和杜氏棱鳀、青鳞小沙丁鱼等鳀科鱼类；中上层暖水性鱼类共 13 种，占比 7%，主要包括小头黄鲫和康氏侧带小公鱼等鳀科鱼类；岩礁暖水性鱼类共 7 种，占比 3.7%，主要包括克里裸胸鳝、横带髭鲷和朴罗蝶鱼等；近底层暖温性鱼类共 3 种，占比 1.3%，分别为皮氏叫姑鱼、刺鲳与油魣。

较休渔政策实施前的 20 世纪 80 年代，本次采样的软骨鱼类种类大幅减少，硬骨鱼类中的鳗科、鲥科颌石首鱼科等种类亦有不同程度的减少，此外，暖水性鱼类的种数占比减少了 1/10 左右，底层鱼类种数占比增加了 1/10 左右，近底层鱼类种数占比减少了 13% 左右（李显森等，1987）；较 20 世纪 90 年代，软骨鱼类种类减少，暖水性鱼类的种数占比减少了 15%，底层和中上层鱼类的种数占比均增加了 5% 左右（罗春业等，1999）。较休渔政策实施后的 2001—2002 年，本次采样的鱼类中底层鱼类种数占比减少了 9%（孙典荣，2004）；较 2006—2010 年，本次采样中的软骨鱼类种类略有减少，暖水性与暖温性鱼类种数占比变化不大，底层鱼类种数占比增加了 1/10，近底层鱼类种数占比减少了 15% 左右（王理想，2009；袁华荣等，2011）。

二、数量密度

2022 年休渔前航次调查结果显示，北部湾鱼类数量密度为 10.8～72 442.6 ind. /km²，均值为 11 255.2 ind. /km²。其中湾中 40～60 m 深海域的 15 号站位最高，湾外 80～100 m 深海域的 23 号站位最低。海南岛西侧近岸站位的鱼类数量密度较高，湾口和湾外站位的鱼类数量密度较低。休渔后航次调查结果显示，北部湾鱼类数量密度为 35～260 542.9 ind. /km²，均值为 84 777.4 ind. /km²，为休渔前航次的 7.5 倍左右。其中湾中 40～60 m 深海域的 15 号站位最高，湾外 80～100 m 深海域的 23 号站位最低。湾内、湾口和海南岛西南侧近岸的鱼类数量密度较高（图 4 - 25）。

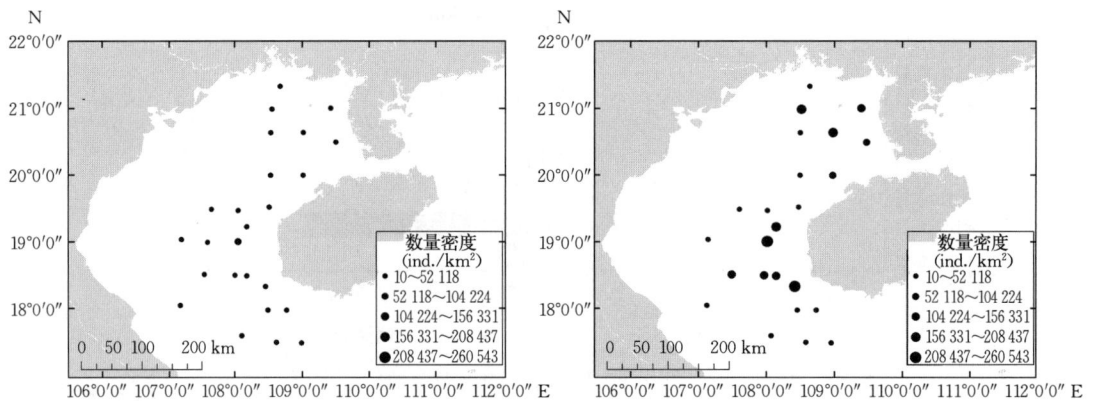

图 4 - 25　2022 年休渔前后两航次鱼类数量密度

休渔后较休渔前，湾外 80～100 m 深海域的 4 号站位和湾口 80～100 m 深海域的 20 号站位的鱼类数量密度涨幅较高，分别升高了 628 倍和 257 倍；湾内 20～40 m 深海域的 7 号站位鱼类数量密度升高了一倍左右；琼州海峡西侧 0～20 m 深海域的 3 号站位、湾内 20～40 m 深海域的 6 号站位及海南岛西侧的 8 号、9 号和 25 号站位的鱼类数量密度升高了 50～60 倍；湾内 40～60 m 深海域的 11 号站位、湾口的 10 号和 21 号站位及湾外 80～

100 m 深海域的 24 号站位鱼类数量密度升高了 30 倍左右；雷州半岛西北近岸 0～20 m 深海域的 2 号站位、湾中 40～60 m 深海域的 12 号站位、海南岛西侧近岸 40～60 m 深海域的 13 号站位和湾口 40～60 m 深海域的 16 号站位的鱼类数量密度升高了 10 倍左右；防城港南部近岸 0～20 m 深海域的 1 号站位，湾中 40～60 m 深海域的 15 号和 17 号站位，湾口 60～80 m 深海域的 19 号站位，湾外 80～100 m 深海域的 23 号站位，这些站位鱼类数量密度升高了 2 倍左右；湾中 60～80 m 深海域的 5 号、14 号站位和湾口 80～100 m 深海域的 22 号站位鱼类数量密度降低了 60%～90%。

2022 年休渔前航次调查结果显示，60～80 m 深度梯度海域的鱼类平均数量密度最高，为 17 342 ind. /km²；其次是 40～60 m 深度梯度海域，为最高值的 73%；80～100 m 深度梯度海域的鱼类平均数量密度最低，不足最高值的 1%。休渔后航次调查结果显示，20～40 m 深度梯度海域的鱼类平均数量密度最高，为 139 841 ind. /km²；其次是 40～60 m 深度梯度海域，为最高值的 74%；80～100 m 深度梯度海域的鱼类平均数量密度最低，为最高值的 5%。休渔后较休渔前，各深度梯度海域的鱼类数量密度均有不同程度的升高。20～40 m 深度梯度海域的鱼类平均数量密度涨幅最大，升高了 64 倍；60～80 m 深度梯度海域的鱼类平均数量密度涨幅最小，仅升高了 4 倍（图 4 - 26）。

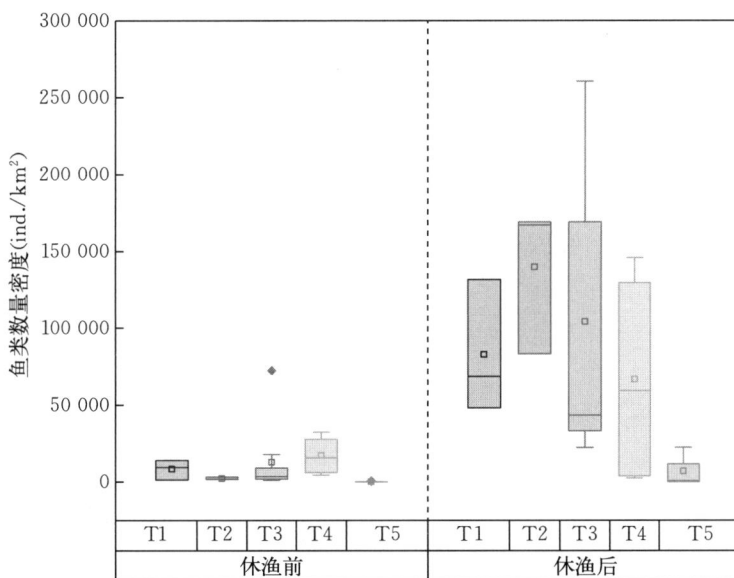

图 4 - 26　2022 年休渔前后两航次各深度鱼类数量密度
T1. 0～20 m　T2. 20～40 m　T3. 40～60 m　T4. 60～80 m　T5. 80～100 m

2022 年休渔前航次调查结果显示，北部湾鱼类平均数量密度最高的区域为Ⅲ区，为 26 330.7 ind. /km²；其次是Ⅴ区，为最高值的 83%；Ⅱ区鱼类平均数量密度最低，为最高值的 6%。休渔后航次调查结果显示，Ⅲ区的鱼类平均数量密度最高，为 154 289 ind. /km²；其次是Ⅴ区，为最高值的 67%；Ⅳ区鱼类平均数量密度最低，为最高值的 6%。休渔后较休渔前，Ⅱ区的鱼类平均数量密度涨幅最大，升高了 68 倍；Ⅲ区的鱼类平均数量密度涨幅最小，升高了 5 倍（图 4 - 27）。

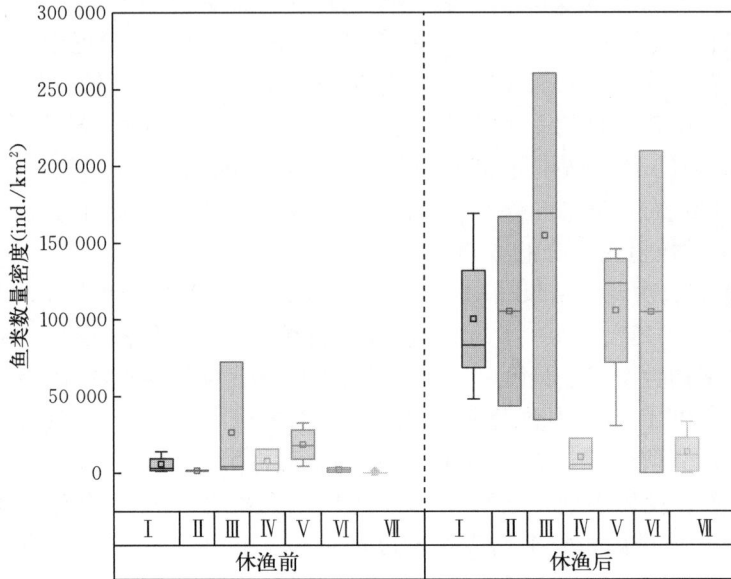

图4-27　2022年休渔前后两航次各区域鱼类数量密度

三、生物量密度

2022年休渔前航次调查结果显示，北部湾鱼类生物量密度为1～511.2 kg/km²，均值为120.7 kg/km²。其中湾中40～60 m深海域的15号站位最高，湾外80～100 m深海域的4号站位和湾外80～100 m深海域的23号、24号站位最低。休渔后航次调查结果显示，北部湾鱼类生物量密度为1～2 742.1 kg/km²，均值为925.3 kg/km²，为休渔前航次的7.7倍左右。其中湾中40～60 m深海域的15号站位最高，湾口80～100 m深海域的22号站位最低。湾内、湾口和海南岛西南侧近岸的鱼类生物量密度较高（图4-28）。

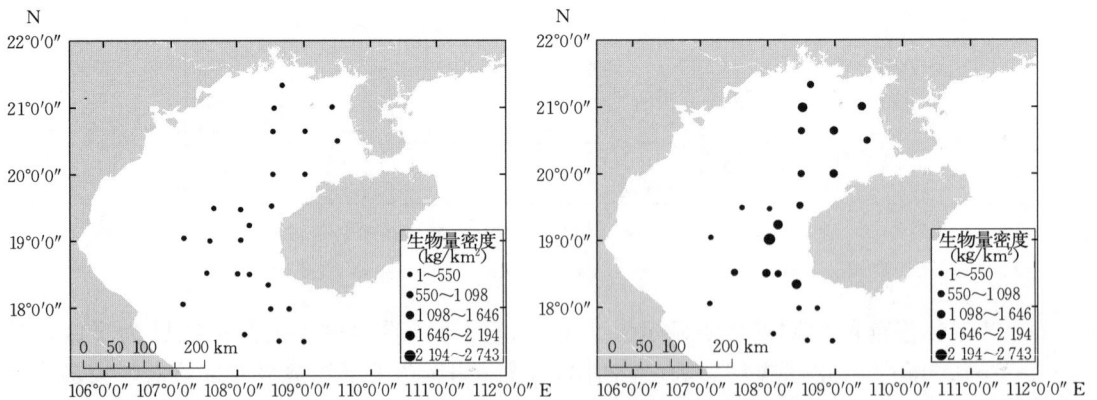

图4-28　2022年休渔前后两航次鱼类生物量密度

休渔后较休渔前，湾外80～100 m深海域的4号站位和湾内20～40 m深海域的6号站位的鱼类生物量密度涨幅较高，分别升高了468倍和108倍；湾内20～40 m深海域的7号站位、湾口80～100 m深海域的20号站位和湾内20～40 m深海域的7号站位升高了

60~70 倍；琼州海峡西侧 0~20 m 深海域的 3 号站位、湾内 40~60 m 深海域的 11 号站位、海南岛西北近岸 20~40 m 深海域的 8 号站位和湾外 80~100 m 深海域的 24 号站位的鱼类生物量密度升高了 25~30 倍；防城港南部近岸 0~20 m 深海域的 1 号站位、雷州半岛西北近岸 0~20 m 深海域的 2 号站位、海南岛西侧近岸 40~60 m 深海域的 9 号站位、湾中 40~60 m 深海域的 12 号站位和海南岛西南近岸 40~60 m 深海域的 25 号站位及湾口 60~80 m 深海域的 19 号站位的鱼类生物量密度升高了 5~15 倍；湾中的 14 号、17 号站位和湾口的 10 号、16 号及 21 号站位的鱼类生物量密度升高了 1~3 倍；湾中 60~80 m 深海域的 5 号站位和湾口 80~100 m 深海域的 22 号站位分别降低了 48% 和 17%。

2022 年休渔前航次调查结果显示，40~60 m 深度梯度海域的鱼类平均生物量密度最高，为 174.8 kg/km^2；其次是 60~80 m 深度梯度海域，为最高值的 94%；80~100 m 深度梯度海域的鱼类平均生物量密度最低，不足最高值的 1%。休渔后航次调查结果显示，20~40 m 深度梯度海域的鱼类平均生物量密度最高，为 1 517 kg/km^2；其次是 40~60 m 深度梯度海域，为最高值的 76%；80~100 m 深度梯度海域的鱼类平均生物量密度最低，为最高值的 9% 左右。休渔后较休渔前，各深度梯度海域的鱼类生物量密度均有不同程度的升高。其中，80~100 m 深度梯度海域的鱼类平均生物量密度涨幅最大，升高了 123 倍；60~80 m 深度梯度海域的鱼类平均生物量密度涨幅最小，仅升高了 4 倍（图 4-29）。

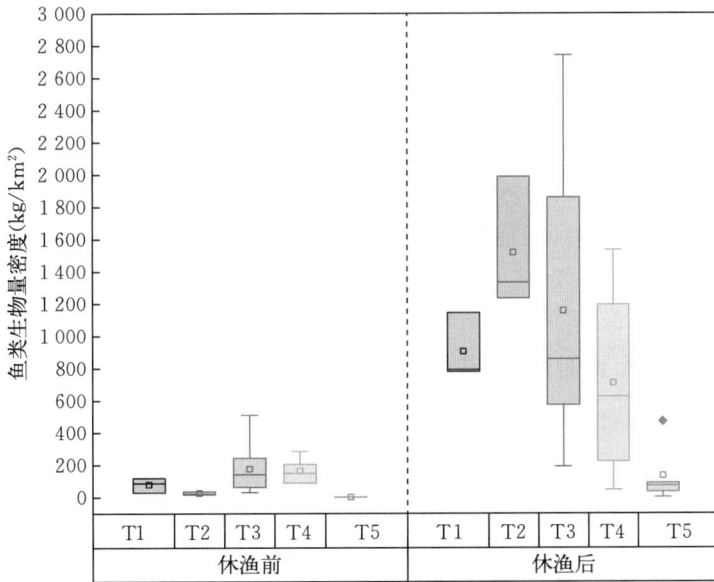

图 4-29　2022 年休渔前后两航次各深度鱼类生物量密度
T1.0~20 m　T2.20~40 m　T3.40~60 m　T4.60~80 m　T5.80~100 m

2022 年休渔前航次调查结果显示，北部湾鱼类平均生物量密度最高的区域为Ⅲ区，为 256.1 kg/km^2；其次是Ⅴ区，为最高值的 66%；Ⅱ区鱼类平均生物量密度最低，为最高值的 10%。休渔后航次调查结果显示，Ⅲ区的鱼类平均生物量密度最高，为 1 835 kg/km^2；其次是Ⅰ区，为最高值的 65%；Ⅶ区鱼类平均生物量密度最低，为最高值的 9%。休渔后较休渔前，各区域的鱼类生物量密度均有不同程度升高。其中，Ⅱ区的鱼类平均生物量密度涨幅最大，升高了 52 倍（图 4-30）。

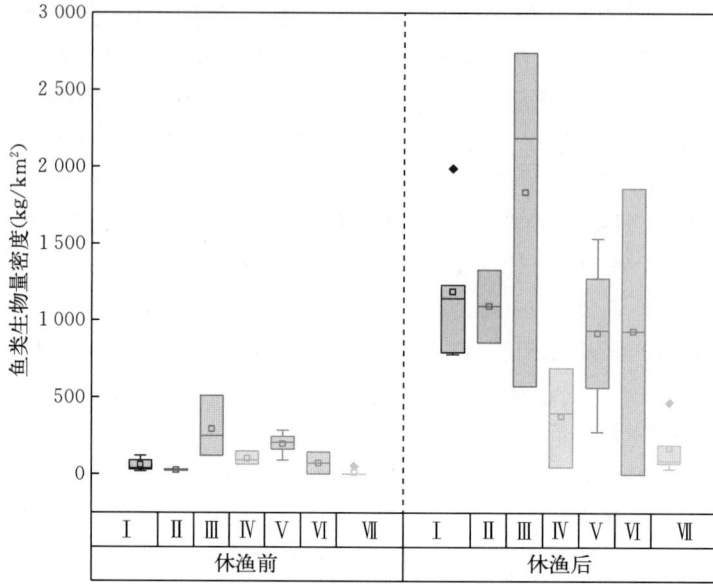

图 4-30　2022 年休渔前后两航次各区域鱼类生物量密度

第三节　甲　壳　类

一、物种组成

全年共捕获甲壳类 35 种，隶属于 1 目 10 科 20 属。休渔前航次共捕获甲壳类 26 种，隶属 1 目 8 科 17 属，休渔后航次共捕获甲壳类 28 种，隶属 1 目 9 科 18 属。休渔前后捕获的甲壳类种数相近，但物种组成差异明显。

休渔前航次捕获的甲壳类均为十足目，物种组成在科级水平上，以对虾科为主，占 34.6%，其次是虾蛄科，占 23.1%，关公蟹科、管鞭虾科、馒头蟹科和蜘蛛蟹科最少，仅占 3.8%；属级水平上，对虾属和口虾蛄属占比最大，为 15.4%，其次是梭子蟹属、新对虾属和蟳属，为 7.7%，其余各属皆占 3.8%（图 4-31）。

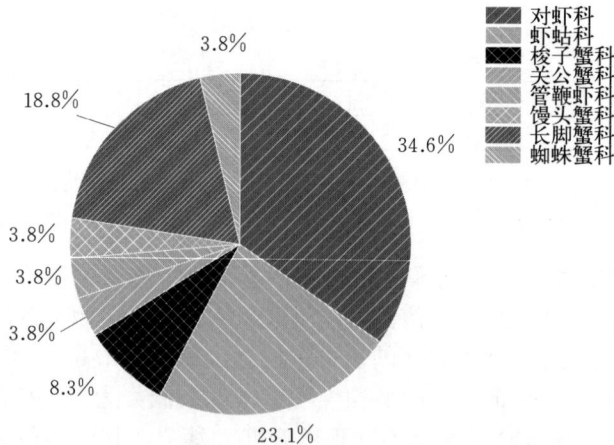

图 4-31　2022 年休渔前北部湾甲壳类物种分类组成

休渔后航次捕获的甲壳类均为十足目，物种组成在科级水平上，以梭子蟹科为主，占35.7%，其次是对虾科，占25%，蝉虾科、鼓虾科、关公蟹科、管鞭虾科、馒头蟹科和长脚蟹科最少，各仅占3.6%；属级水平上，蟳属占比最大，为17.9%，其次是梭子蟹属和口虾蛄属，占比10.7%，对虾属与新对虾属占比7.1%，其余各属皆占3.6%（图4-32）。

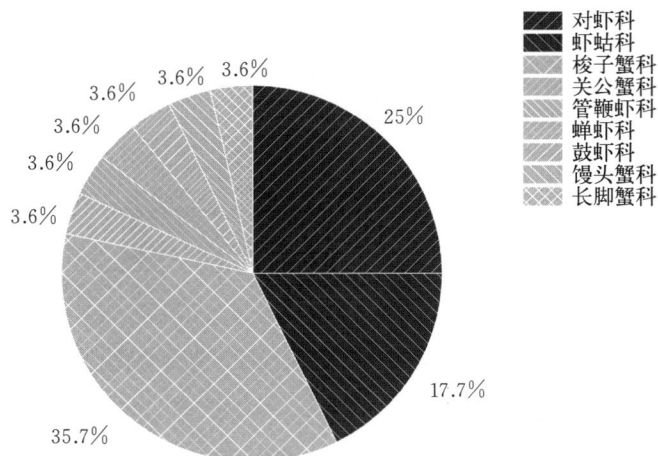

图4-32　2022年休渔后北部湾甲壳类物种分类组成

0～20 m深度休渔前捕获甲壳类6种，隶属于1目3科5属，对虾科的种类占比较大，均为1/2；休渔后捕获甲壳类9种，隶属于1目4科7属，虾蛄科和梭子蟹科种类占比较大，均为1/3。休渔后较休渔前，虾蛄科和梭子蟹科种类增加，对虾科种类不变。此外，新出现了关公蟹科物种（图4-33）。

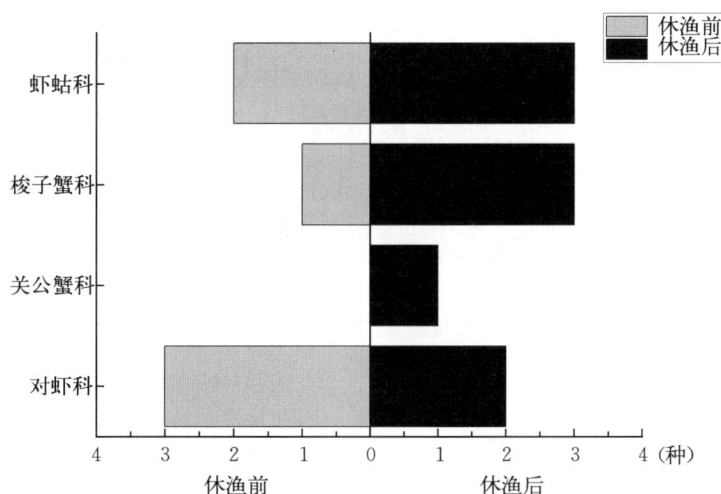

图4-33　2022年北部湾0～20 m深度甲壳类物种分类组成

20～40 m深度休渔前捕获甲壳类8种，隶属于1目6科8属，虾蛄科和对虾科的种类占比较大，均为1/4；休渔后捕获甲壳类6种，隶属于1目4科5属，梭子蟹科和对虾科种类占比较大，均为1/3。休渔后较休渔前，梭子蟹科种类增加，对虾科种类不变。此外，馒头蟹科和管鞭虾科物种消失（图4-34）。

40～60 m深度休渔前捕获甲壳类15种，隶属于1目6科13属，对虾科的种类占比

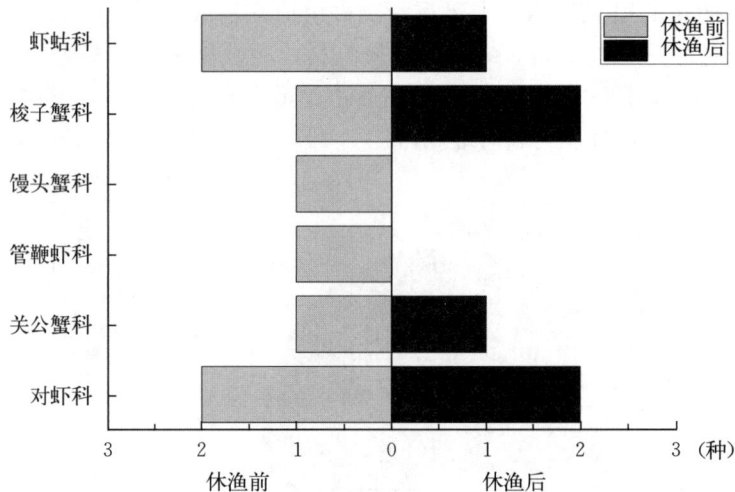

图 4-34　2022 年北部湾 20～40 m 深度甲壳类物种分类组成

较大，为 1/3；休渔后捕获甲壳类 17 种，隶属于 1 目 6 科 13 属，虾蛄科和梭子蟹科种类占比较大，均为 29.4%。休渔后较休渔前，虾蛄科和梭子蟹科种类增加，对虾科种类减少。此外，新出现了鼓虾科和蝉虾科物种，蜘蛛蟹和长脚蟹科物种消失（图 4-35）。

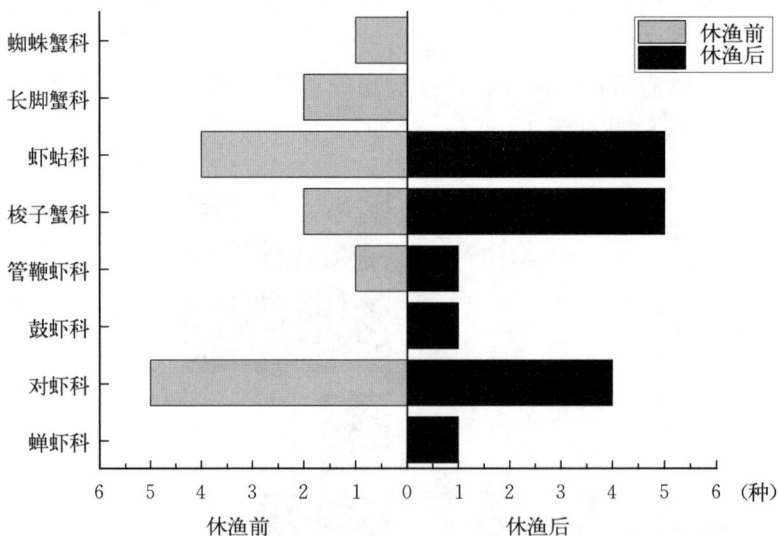

图 4-35　2022 年北部湾 40～60 m 深度甲壳类物种分类组成

60～80 m 深度休渔前捕获甲壳类 9 种，隶属于 1 目 3 科 6 属，对虾科的种类占比较大，为 55.6%；休渔后捕获甲壳类 7 种，隶属于 1 目 5 科 7 属，梭子蟹科和对虾科种类占比较大，均为 28.6%。休渔后较休渔前，梭子蟹科种类增加，虾蛄科和对虾科种类减少。此外，新出现了长脚蟹科和馒头蟹科物种（图 4-36）。

80～100 m 深度休渔前捕获甲壳类 1 种，隶属于 1 目 1 科 1 属，为梭子蟹科的武士蟳；休渔后捕获甲壳类 5 种，隶属于 1 目 2 科 4 属，梭子蟹科种类占比较大，为 80%。休渔后较休渔前，梭子蟹科种类增加。此外，新出现了虾蛄科物种（图 4-37）。

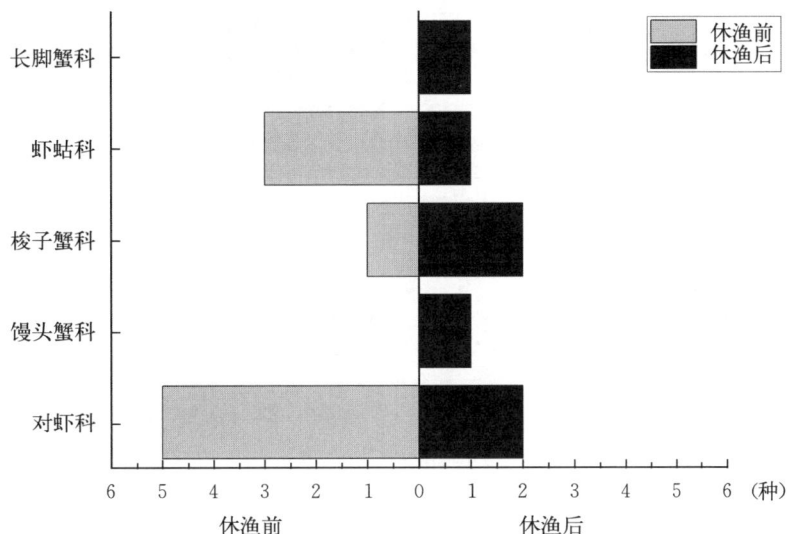

图 4 - 36　2022 年北部湾 60～80 m 深度甲壳类物种分类组成

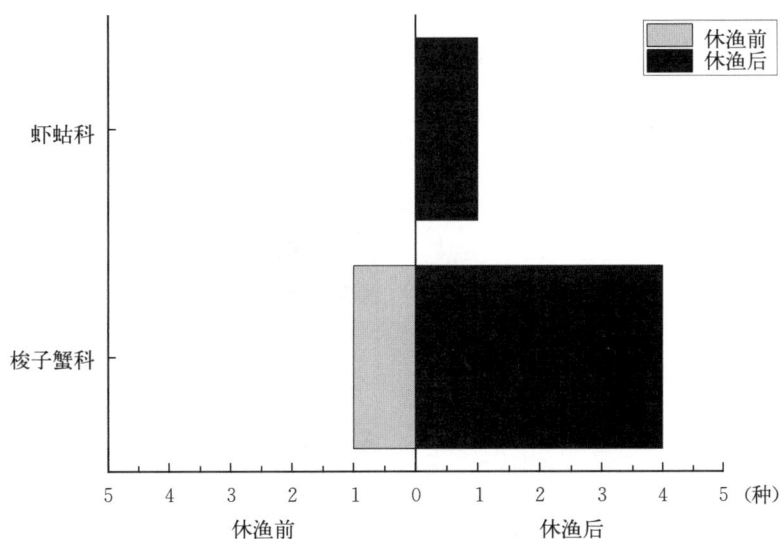

图 4 - 37　2022 年北部湾 80～100 m 深度甲壳类物种分类组成

Ⅰ区休渔前捕获甲壳类 9 种，隶属于 1 目 5 科 7 属，对虾科种类占比较大，为 1/3；休渔后捕获甲壳类 12 种，隶属于 1 目 4 科 9 属，梭子蟹科和对虾科种类占比较大，均为 1/3。休渔后较休渔前，虾蛄科、梭子蟹科和对虾科均有不同程度的增加。此外，管鞭虾科物种消失（图 4 - 38）。

Ⅱ区休渔前捕获甲壳类 4 种，隶属于 1 目 4 科 4 属，各科占比均为 1/4；休渔后捕获甲壳类 4 种，隶属于 1 目 3 科 4 属，梭子蟹科种类占比较大，为 1/2。休渔后较休渔前，新出现了梭子蟹科物种，长脚蟹科和馒头蟹科物种消失（图 4 - 39）。

Ⅲ区休渔前捕获甲壳类 8 种，隶属于 1 目 5 科 6 属，虾蛄科种类占比较大，为 37.5％；休渔后捕获甲壳类 9 种，隶属于 1 目 4 科 9 属，虾蛄科和对虾科种类占比较大，均为 1/3。休渔后较休渔前，梭子蟹科和对虾科均有不同程度的增加。此外，新出现了梭

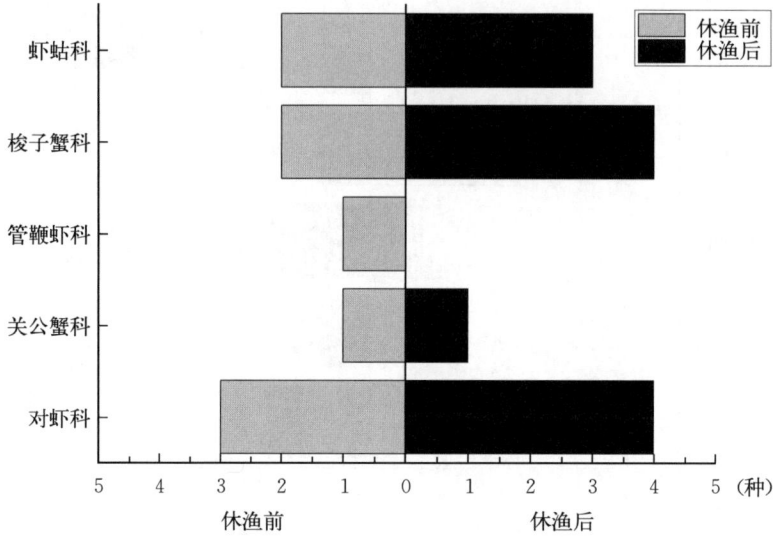

图 4-38　2022 年北部湾 I 区域甲壳类物种分类组成

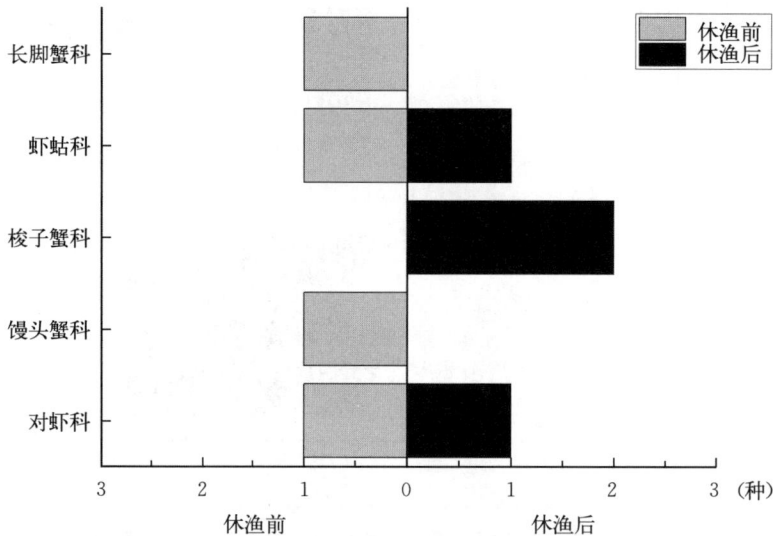

图 4-39　2022 年北部湾 II 区域甲壳类物种分类组成

子蟹科物种，蜘蛛蟹科物种消失（图 4-40）。

　　Ⅳ区休渔前捕获甲壳类 6 种，隶属于 1 目 4 科 6 属，对虾科种类占比较大，为 1/2；休渔后捕获甲壳类 5 种，隶属于 1 目 4 科 5 属，梭子蟹科种类占比较大，为 40%。休渔后较休渔前，梭子蟹科种类增加。此外，新出现了馒头蟹科和鼓虾科物种，长脚蟹科和对虾科物种消失（图 4-41）。

　　Ⅴ区休渔前捕获甲壳类 6 种，隶属于 1 目 3 科 5 属，对虾科种类占比较大，为 1/2；休渔后捕获甲壳类 8 种，隶属于 1 目 5 科 8 属，对虾科种类占比较大，为 37.5%。休渔后较休渔前，梭子蟹科种类增加，虾蛄科种类减少。此外，新出现了长脚蟹科和蝉虾科物种（图 4-42）。

　　Ⅵ区休渔前捕获甲壳类 1 种，隶属于 1 目 1 科 1 属，为墨吉明对虾；休渔后捕获甲壳

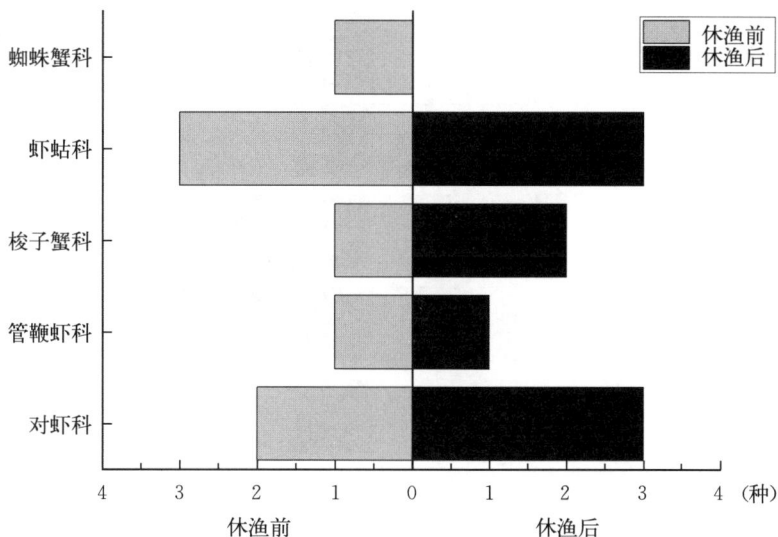

图 4-40 2022 年北部湾Ⅲ区域甲壳类物种分类组成

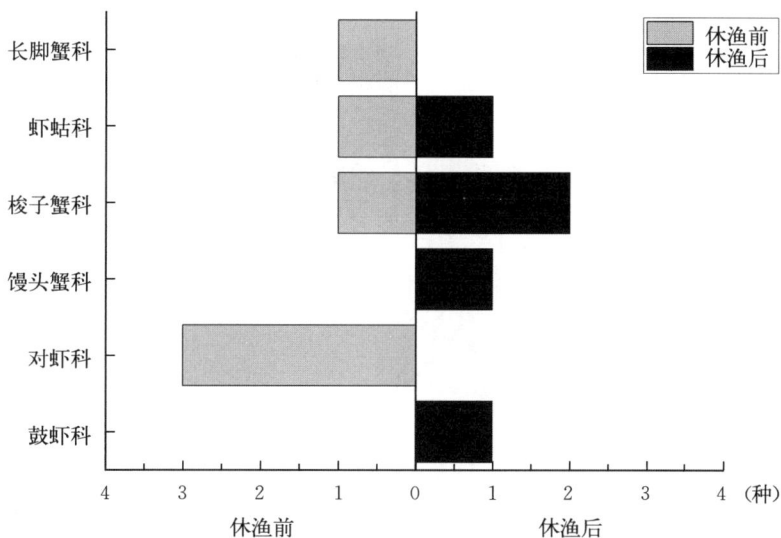

图 4-41 2022 年北部湾Ⅳ区域甲壳类物种分类组成

类 2 种，隶属于 1 目 1 科 2 属，分别为少棘短桨蟹和远洋梭子蟹。休渔后较休渔前，新出现了梭子蟹科物种，对虾科物种消失（图 4-43）。

Ⅶ区休渔前捕获甲壳类 2 种，隶属于 1 目 2 科 2 属，分别为缘沟对虾和武士蟳；休渔后捕获甲壳类 5 种，隶属于 1 目 3 科 4 属，梭子蟹科种类占比较大，为 60%。休渔后较休渔前，梭子蟹科种类增加。此外，新出现了虾蛄科物种（图 4-44）。

二、数量密度

2022 年休渔前航次调查结果显示，北部湾甲壳类数量密度为 0～32 047.3 ind. /km²，均值为 4 055.9 ind. /km²。其中雷州半岛西北近岸 0～20 m 深海域的 2 号站位最高，湾口的 21 号、22 号站位及湾外的 4 号、23 号和 24 号站位最低。湾内近岸站位的甲壳类数量

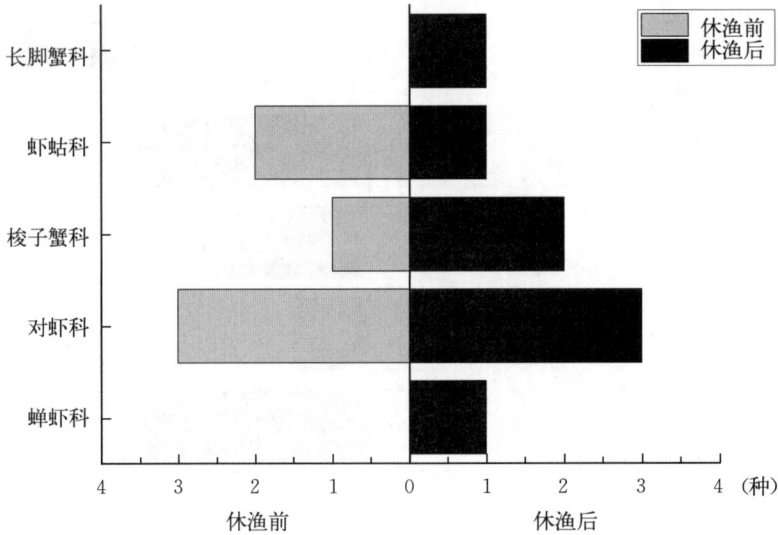

图 4-42 2022 年北部湾 V 区域甲壳类物种分类组成

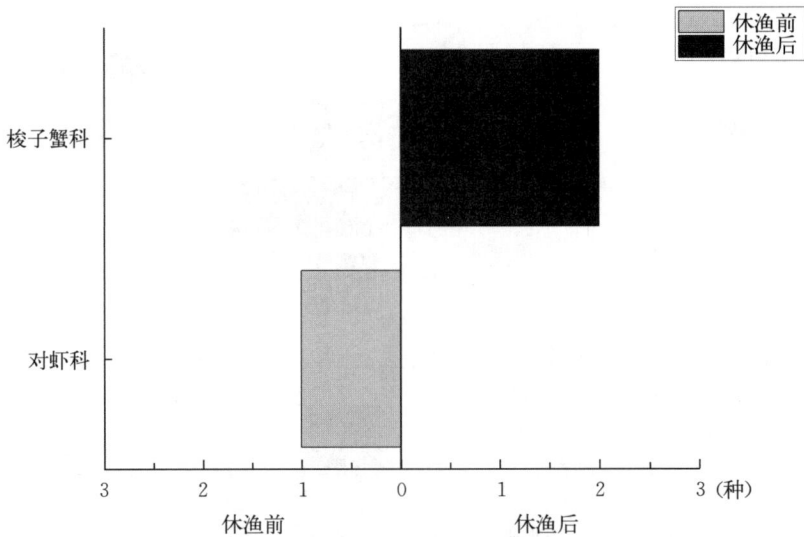

图 4-43 2022 年北部湾 Ⅵ 区域甲壳类物种分类组成

密度较高，湾口和湾外站位的甲壳类数量密度较低。休渔后航次调查结果显示，北部湾甲壳类数量密度为 0～98 982.9 ind. /km^2，均值为 22 256.7 ind. /km^2，为休渔前航次的 5.5 倍左右。其中雷州半岛西北近岸 0～20 m 深海域的 2 号站位最高，湾外 80～100 m 深海域的 23 号站位最低。湾内和海南岛西侧近岸的甲壳类数量密度较高，湾口和湾外站位的甲壳类数量密度较低（图 4-45）。

湾外 80～100 m 深海域的 23 号站位在两航次中均未有甲壳类分布。休渔后较休渔前，湾口 60～80 m 深海域的 21 号、22 号站位，湾外 80～100 m 深海域的 4 号、22 号和 24 号站位，均新出现了甲壳类分布；海南岛西侧近岸 40～60 m 深海域的 9 号站位的甲壳类数量密度涨幅最高，升高了 2 093 倍；防城港南部近岸 0～20 m 深海域的 1 号站位和海南岛西南近岸 40～60 m 深海域的 25 号站位的甲壳类数量密度涨幅较高，分别升高了 92 倍和

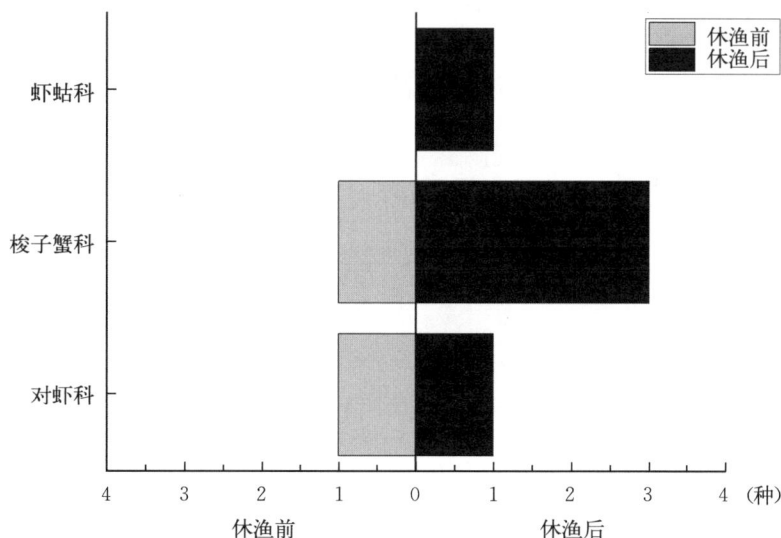

图 4-44　2022 年北部湾Ⅶ区域甲壳类物种分类组成

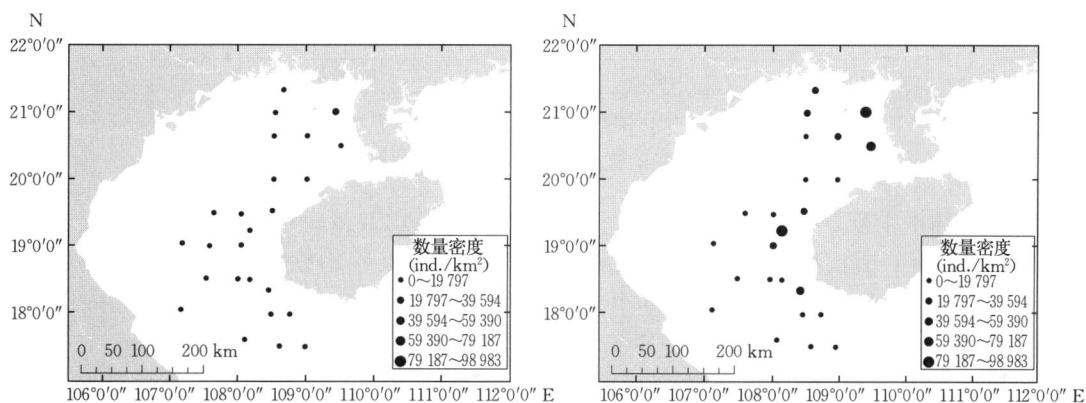

图 4-45　2022 年休渔前后两航次甲壳类数量密度

187 倍；湾内 20～40 m 深海域的 6 号站位和湾口 60～80 m 深海域的 19 号站位的甲壳类数量密度分别升高了 37 倍和 35 倍左右；琼州海峡西侧 0～20 m 深海域的 3 号站位和湾口 40～60 m 深海域的 10 号站位的甲壳类数量密度分别升高了 8 倍和 9 倍左右；海南岛西北近岸 20～40 m 深海域的 8 号站位的甲壳类数量密度涨幅最低，仅升高了 60%；湾中 40～60 m 深海域的 12 号站位的甲壳类数量密度降幅最低，降低了 35%；湾中 60～80 m 深海域的 5 号、14 号和 17 号站位及湾口 40～60 m 深海域的 16 号站位的甲壳类数量密度降幅较高，降低了 87%～95%。

2022 年休渔前航次调查结果显示，0～20 m 深度梯度海域的甲壳类平均数量密度最高，为 13 034.8 ind./km²；其次是 40～60 m 深度梯度海域，为最高值的 35%；80～100 m 深度梯度海域的甲壳类平均数量密度最低，仅 1.94 ind./km²。休渔后航次调查结果显示，0～20 m 深度梯度海域的甲壳类平均数量密度最高，为 62 928 ind./km²；其次是 40～60 m 深度梯度海域，为最高值的 37%；80～100 m 深度梯度海域的甲壳类平均数量密度最低，仅为最高值的 0.1%。休渔后较休渔前，各深度梯度海域的甲壳类数量密度均有不同程度的升高。80～100 m 深度梯度海域的甲壳类平均数量密度涨幅最大，升高了 33 倍；60～80 m 深度梯度海域的甲壳类平均数量密度涨幅最小，仅升高了 3 倍（图 4-46）。

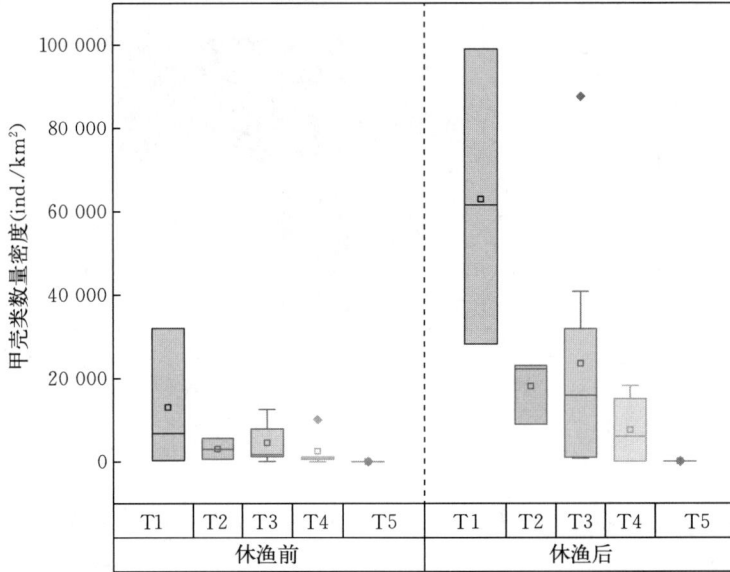

图 4-46　2022 年休渔前后两航次各深度甲壳类数量密度
T1.0～20 m　T2.20～40 m　T3.40～60 m　T4.60～80 m　T5.80～100 m

2022 年休渔前航次调查结果显示，北部湾甲壳类平均数量密度最高的区域为Ⅰ区，为 9 737.5 ind./km²；其次是Ⅴ区，为最高值的 52%；Ⅶ区甲壳类平均数量密度最低，为最高值的 3%。休渔后航次调查结果显示，Ⅲ区的甲壳类平均数量密度最高，为 49 815.4 ind./km²；其次是Ⅰ区，为最高值的 93%；Ⅳ区甲壳类平均数量密度最低，为最高值的 0.6%。休渔后较休渔前，各区域的甲壳类数量密度均有不同程度升高。Ⅵ区的甲壳类平均数量密度涨幅最大，升高了 188 倍；Ⅴ区的甲壳类平均数量密度涨幅最小，升高了 30% 左右（图 4-47）。

三、生物量密度

2022 年休渔前航次调查结果显示，北部湾甲壳类生物量密度为 0～96.2 kg/km²，均值为 16.0 kg/km²。其中湾口 40～60 m 深海域的 16 号站位最高，湾口 60～80 m 深海域的 21 号和 22 号站位及湾外的 4 号、23 号和 24 号站位最低。休渔后航次调查结果显示，北部湾甲壳类生物量密度为 0～1 154.5 kg/km²，均值为 243.8 kg/km²，为休渔前航次的 15 倍左右。其中雷州半岛西北近岸 0～20 m 深海域的 2 号站位最高，湾外 80～100 m 深海域的 23 号站位最低。湾内和海南岛西侧近岸站位的甲壳类生物量密度较高，湾中和湾外站位的甲壳类生物量密度较低（图 4-48）。

休渔后较休渔前，湾口 60～80 m 深海域的 19 号站位和海南岛西南近岸 40～60 m 深海域的 25 号站位的甲壳类生物量密度涨幅较高，分别升高了 126 倍和 160 倍；琼州海峡西侧 0～20 m 深海域的 3 号站位和海南岛西侧近岸 40～60 m 深海域的 9 号站位的甲壳类生物量密度分别升高了 66 倍和 80 倍；湾中 40～60 m 深海域的 15 号站位和湾内 20～40 m

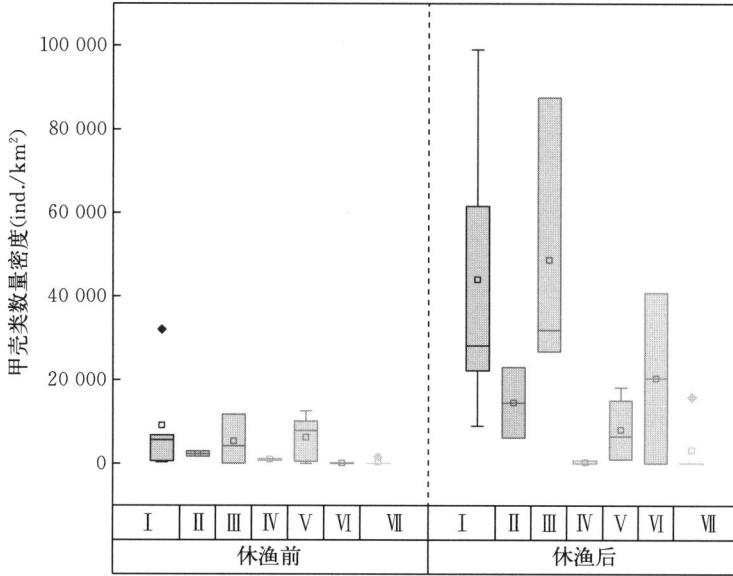

图 4-47　2022 年休渔前后两航次各区域甲壳类数量密度

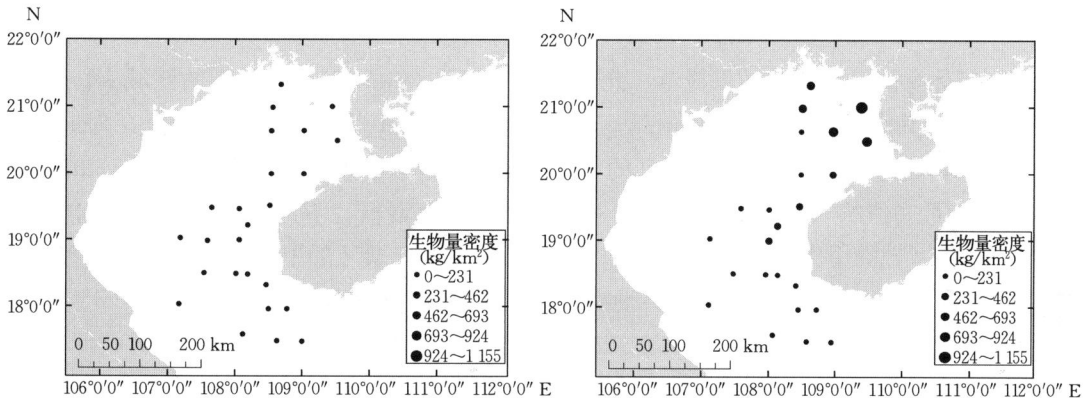

图 4-48　2022 年休渔前后两航次甲壳类生物量密度

深海域的 7 号站位的甲壳类生物量密度分别升高了 22 倍和 28 倍左右；湾中 60～80 m 深海域的 5 号和 14 号站位的甲壳类生物量密度涨幅最低，仅升高了 11％和 66％；湾中 40～60 m 深海域的 17 号站位和湾口 40～60 m 深海域的 16 号站位的甲壳类生物量密度分别降低了 82％和 46％。

2022 年休渔前航次调查结果显示，0～20 m 深度梯度海域的甲壳类平均生物量密度最高，为 46.5 kg/km²；其次是 20～40 m 深度梯度海域，为最高值的 66％；80～100 m 深度梯度海域的甲壳类平均生物量密度最低，不足最高值的 1％。休渔后航次调查结果显示，0～20 m 深度梯度海域的甲壳类平均生物量密度最高，为 834.5 kg/km²；其次是 20～40 m 深度梯度海域，为最高值的 63％；80～100 m 深度梯度海域的甲壳类平均生物量密度最低，为最高值的 0.5％。休渔后较休渔前，各深度梯度海域的甲壳类生物量密度均有不同程度的升高。80～100 m 深度梯度海域的甲壳类平均生物量密度涨幅最大，升高了 19 倍左右；60～80 m 深度梯度海域的甲壳类平均生物量密度涨幅最小，仅升高了 6 倍左右

（图 4 - 49）。

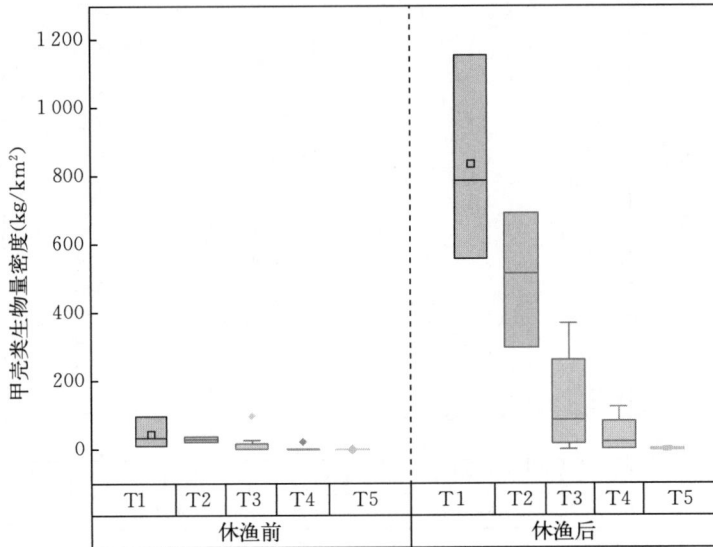

图 4 - 49 2022 年休渔前后两航次各深度甲壳类生物量密度
T1.0～20 m T2.20～40 m T3.40～60 m T4.60～80 m T5.80～100 m

2022 年休渔前航次调查结果显示，北部湾甲壳类平均生物量密度最高的区域为Ⅰ区，为 41.7 kg/km²；其次是Ⅴ区，为最高值的 61%；Ⅵ区甲壳类平均生物量密度最低，为最高值的 1%。休渔后航次调查结果显示，Ⅰ区的甲壳类平均生物量密度最高，为 663.7 kg/km²；其次是Ⅱ区，为最高值的 59%；Ⅶ区甲壳类平均生物量密度最低，不足最高值的 1%。休渔后较休渔前，各区域的甲壳类生物量密度均有不同程度升高，Ⅵ区的甲壳类平均生物量密度涨幅最大，升高了 165 倍；Ⅴ区的甲壳类平均生物量密度涨幅最小，升高了 86%（图 4 - 50）。

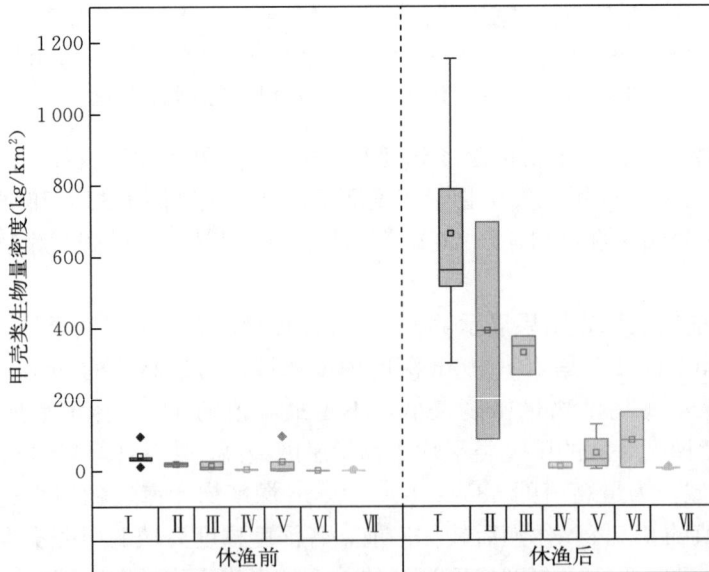

图 4 - 50 2022 年休渔前后两航次各区域甲壳类生物量密度

第四节　头　足　类

一、物种组成

全年共捕获头足类9种，隶属于3目6科8属。休渔前航次共捕获头足类7种，隶属于3目5科7属，休渔后航次共捕获头足类9种，隶属于3目6科8属。

休渔前航次捕获的头足类，物种组成在目级水平上，以十腕目为主，占43.2%，其次是枪形目，占28.7%，八腕目略少于枪形目，占28.1%；科级水平上，枪乌贼科和乌贼科占比最大，均为28.6%，其余各科均占14.3%；属级水平上，各属均占14.3%（图4-51）。

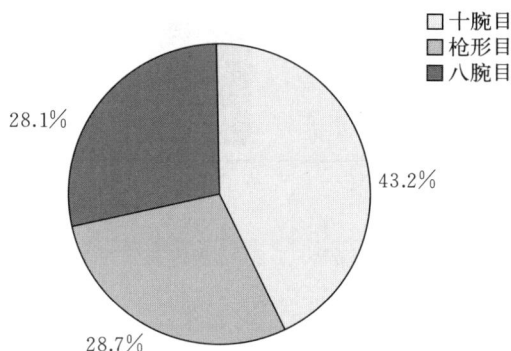

图4-51　2022年休渔前北部湾甲壳类物种目级组成

休渔后航次捕获的头足类，物种组成在目级水平上，以八腕目为主，占45.2%，其次是十腕目，占33.3%，枪形目最少，占21.5%；科级水平上，枪乌贼科和乌贼科占比最大，均为22.2%，其余各科均占11.1%；属级水平上，蛸属占比最大，为22.2%，其余各属均占11.1%（图4-52）。

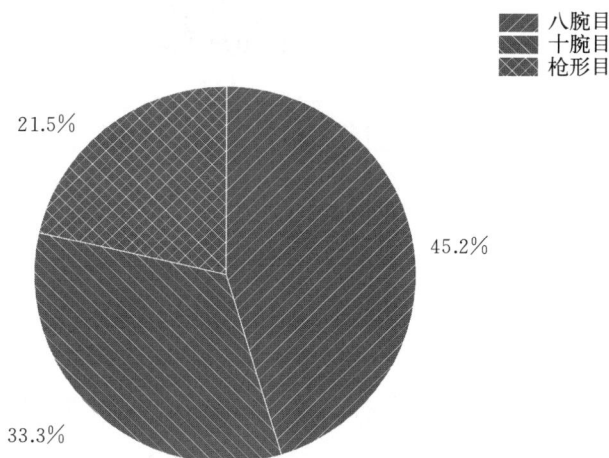

图4-52　2022年休渔后北部湾甲壳类物种目级组成

0～20 m深度休渔前捕获头足类3种，隶属于2目2科3属，枪形目的种类占比较大，为2/3；休渔后捕获头足类9种，隶属于2目2科3属，枪形目的种类占比较大，为 2/3。休渔后较休渔前，枪形目种类不变，新出现了八腕目物种，十腕目物种消失（图 4-53）。

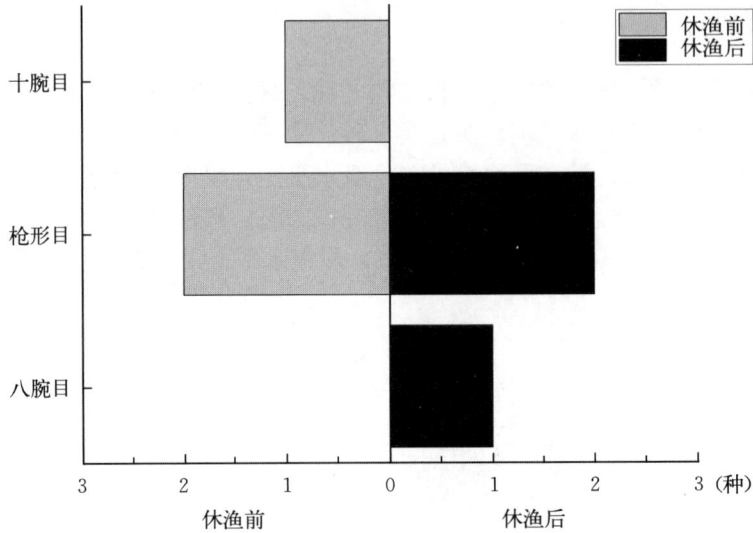

图 4-53　2022 年北部湾 0～20 m 深度头足类物种分类组成

20～40 m 深度休渔前捕获头足类 1 种，隶属于 1 目 1 科 1 属，为枪形目的中国枪乌贼；休渔后捕获头足类 2 种，隶属于 2 目 2 科 2 属，分别为十腕目的曼氏无针乌贼和枪形目的中国枪乌贼。休渔后较休渔前，枪形目种类不变，新出现了十腕目物种（图 4-54）。

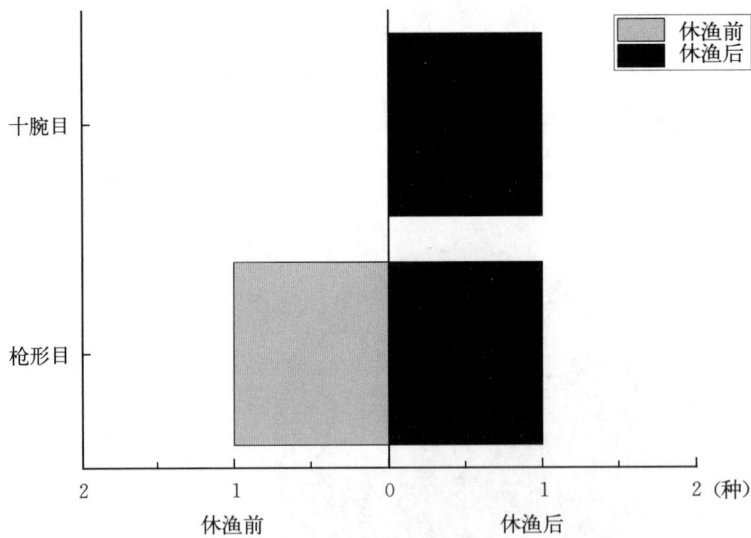

图 4-54　2022 年北部湾 20～40 m 深度头足类物种分类组成

40～60 m 深度休渔前捕获头足类 4 种，隶属于 2 目 3 科 4 属，十腕目和枪形目物种均占 1/2；休渔后捕获头足类 5 种，隶属于 3 目 5 科 5 属，十腕目和八腕目物种占比较大，均为 40%。休渔后较休渔前，枪形目种类减少，新出现了八腕目物种（图 4-55）。

60～80 m 深度休渔前捕获头足类 4 种，隶属于 3 目 3 科 4 属，枪形目物种占比最大，

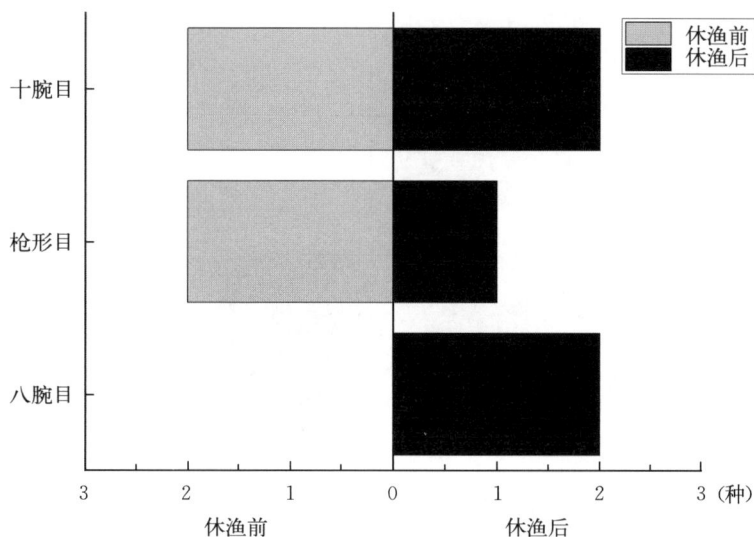

图 4 - 55 2022 年北部湾 40～60 m 深度头足类物种分类组成

为 1/2；休渔后捕获头足类 3 种，隶属于 2 目 3 科 3 属，八腕目物种占比较大，为 2/3。休渔后较休渔前，八腕目种类增加，枪形目物种消失（图 4 - 56）。

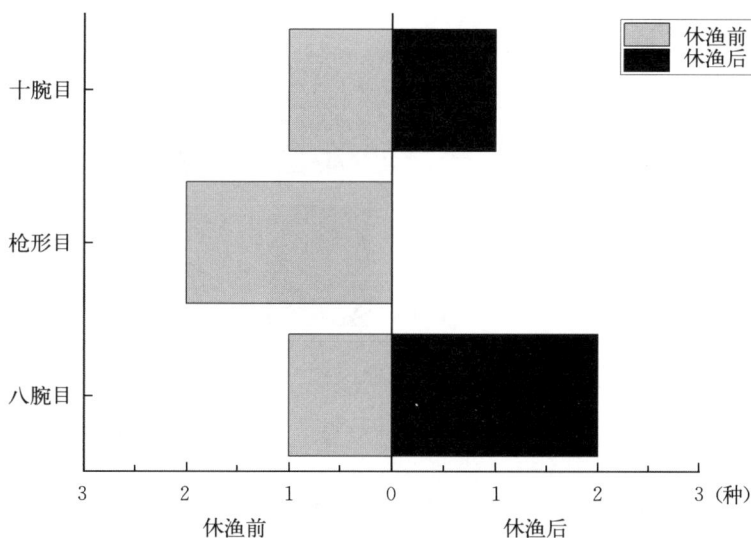

图 4 - 56 2022 年北部湾 60～80 m 深度头足类物种分类组成

80～100 m 深度休渔前捕获头足类 2 种，隶属于 2 目 2 科 2 属，分别为八腕目的船蛸和十腕目的双喙耳乌贼；休渔后捕获头足类 1 种，隶属于 1 目 1 科 1 属，为八腕目的蓝环章鱼。休渔后较休渔前，十腕目物种消失（图 4 - 57）。

Ⅰ区休渔前捕获头足类 3 种，隶属于 2 目 2 科 3 属，枪形目种类较多，占 2/3；休渔后捕获头足类 3 种，隶属于 2 目 2 科 3 属，枪形目种类较多，占 2/3。休渔后较休渔前，新出现了八腕目种，十腕目物种消失（图 4 - 58）。

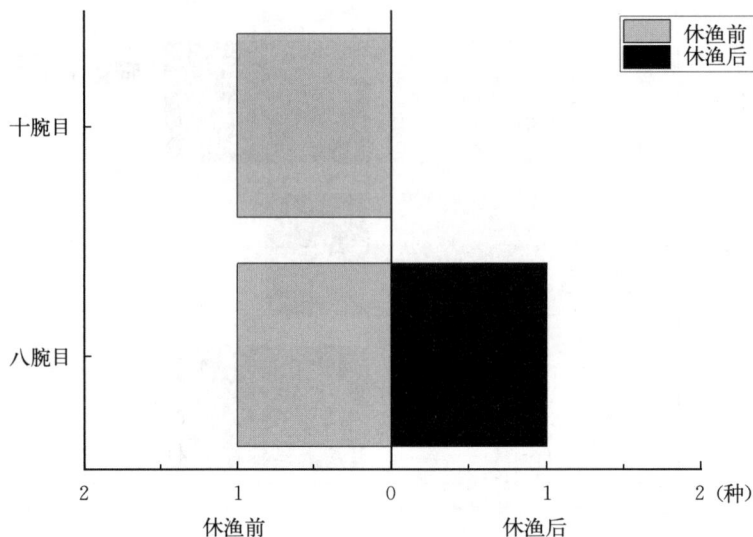

图 4-57　2022 年北部湾 80～100 m 深度头足类物种分类组成

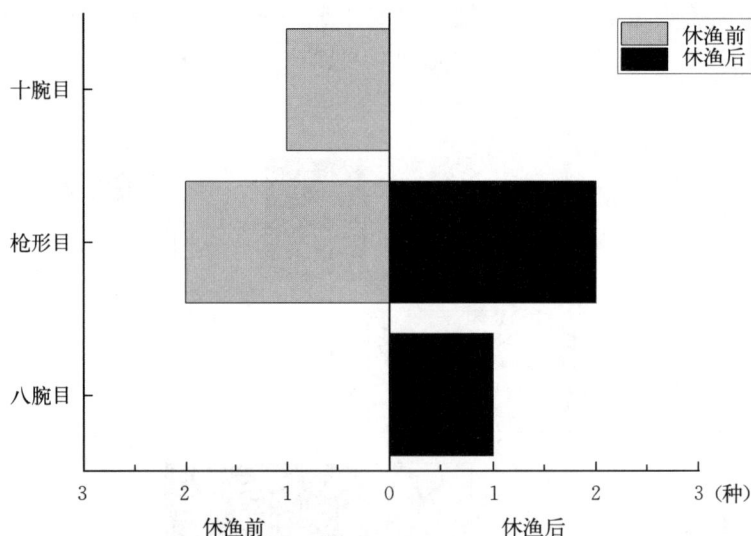

图 4-58　2022 年北部湾 I 区域头足类物种分类组成

Ⅱ区休渔前捕获头足类 2 种，隶属于 1 目 1 科 2 属，分别为枪形目的莱氏拟乌贼和中国枪乌贼；休渔后捕获头足类 2 种，隶属于 1 目 1 科 2 属，分别为十腕目的短穗乌贼和曼氏无针乌贼（图 4-59）。

Ⅲ区休渔前捕获头足类 2 种，隶属于 1 目 1 科 2 属，分别为枪形目的莱氏拟乌贼和中国枪乌贼；休渔后捕获头足类 4 种，隶属于 3 目 4 科 4 属，八腕目种类较多，占 1/2。休渔后较休渔前，枪形目种类减少，新出现了十腕目和八腕目的物种（图 4-60）。

Ⅳ区休渔前捕获头足类 4 种，隶属于 3 目 3 科 4 属，枪形目种类较多，占 1/2；休渔后捕获头足类 3 种，隶属于 2 目 3 科 3 属，八腕目种类较多，占 2/3。休渔后较休渔前，八腕目种类增加，枪形目物种消失（图 4-61）。

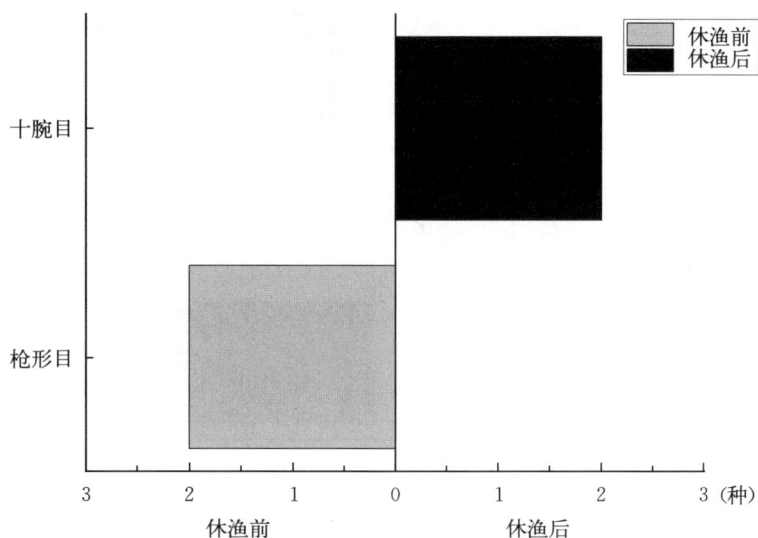

图 4 - 59　2022 年北部湾 Ⅱ 区域头足类物种分类组成

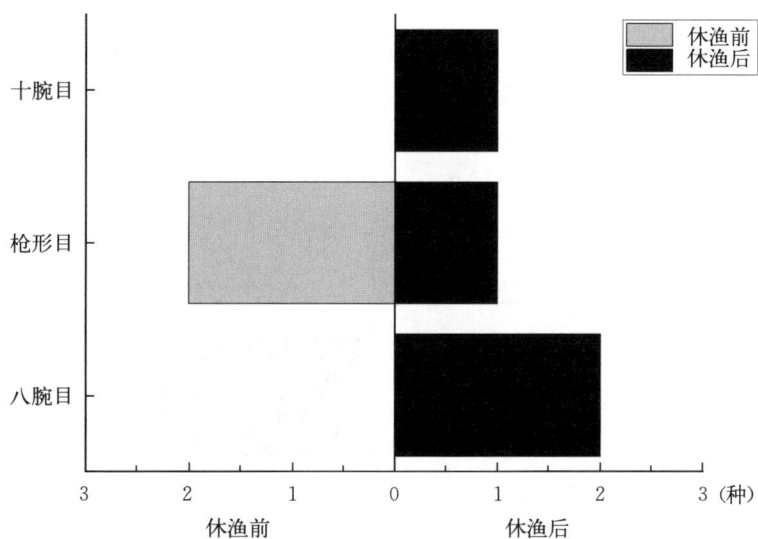

图 4 - 60　2022 年北部湾 Ⅲ 区域头足类物种分类组成

Ⅴ区休渔前捕获头足类 4 种，隶属于 2 目 3 科 4 属，十腕目和枪形目种类均占 1/2；休渔后捕获头足类 3 种，均属于八腕目，隶属于 2 科 2 属。休渔后较休渔前，新出现八腕目物种，十腕目和枪形目物种消失（图 4 - 62）。

Ⅵ区休渔前捕获头足类 1 种，为枪形目的莱氏拟乌贼；休渔后捕获头足类 1 种，为十腕目的双喙耳乌贼（图 4 - 63）。

Ⅶ区休渔前捕获头足类 3 种，隶属于 3 目 3 科 3 属，分别为十腕目的双喙耳乌贼、枪形目的中国枪乌贼和八腕目的船蛸；休渔后捕获头足类 1 种，为八腕目的蓝环章鱼。休渔后较休渔前，十腕目和枪形目物种消失（图 4 - 64）。

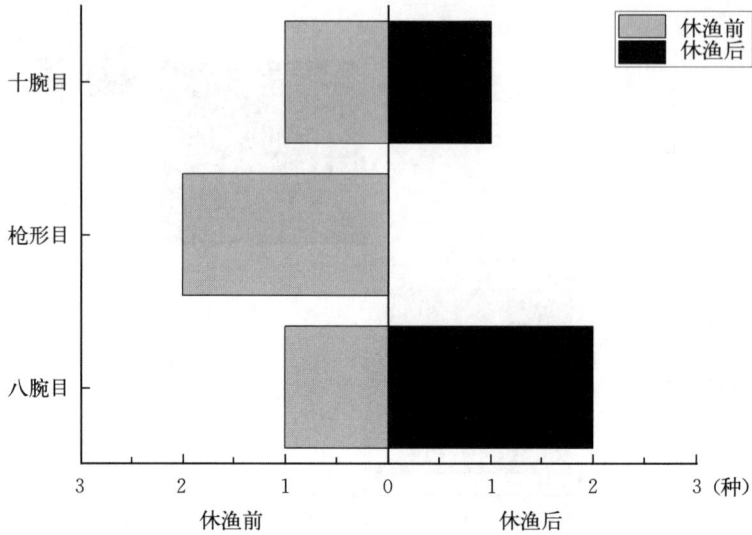

图 4-61　2022 年北部湾Ⅳ区域头足类物种分类组成

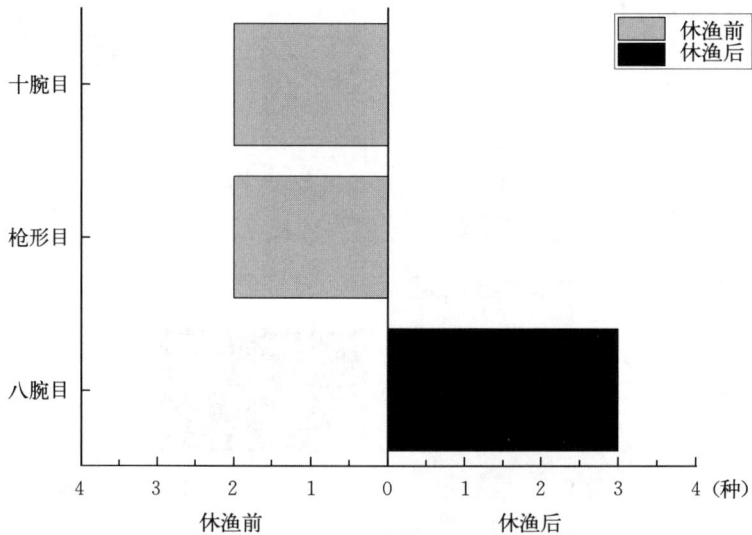

图 4-62　2022 年北部湾Ⅴ区域头足类物种分类组成

二、数量密度

2022 年休渔前航次调查结果显示，北部湾头足类数量密度为 0～1 837 ind./km²，均值为 496.1 ind./km²。其中湾中 40～60 m 深海域的 12 号站位最高，防城港南部近岸 0～20 m 深海域的 1 号站位、湾内 20～40 m 深海域的 6 号站位、湾中 60～80 m 深海域的 14 号站位、湾口 60～80 m 深海域的 19 号和 22 号站位及湾外 80～100 m 深海域的 23 号和 24 号站位最低。海南岛西北侧及湾口远岸站位的头足类数量密度较高，湾内和湾外站位的头足类数量密度较低。休渔后航次调查结果显示，北部湾头足类数量密度为 0～6 967.9 ind./km²，均值为 816.5 ind./km²，为休渔前航次的 1.6 倍左右。其中湾内 20～40 m 深海域的 6 号

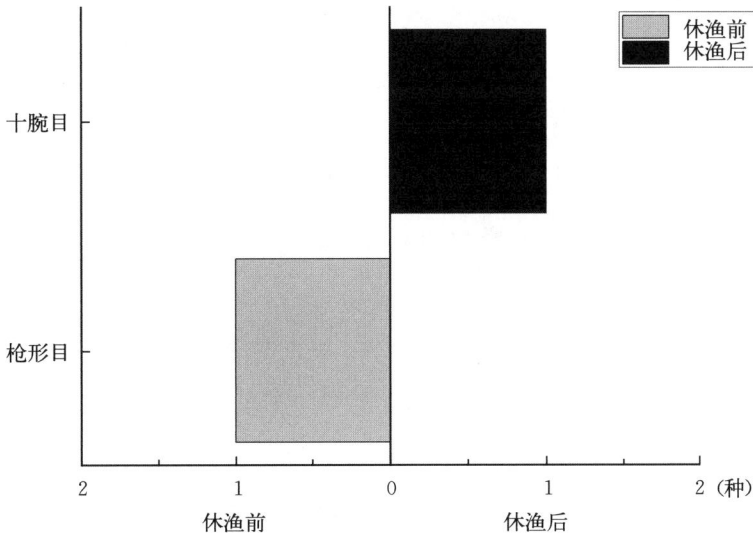

图 4-63 2022 年北部湾Ⅵ区域头足类物种分类组成

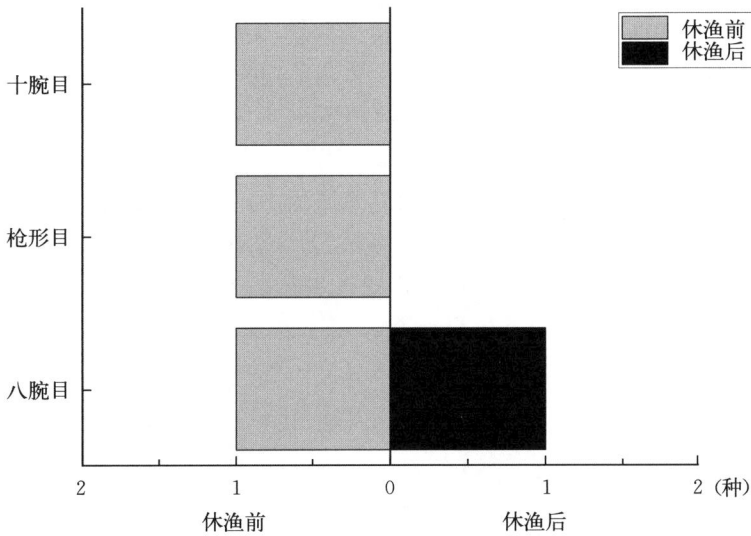

图 4-64 2022 年北部湾Ⅶ区域头足类物种分类组成

站位最高，湾口 40～60 m 深海域的 16 号、19 号、20 号和 22 号站位及湾外 80～100 m 深海域的 23 号和 24 号站位最低。湾内和海南岛西北侧的头足类数量密度较高，湾中和湾外站位的头足类数量密度较低（图 4-65）。

　　湾口的 19 号和 22 号站位及湾外 80～100 m 深海域的 23 号和 24 号站位在两航次中均未有甲壳类分布，而湾口的 16 号和 20 号站位在休渔后航次中未捕获到头足类。休渔后较休渔前，湾外 80～100 m 深海域的 4 号站位和海南岛西侧近岸 40～60 m 深海域的 13 号站位的头足类数量密度涨幅较高，分别升高了 11 倍和 14 倍；湾内 20～40 m 深海域的 7 号站位的头足类数量密度升高了 4 倍；海南岛西南近岸 40～60 m 深海域的 25 号站位的头足类数量密度涨幅最低，升高了 66％；海南岛西北近岸 20～40 m 深海域的 8 号站位的头足类数量密

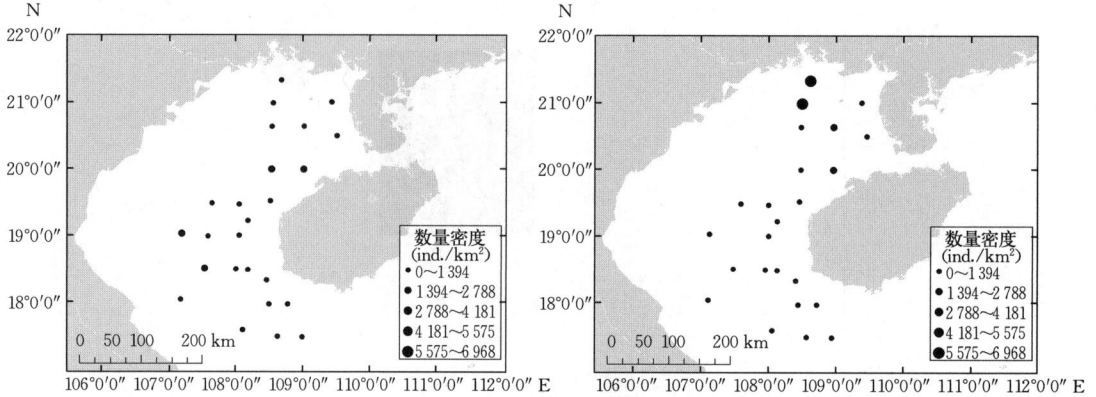

图 4-65　2022 年休渔前后两航次头足类数量密度

度降幅最低，降低了 8%；琼州海峡西侧 0～20 m 深海域的 3 号站位、湾中 40～60 m 深海域的 17 号站位和湾口 40～60 m 深海域的 10 号站位的头足类数量密度降低了 41%～57%；湾中 40～60 m 深海域的 15 号站位的头足类数量密度降幅最大，降低了 99%。

2022 年休渔前航次调查结果显示，20～40 m 深度梯度海域的头足类平均数量密度最高，为 665.6 ind./km²；其次是 40～60 m 深度梯度海域，为最高值的 93%；80～100 m 深度梯度海域的头足类平均数量密度最低，仅 3.78 ind./km²。休渔后航次调查结果显示，20～40 m 深度梯度海域的头足类平均数量密度最高，为 3 494.6 ind./km²；其次是 0～20 m 深度梯度海域，为最高值的 65%；80～100 m 深度梯度海域的头足类平均数量密度最低，仅为最高值的 0.6%。休渔后较休渔前，各深度梯度海域的头足类数量密度均有不同程度的升高。80～100 m 深度梯度海域的头足类平均数量密度涨幅最大，升高了 6 倍；60～80 m 深度梯度海域的头足类平均数量密度涨幅最小，仅升高了 22%（图 4-66）。

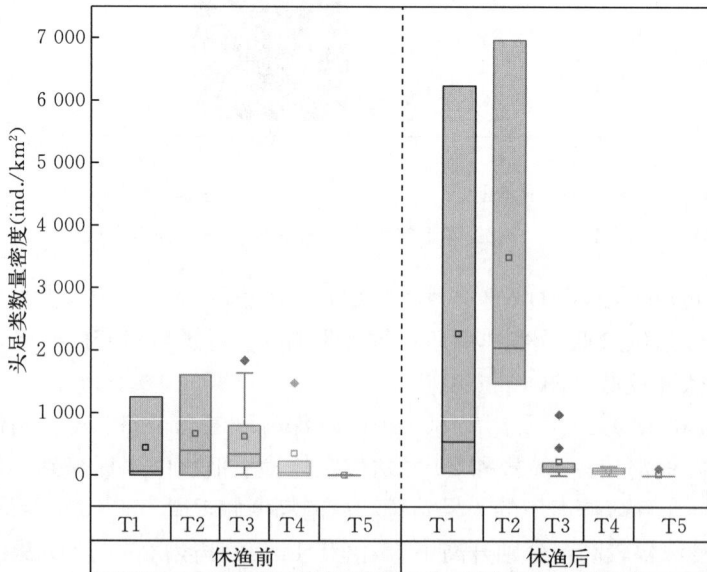

图 4-66　2022 年休渔前后两航次各深度头足类数量密度
T1.0～20 m　T2.20～40 m　T3.40～60 m　T4.60～80 m　T5.80～100 m

2022 年休渔前航次调查结果显示，北部湾头足类平均数量密度最高的区域为Ⅳ区，为686.2 ind. /km²；其次是Ⅴ区，为最高值的 96%；Ⅵ区头足类平均数量密度最低，为最高值的 4%。休渔后航次调查结果显示，Ⅰ区的头足类平均数量密度最高，为 3 049.6 ind. /km²；其次是Ⅱ区，为最高值的 31%；Ⅲ区头足类平均数量密度最低，仅为 48.4 ind. /km²。休渔后较休渔前，Ⅲ区的头足类平均数量密度降幅最大，下降了 86%；其余各区域的头足类数量密度均有不同程度升高。其中，Ⅰ区的头足类平均数量密度涨幅最大，升高了 4 倍（图 4 - 67）。

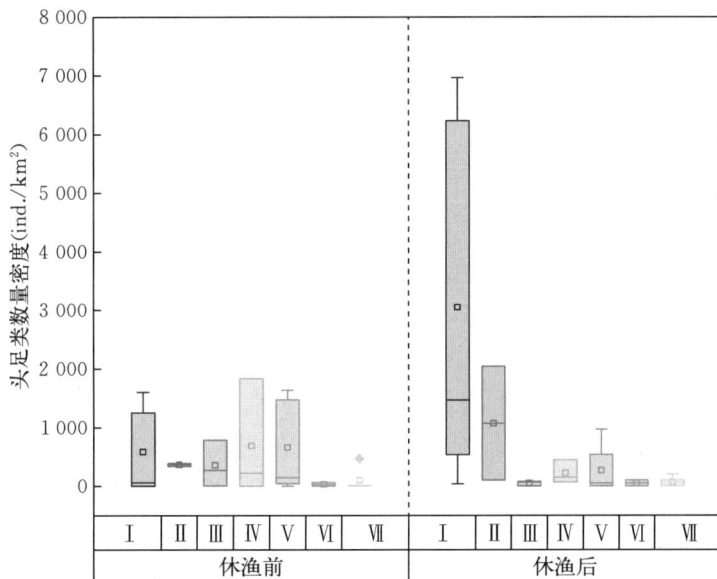

图 4 - 67　2022 年休渔前后两航次各区域头足类数量密度

三、生物量密度

2022 年休渔前航次调查结果显示，北部湾头足类生物量密度为 0～21.4 kg/km²，均值为 6.4 kg/km²。其中湾内 40～60 m 深海域的 11 号站位最高，防城港南部近岸 0～20 m 深海域的 1 号站位、湾内 20～40 m 深海域的 6 号站位、湾中 60～80 m 深海域的 14 号站位、湾口的 19 号和 22 号站位及湾外的 23 号和 24 号站位最低。休渔后航次调查结果显示，北部湾头足类生物量密度为 0～117.4 kg/km²，均值为 27.7 kg/km²，为休渔前航次的 4.3 倍左右。其中湾内 20～40 m 深海域的 6 号站位最高，湾口的 16 号、19 号、20 号和 22 号站位及湾外的 23 号和 24 号站位最低。湾内站位的头足类生物量密度较高，湾中、湾口和湾外站位的头足类生物量密度较低（图 4 - 68）。

休渔后较休渔前，湾内 20～40 m 深海域的 7 号站位和海南岛西侧近岸 40～60 m 深海域的 13 号站位的头足类生物量密度涨幅较高，分别升高了 38 倍和 44 倍；琼州海峡西侧 0～20 m 深海域的 3 号站位和湾中 40～60 m 深海域的 15 号站位的头足类生物量密度分别升高了 3 倍和 2 倍左右；海南岛西北近岸 20～40 m 深海域的 8 号站位和湾内 40～60 m 深海域的 11 号站位的头足类生物量密度分别升高了 19% 和 54%；湾外 80～100 m 深海域的 4 号站位的头足类生物量密度在休渔前后无变化；雷州半岛西北近岸 0～20 m 深海域的 2 号站位和湾口 60～80 m 深海域的 21 号站位的头足类生物量密度降幅较低，分别降低了

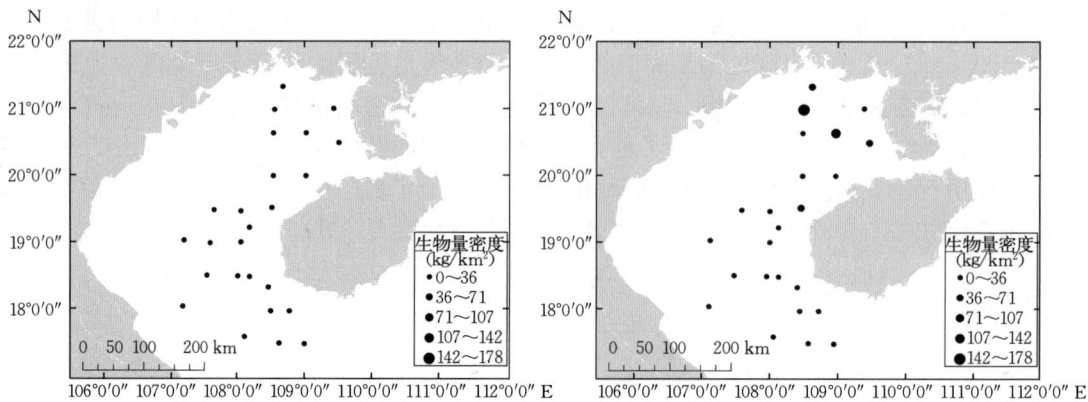

图 4-68 2022 年休渔前后两航次头足类生物量密度

18% 和 28%；海南岛西侧近岸的 9 号和 25 号站位的头足类生物量密度分别降低了 42% 和 57%；湾中 40～60 m 深海域的 12 号站位的头足类生物量密度降幅最大，降低了 93%。

2022 年休渔前航次调查结果显示，40～60 m 深度梯度海域的头足类平均生物量密度最高，为 8.9 kg/km²；其次是 60～80 m 深度梯度海域，为最高值的 64%；80～100 m 深度梯度海域的头足类平均生物量密度最低，不足最高值的 5%。休渔后航次调查结果显示，20～40 m 深度梯度海域的头足类平均生物量密度最高，为 109.4 kg/km²；其次是 0～20 m 深度梯度海域，为最高值的 35%；80～100 m 深度梯度海域的头足类平均生物量密度最低，不足最高值的 0.2%。休渔后较休渔前，各深度梯度海域的头足类生物量密度均有不同程度的升高。20～40 m 深度梯度海域的头足类平均生物量密度涨幅最大，升高了 20 倍左右；60～80 m 深度梯度海域的头足类平均生物量密度涨幅最小，仅升高了 50%（图 4-69）。

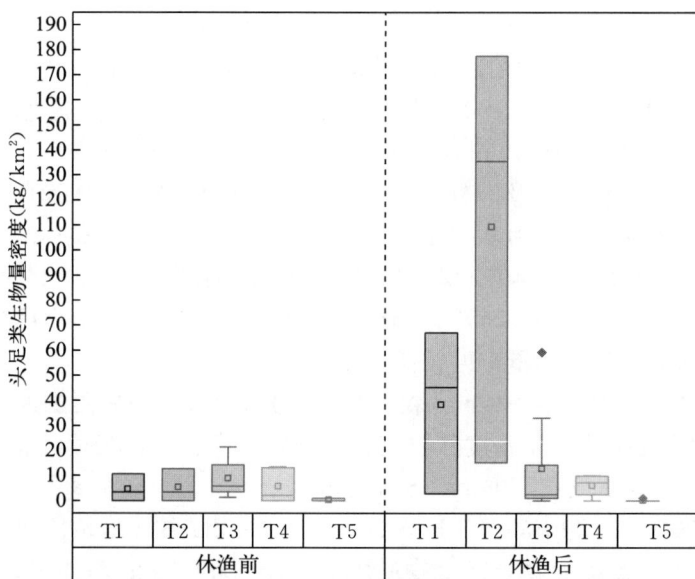

图 4-69 2022 年休渔前后两航次各区域头足类生物量密度

T1.0～20 m T2.20～40 m T3.40～60 m T4.60～80 m T5.80～100 m

2022 年休渔前航次调查结果显示，北部湾头足类平均生物量密度最高的区域为Ⅱ区，为 12.4 kg/km²；其次是Ⅳ区，为最高值的 73%；Ⅵ区头足类平均生物量密度最低，为最高值的 17%。休渔后航次调查结果显示，Ⅱ区的头足类平均生物量密度最高，为 84.3 kg/km²；其次是 Ⅰ区，为最高值的 73%；Ⅶ区头足类平均生物量密度最低，不足最高值的 1%。休渔后较休渔前，Ⅰ区的头足类平均生物量密度涨幅最大，升高了 10.6 倍；Ⅷ区的头足类平均生物量密度降幅最大，降低了 85%（图 4-70）。

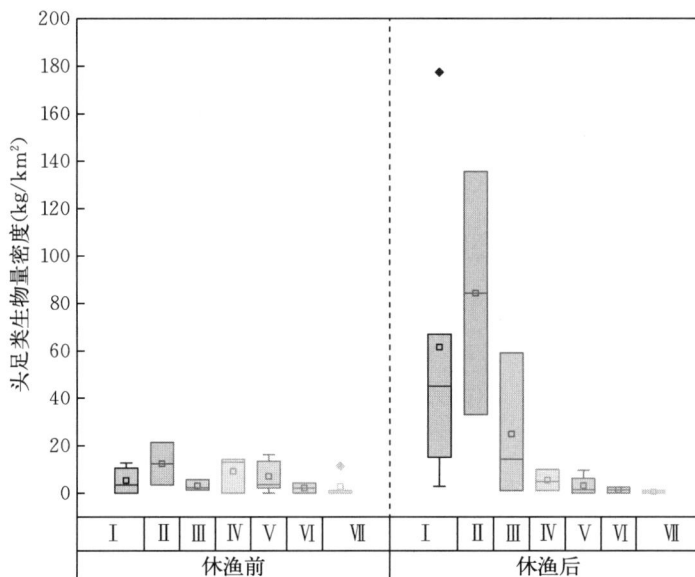

图 4-70　2022 年休渔前后两航次各区域头足类生物量密度

第五节　渔业资源评价

根据 2022 年调查结果，北部湾休渔前航次调查发现的游泳动物有 183 种，其中，鱼类 150 种，甲壳类 26 种，头足类 7 种。根据以往的调查结果，休渔前航次（春季）的鱼类种数变化不大，本次调查的鱼类种数较 2006 年和 2018 年调查分别减少了 5 种和 9 种，较 2011 年调查增加了 12 种。休渔后航次调查发现的游泳动物为 186 种，其中鱼类和甲壳类种数与休渔前相同，头足类增加了 3 种。相较于以往的调查结果，休渔后航次（夏季）的鱼类种数波动明显，本次调查的鱼类种数为 2006 年的 1.5 倍，较 2011 年调查增加了 39 种，与 2018 年调查结果相似（王理想，2009；何雄波等，2023）。

全年共捕获物种 233 种，其中以鱼类为主，共计 189 种，头足类最少，共计 11 种。近年渔业资源调查中，2007 年所捕鱼类种数最多，为 323 种；2006 年最少，不足 2007 年的一半。自 2007 年开始，所捕鱼类种数逐年下滑，本次调查所捕鱼类仅比最低值多 17%（图 4-71）。此外，鱼类生物量百分比和尾数百分比组成均为最高，头足类最低。相较于 2011 年，休渔前航次的鱼类生物量占比减少了 10%，头足类和甲壳类生物量占比分别增加了 6% 和 4%；休渔后航次的鱼类和头足类的生物量占比减少了 5% 和 2% 左右，甲壳类生物量占比增加了 7％左右。而相较于 2018 年，休渔前航次的鱼类和甲壳类的生物量占比减少了 5％和 3％，头足类生物量占比增加了 8％左右；休渔后航次的鱼类生物量占比增加了 6％，头足类生物量占比变化不大（表 4-4）。

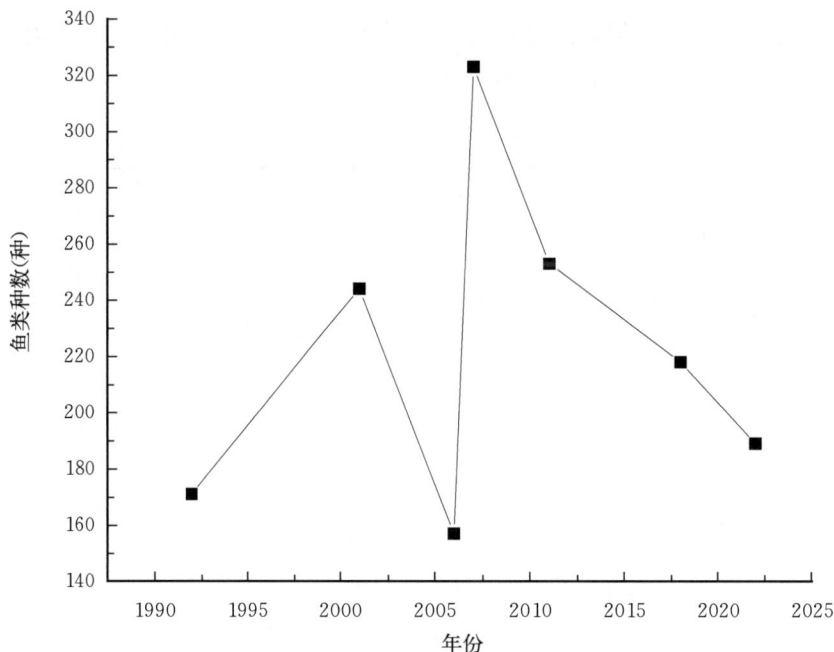

图 4-71　北部湾历年渔获中鱼类种数
（孙典荣等，2004；王雪辉等，2011；何雄波等，2023；王理想，2009）

表 4-4　北部湾历年渔获生物量占比

年份	鱼类占比（％）	头足类占比（％）	甲壳类占比（％）	参考文献
2001	91.2	7.51	1.28	（孙典荣等，2004）
2011	77.83	12.66	9.51	（何雄波等，2023）
2018	82.86	3.72	13.41	（何雄波等，2023）
2022	78.59	3.04	18.37	

　　从渔业资源组成的深度分布看，休渔前 40～60 m 深度的渔业资源种类最多，鱼类占比也最大；休渔后，40～60 m 深度的渔业资源种类略有降低，0～40 m 与 80～100 m 的渔业资源种类明显增加。从区域分布看，休渔前湾内和湾中、南部的渔业资源种类较多，湾中北部、海南岛西岸及湾口和湾外区域的渔业资源种类较少；休渔后，湾内的渔业资源种类明显增多，湾中的渔业资源种类减少。这与 2009—2010 年湾内调查的结果相似，即湾内的渔业资源种类呈现出明显的季节变化，夏季的渔业资源种类明显大于春季。湾内渔业生物具有明显的暖温带和亚热带特点，多数种类产卵期长，有的种类甚至全年均可繁殖；幼鱼生长快，性成熟早，生命周期短，种群分布范围广（陈再超，1990）。因此，在渔业资源被大量捕捞后，经过伏季休渔，渔业资源得以迅速恢复，但资源结构却发生了较为明

显的变化，出现了种类更替的现象，以维持新的生态平衡（袁蔚文，1995；袁华荣等，2011a）。

北部湾除湾内海域的渔业资源种类存在季节变化，全海域的渔获率亦存在明显的季节变化。休渔前航次平均数量渔获率 1 915.1 ind. /（网·h），<u>重量渔获率 18.4 kg/（网·h）</u>，约为 1993 年当季平均相对生物量的 1/4，为 2006 年当季的 1/6；休渔后航次平均数量渔获率 4 188.4 ind. /（网·h），<u>重量渔获率 47.3 kg/（网·h）</u>，约为 1993 年当季平均相对生物量的 1/3，为 2006 年当季的 1/4（乔延龙等，2008）。休渔后航次的渔获率为休渔前航次的 2.5 倍左右，遵循北部湾冬春季渔获率低、夏秋季渔获率高的季节规律（孙典荣，2008）。北部湾渔获率明显的季节变化主要是本海域主要底层种类生长、死亡和补充共同作用的结果，主要经济种类的组成随捕捞压力的增加而变化，其种类更替的趋向是质量差、寿命短、个体小和营养层次低的种类的比例上升，质量高、寿命长、个体大和营养层次高的种类的比例下降，非经济鱼种渔业资源的潜在渔获量随着捕捞压力增加所引起的种类更替而上升（陈作志等，2008）。

自 20 世纪 60 年代以来，曾有过多次对北部湾的渔业资源密度的评估。本次调查中，北部湾海域的年平均资源密度为 20 世纪 60 年代的 1/5 左右，为 21 世纪之初的 1/2 左右，略低于 2010 年的渔业资源密度，为 2018 年的 2/5 左右；湾内海域的年平均资源密度为 2009 年的 10 倍左右，约为 2012 年的 13 倍，为 2018 年的 6 倍；湾口海域的年平均资源密度为 2012 年的 1.5 倍。20 世纪 50 年代以前，由于生产力低下，北部湾主要以传统的风帆船拖网为主，作业渔场仅为近岸渔场。50 年代后期机轮拖网作业的投入标志着北部湾的全面开发。1960—1970 年北部湾捕捞努力量平均年递增 4.0%；1970—1985 年北部湾捕捞努力量平均年递增 8.2%（贾晓平，2003）。1962—1999 年属于无节制的开发利用阶段，资源密度一直呈下降趋势。1992—1993 年资源密度只有 1962 年的 43.4%，直至 1998 年下降至历史最低水平，资源密度仅为 1962 年的 16.7%。1999 年以后南海开始实行伏季休渔，资源有所恢复。2000—2001 年资源密度已达到 1962 年的 48.0%，与 1992 年的水平相当（表 4-5）。

表 4-5　北部湾海域历年年均渔业资源密度

年份	区域	年均渔业资源密度（kg/km^2）	参考文献
1961	北部湾海域	3 000	（孙典荣等，2004）
1962	北部湾海域	2 919	（孙典荣等，2004）
1992	北部湾海域	1 247	（孙典荣等，2004）
2001	北部湾海域	1 400	（孙典荣等，2004）
2002	北部湾海域	1 029	（孙典荣，2008）
2009	北部湾湾内	522	（袁华荣等，2011）
2011	北部湾海域	737	（何雄波等，2023）
2012	北部湾湾内	372	（张公俊等，2021）
2012	北部湾湾口	1 587	（张静等，2016）
2018	北部湾湾内	861	（罗峥力等，2023）
2018	北部湾海域	1 165	（何雄波等，2023）
2022	北部湾海域	633	

由于北部湾东北部海域的热带、亚热带气候特性以及独特的海底特征等生态环境的影响，随着环境逐渐恶化和捕捞压力逐渐增大，渔业资源的开发利用已基本趋近极限，渔业生物个体普遍出现了小型化、低龄化、低质化的现象。湾内渔业资源由捕捞引起的种类更替现象十分明显，造成了夏季休渔后一些个体小、经济价值低、生命周期短、营养层次低的种类组成比例上升的局面（乔延龙等，2008）。

1961—1962 年鱼类优势种主要为红笛鲷、金线鱼、摩鹿加绯鲤、黄带绯鲤、条尾绯鲤和断斑石鲈等体型较大的经济鱼种（粟丽等，2021）；2006 年鱼类优势种为二长棘犁齿鲷、叫姑鱼、六指多指马鲅、鹿斑仰口鲾、多齿蛇鲻、粗纹鲾和金线鱼等（王理想，2009）；2011 年春季优势种为竹筴鱼、蓝圆鲹及鹿斑仰口鲾等（何雄波等，2023）；2014 年的优势种是日本发光鲷、二长棘犁齿鲷、竹筴鱼和蓝圆鲹，而日本发光鲷是唯一的四季共同优势种（蔡研聪等，2018）；2018 年鱼类优势种为竹筴鱼、二长棘犁齿鲷及日本发光鲷（凌炜琪等，2021）。本次调查中，休渔前航次优势种为日本发光鲷、黄带绯鲤和多齿蛇鲻，分别占鱼类优势种尾数的 88.42%、7.23% 和 4.35%，占优势种总重的 45.22%、35.94% 和 18.84%。日本发光鲷和黄带绯鲤多分布于海南岛西部近海和湾中的 40~100 m 深水域，多齿蛇鲻则多分布于同区域 40~80 m 深水域。休渔后航次优势种组成较休渔前变化显著，分别为日本发光鲷、蓝圆鲹、二长棘犁齿鲷、黄斑光胸鲾和大头白姑鱼，分别占鱼类优势种尾数的 60.8%、8.4%、6.8%、15.5% 和 8.4%，占优势种总重的 29.8%、21.7%、19.0%、8.7% 和 20.7%（表 4-6）。日本发光鲷多分布于海南岛西部近海和湾口及湾外的 40~100 m 深水域，分布范围较休渔前略微南移；蓝圆鲹多分布于广东、广西近海及湾内的 20~40 m 深水域，分布范围较休渔前呈由南向北、由深向浅的趋势转移；二长棘犁齿鲷多分布于湾中北部以及广东、广西近海的 0~60 m 深水域，分布范围较休渔前呈向南、向深扩散的趋势；黄斑光胸鲾多分布于海南岛西部近海和湾中及北部的 20~80 m 深水域，分布范围较休渔前呈向南、向浅扩散的趋势；大头白姑鱼多分布于海南岛西部近海和湾中南部的 40~80 m 深水域，分布范围较休渔前无明显变化。

表 4-6　北部湾海域历年优势种

年份	优势种	参考文献
1961—1962	红笛鲷、金线鱼、摩鹿加绯鲤、黄带绯鲤、条尾绯鲤、断斑石鲈	（粟丽等，2021）
2006	二长棘犁齿鲷、叫姑鱼、六指多指马鲅、鹿斑仰口鲾、多齿蛇鲻、粗纹鲾、金线鱼	（王理想，2009）
2011	竹筴鱼、蓝圆鲹、鹿斑仰口鲾	（何雄波等，2023）
2014	日本发光鲷、二长棘犁齿鲷、竹筴鱼、蓝圆鲹	（蔡研聪等，2018）
2018	竹筴鱼、二长棘犁齿鲷、日本发光鲷	（凌炜琪等，2021）
2022	日本发光鲷、黄带绯鲤、多齿蛇鲻、蓝圆鲹、二长棘犁齿鲷、黄斑光胸鲾、大头白姑鱼	

根据 1959—2022 年的调查结果可知，北部湾鱼类群落结构组成逐步从 k 选择性占优势转向 γ 选择性为主，综合表明目前该生态系统总体在人类活动和自然环境的扰动下由"成熟态"向"幼态"发展，生态系统发育的过程中产生了逆行演替（孙冬芳等，2010）。无论是湾内、海南岛西部近岸还是湾口海域，鱼类群落呈现出小型化、低龄化和季节间种类更替明显的特征。

第五章

北部湾鱼类多样性特征

第一节 物种分布时空格局

休渔前，0～20 m 与 20～40 m 深海域的鱼类群落重叠程度较大，且与 40～60 m 深海域的鱼类群落存在一定程度的重叠；40～60 m 与 60～80 m 深海域的鱼类群落重叠程度较大；80～100 m 深海域的鱼类群落与其他深度海域的鱼类群落在横轴上存在较大程度的分离。休渔后较休渔前，0～20 m 与 20～40 m 深海域的鱼类群落在横轴上的重叠程度更大；80～100 m 深海域的鱼类群落在横轴上的分离程度远大于休渔前（图 5-1）。

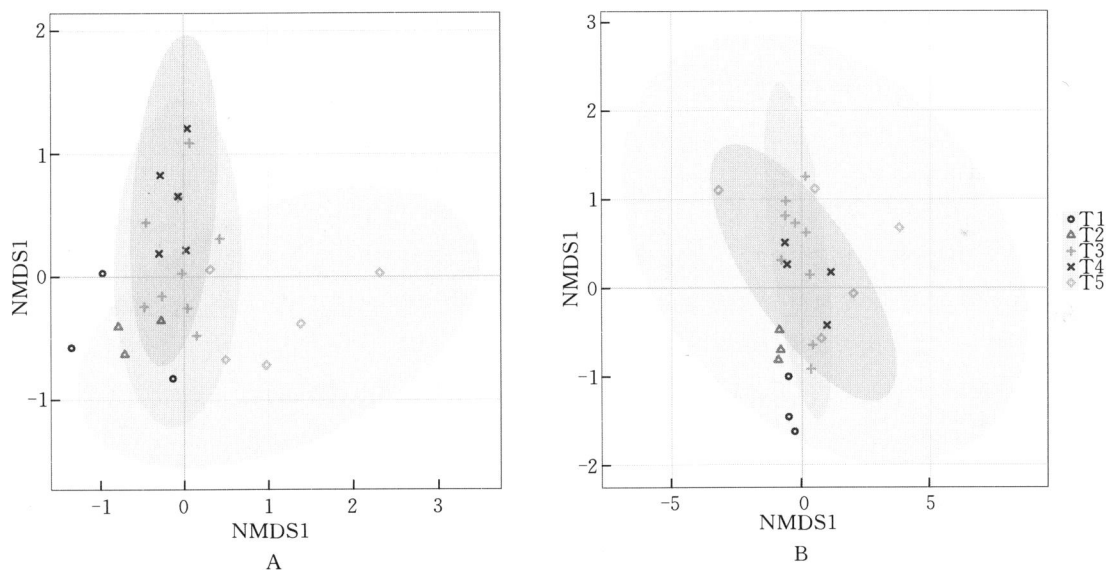

图 5-1 休渔前后各深度鱼类群落结构

T1.0～20 m T2.20～40 m T3.40～60 m T4.60～80 m T5.80～100 m

A. 休渔前各深度梯度鱼类的群落结构 NMDS 图 B. 休渔后各深度梯度鱼类的群落结构 NMDS 图

休渔前，Ⅰ区与Ⅱ区的鱼类群落重叠程度较大，且与其他区域分离程度较大；Ⅱ区、Ⅳ区与Ⅴ区的鱼类群落重叠程度较大；Ⅶ区的鱼类群落与其他区域的鱼类群落在横轴上存在较大程度的分离。休渔后较休渔前，Ⅰ区、Ⅲ区、Ⅴ区与Ⅵ区的鱼类群落在横轴上的重叠程度更大；Ⅶ区与Ⅲ区、Ⅳ区、Ⅴ区和Ⅵ区的重叠程度远大于休渔前（图 5-2）。

根据相似性百分比分析（SIMPER）分别解析休渔前后鱼类群落结构差异的关键物种，休渔后较休渔前，0～20 m 深海域与 20～40 m 深海域的差异关键种均发生改变，杜

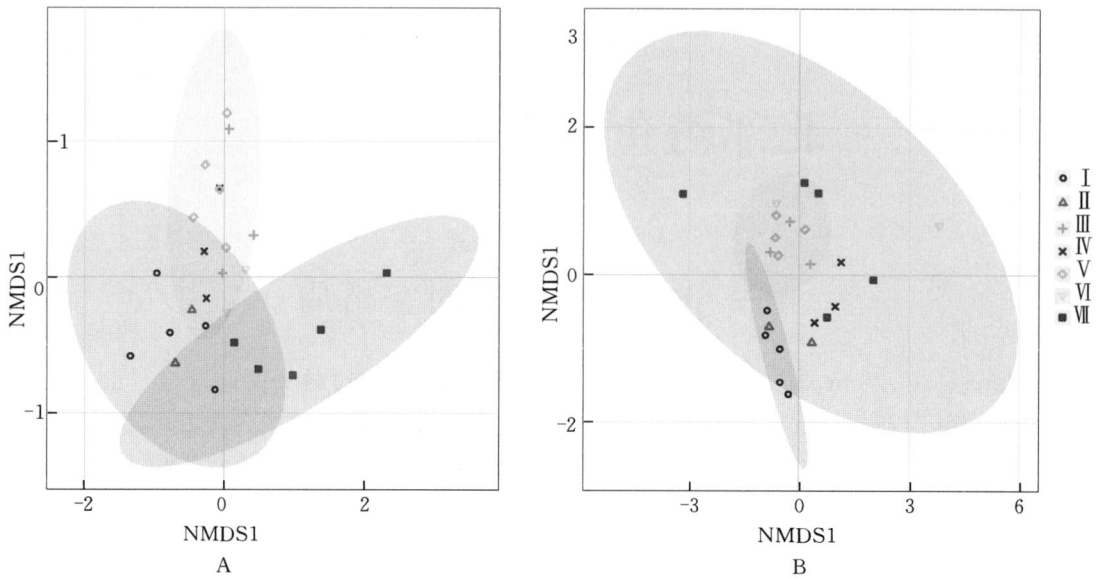

图 5-2 休渔前后各区域鱼类群落结构

A. 休渔前各区域梯度鱼类的群落结构 NMDS 图　B. 休渔后各区域梯度鱼类的群落结构 NMDS 图

氏棱鳀和二长棘犁齿鲷等鱼类消失，取而代之的是斑鳍白姑鱼和黄斑光胸鲾等鱼类；0～20 m 深海域与 40～60 m 深海域及 60～80 m 深海域的差异关键种中，日本发光鲷和二长棘犁齿鲷的贡献率依旧占比较高，而杜氏棱鳀等鱼类消失，被斑鳍白姑鱼和克氏副叶鲹等鱼类取代；0～20 m 深海域与 80～100 m 深海域的差异关键种中，二长棘犁齿鲷的贡献率降低，而杜氏棱鳀等鱼类消失，被斑鳍白姑鱼和克氏副叶鲹等鱼类取代；20～40 m 深海域与 40～60 m 深海域的差异关键种中，日本发光鲷的贡献率依旧占比较高，而黄带绯鲤等鱼类消失，被黄斑光胸鲾和大头白姑鱼等鱼类取代；20～40 m 深海域与 60～80 m 深海域的差异关键种中，日本发光鲷和黄斑光胸鲾的贡献率依旧占比较高，而黄带绯鲤和多齿蛇鲻等鱼类消失，被大头白姑鱼和少鳞犀鳕等鱼类取代；20～40 m 深海域与 80～100 m 深海域的差异关键种均发生改变，黄带绯鲤和二长棘犁齿鲷等鱼类消失，被日本发光鲷和黄斑光胸鲾等鱼类取代；40～60 m 深海域与 60～80 m 深海域的差异关键种中，日本发光鲷和黄斑光胸鲾的贡献率依旧占比较高，而多齿蛇鲻和弓背鳄齿鱼消失，被二长棘犁齿鲷和蓝圆鲹取代；60～80 m 深海域与 80～100 m 深海域的差异关键种中，日本发光鲷和黄斑光胸鲾的贡献率依旧占比较高，而黄带绯鲤消失，被小头黄鲫取代（表 5-1 和表 5-2）。

表 5-1　休渔前各深度鱼类群落的差异贡献 TOP5

深度梯度比较	物种 1	物种 2	物种 3	物种 4	物种 5
0～20 m/20～40 m	杜氏棱鳀	二长棘犁齿鲷	黄带绯鲤	蓝圆鲹	鹿斑仰口鲾
	19.80%	19.30%	9.30%	9.20%	5.90%
0～20 m/40～60 m	日本发光鲷	杜氏棱鳀	二长棘犁齿鲷	蓝圆鲹	鹿斑仰口鲾
	20.80%	14.80%	14.30%	6.50%	4.30%

（续）

深度梯度比较	物种1	物种2	物种3	物种4	物种5
0～20 m/60～80 m	日本发光鲷 24.70%	杜氏棱鳀 12.40%	黄斑光胸鲾 12.30%	二长棘犁齿鲷 11.60%	鹿斑仰口鲾 7.10%
0～20 m/80～100 m	二长棘犁齿鲷 21.40%	杜氏棱鳀 19.60%	蓝圆鲹 11.10%	黄带绯鲤 7.20%	克氏副叶鲹 6.50%
20～40 m/40～60 m	日本发光鲷 23.90%	黄带绯鲤 13.20%	弓背鳄齿鱼 5%	花斑蛇鲻 4.20%	侧带鹦天竺鲷 4.20%
20～40 m/60～80 m	日本发光鲷 28%	黄斑光胸鲾 13.80%	鹿斑仰口鲾 10%	黄带绯鲤 9.10%	多齿蛇鲻 5.90%
20～40 m/80～100 m	黄带绯鲤 24.10%	二长棘犁齿鲷 6.90%	瓦鲽 6.40%	侧带鹦天竺鲷 5.40%	黑鳃银口天竺鲷 4.90%
40～60 m/60～80 m	日本发光鲷 35.40%	黄斑光胸鲾 12.60%	鹿斑仰口鲾 6.60%	多齿蛇鲻 5%	弓背鳄齿鱼 4.60%
40～60 m/80～100 m	日本发光鲷 24.40%	黄带绯鲤 11.90%	二长棘犁齿鲷 6.30%	弓背鳄齿鱼 5.30%	花斑蛇鲻 5%
60～80 m/80～100 m	日本发光鲷 28.50%	黄斑光胸鲾 13.80%	鹿斑仰口鲾 11.20%	黄带绯鲤 8.20%	多齿蛇鲻 5.20%

表5-2 休渔后各深度鱼类群落的差异贡献TOP5

深度梯度比较	物种1	物种2	物种3	物种4	物种5
0～20 m/20～40 m	斑鳍白姑鱼 22%	黄斑光胸鲾 9.9%	大头白姑鱼 9.5%	日本发光鲷 7.8%	克氏副叶鲹 5.1%
0～20 m/40～60 m	斑鳍白姑鱼 27.1%	日本发光鲷 16.3%	克氏副叶鲹 6.1%	二长棘犁齿鲷 6%	黄斑光胸鲾 5.7%
0～20 m/60～80 m	斑鳍白姑鱼 21.5%	日本发光鲷 16.7%	黄斑光胸鲾 11.9%	克氏副叶鲹 4.9%	鹿斑仰口鲾 4.7%
0～20 m/80～100 m	斑鳍白姑鱼 39.2%	克氏副叶鲹 8.3%	二长棘犁齿鲷 6.8%	及达副叶鲹 6.2%	青鳞小沙丁鱼 5.4%
20～40 m/40～60 m	日本发光鲷 24.7%	黄斑光胸鲾 15.2%	大头白姑鱼 11.2%	少鳞犀鳕 6.1%	皮氏叫姑鱼 4.2%
20～40 m/60～80 m	日本发光鲷 21%	黄斑光胸鲾 15.5%	大头白姑鱼 10.2%	少鳞犀鳕 4.8%	鹿斑仰口鲾 4.4%
20～40 m/80～100 m	日本发光鲷 19.9%	黄斑光胸鲾 18.4%	大头白姑鱼 14.4%	少鳞犀鳕 10%	皮氏叫姑鱼 5.2%
40～60 m/60～80 m	日本发光鲷 29.7%	黄斑光胸鲾 16%	鹿斑仰口鲾 5.1%	二长棘犁齿鲷 4.5%	蓝圆鲹 4.4%

（续）

深度梯度比较	物种 1	物种 2	物种 3	物种 4	物种 5
40～60 m/80～100 m	日本发光鲷	二长棘犁齿鲷	蓝圆鲹	少鳞犀鳕	黄斑光胸鳒
	33.6%	11.1%	10.7%	9%	8%
60～80 m/80～100 m	日本发光鲷	黄斑光胸鳒	鹿斑仰口鳒	多齿蛇鲻	小头黄鲫
	29.5%	20.6%	6.4%	6.1%	5.3%

根据相似性百分比分析（SIMPER）分别解析休渔前后鱼类群落结构差异的关键物种，休渔后较休渔前，Ⅰ区与Ⅱ区的差异关键种中，二长棘犁齿鲷和鹿斑仰口鳒的贡献率降低，而杜氏棱鳀等鱼类消失，取而代之的是斑鳍白姑鱼和黄斑光胸鳒等鱼类；Ⅰ区与Ⅲ区的差异关键种中，日本发光鲷的贡献率降低，而黄带绯鲤和杜氏棱鳀等鱼类消失，被斑鳍白姑鱼和黄斑光胸鳒等鱼类取代；Ⅰ区与Ⅳ区的差异关键种中，日本发光鲷的贡献率依旧占比较高，鹿斑仰口鳒的贡献率降低，而弓背鳄齿鱼和杜氏棱鳀等鱼类消失，被斑鳍白姑鱼和黄斑光胸鳒等鱼类取代；Ⅰ区与Ⅴ区的差异关键种中，日本发光鲷的贡献率提高，而黄斑光胸鳒和鹿斑仰口鳒的贡献率降低，黄带绯鲤等鱼类消失，被斑鳍白姑鱼等鱼类取代；Ⅰ区与Ⅵ区的差异关键种中，鹿斑仰口鳒和二长棘犁齿鲷的贡献率降低，而杜氏棱鳀和黄带绯鲤等鱼类消失，被斑鳍白姑鱼和黄斑光胸鳒等鱼类取代；Ⅰ区与Ⅶ区的差异关键种均发生改变，日本发光鲷和二长棘犁齿鲷等鱼类消失，被斑鳍白姑鱼和黄斑光胸鳒等鱼类取代；Ⅱ区与Ⅲ区的差异关键种中，日本发光鲷的贡献率降低，而黄带绯鲤和多齿蛇鲻等鱼类消失，被二长棘犁齿鲷和蓝圆鲹等鱼类取代；Ⅱ区与Ⅳ区的差异关键种中，日本发光鲷的贡献率提高，而弓背鳄齿鱼和侧带鹦天竺鲷等鱼类消失，被二长棘犁齿鲷和黄斑光胸鳒等鱼类取代；Ⅱ区与Ⅴ区的差异关键种中，日本发光鲷的贡献率提高，黄斑光胸鳒的贡献率降低，而黄带绯鲤等鱼类消失，被二长棘犁齿鲷等鱼类取代；Ⅱ区与Ⅵ区的差异关键种中，二长棘犁齿鲷的贡献率提高，而花斑蛇鲻等鱼类消失，被蓝圆鲹等鱼类取代；Ⅱ区与Ⅶ区的差异关键种中，二长棘犁齿鲷的贡献率提高，而日本发光鲷的贡献率降低，花斑蛇鲻等鱼类消失，被蓝圆鲹等鱼类取代；Ⅲ区与Ⅳ区的差异关键种中，日本发光鲷的贡献率提高，弓背鳄齿鱼和黄带绯鲤等鱼类消失，被黄斑光胸鳒和少鳞犀鳕等鱼类取代；Ⅲ区与Ⅴ区的差异关键种中，日本发光鲷的贡献率提高，黄斑光胸鳒的贡献率降低，黄带绯鲤等鱼类消失，被少鳞犀鳕等鱼类取代；Ⅲ区与Ⅵ区的差异关键种中，日本发光鲷的贡献率降低，黄带绯鲤和多齿蛇鲻等鱼类消失，被少鳞犀鳕和二长棘犁齿鲷等鱼类取代；Ⅲ区与Ⅶ区的差异关键种中，日本发光鲷和多齿蛇鲻的贡献率降低，黄带绯鲤等鱼类消失，被黄斑光胸鳒等鱼类取代；Ⅳ区与Ⅴ区的差异关键种中，日本发光鲷的贡献率提高，黄斑光胸鳒的贡献率降低，弓背鳄齿鱼和黄带绯鲤等鱼类消失，被少鳞犀鳕和小头黄鲫等鱼类取代；Ⅳ区与Ⅵ区的差异关键种中，日本发光鲷的贡献率提高，弓背鳄齿鱼和瓦鲽等鱼类消失，被黄斑光胸鳒和二长棘犁齿鲷等鱼类取代；Ⅳ区与Ⅶ区的差异关键种中，日本发光鲷的贡献率提高，弓背鳄齿鱼和瓦鲽等鱼类消失，被黄斑光胸鳒和蓝圆鲹等鱼类取代；Ⅴ区与Ⅵ区的差异关键种中，日本发光鲷的贡献率提高，黄斑光胸鳒的贡献率降低，黄带绯鲤等鱼类消失，被少鳞犀鳕等鱼类取代；Ⅴ区与Ⅶ区的差异关键种中，日本发光鲷的贡献率提高，黄斑光胸鳒的贡献率降低，黄带绯鲤等鱼类消失，被少鳞犀鳕等鱼类取代；Ⅵ区与

Ⅶ区的差异关键种中，日本发光鲷和二长棘犁齿鲷的贡献率无明显变化，蓝圆鲹的贡献率提高，黄斑光胸鲾的贡献率降低，黄带绯鲤等鱼类消失，被黄斑光胸鲾等鱼类取代。（表5-3和表5-4）。

表5-3　休渔前各区域鱼类群落的差异贡献 TOP5

区域间比较	物种1	物种2	物种3	物种4	物种5
Ⅰ/Ⅱ	二长棘犁齿鲷 14.5%	鹿斑仰口鲾 12.6%	杜氏棱鳀 12.2%	黄带绯鲤 9.2%	花斑蛇鲻 6%
Ⅰ/Ⅲ	日本发光鲷 29.9%	黄带绯鲤 8.6%	杜氏棱鳀 8%	多齿蛇鲻 7.5%	二长棘犁齿鲷 6.8%
Ⅰ/Ⅳ	日本发光鲷 16.6%	弓背鳄齿鱼 10.1%	杜氏棱鳀 8.6%	二长棘犁齿鲷 7.5%	鹿斑仰口鲾 7.4%
Ⅰ/Ⅴ	日本发光鲷 21.3%	黄斑光胸鲾 13.7%	黄带绯鲤 9.5%	杜氏棱鳀 8.1%	鹿斑仰口鲾 7.9%
Ⅰ/Ⅵ	鹿斑仰口鲾 20.4%	二长棘犁齿鲷 14.5%	杜氏棱鳀 14.1%	黄带绯鲤 13.3%	蓝圆鲹 10.6%
Ⅰ/Ⅶ	日本发光鲷 15.8%	二长棘犁齿鲷 13.7%	鹿斑仰口鲾 13.5%	杜氏棱鳀 10.8%	黄带绯鲤 10.5%
Ⅱ/Ⅲ	日本发光鲷 34.8%	黄带绯鲤 10.1%	多齿蛇鲻 8.2%	弓背鳄齿鱼 4.9%	侧带鹦天竺鲷 4.2%
Ⅱ/Ⅳ	日本发光鲷 19%	弓背鳄齿鱼 13.4%	侧带鹦天竺鲷 4.6%	花斑蛇鲻 4.2%	短鲽 3.9%
Ⅱ/Ⅴ	日本发光鲷 23%	黄斑光胸鲾 15.2%	黄带绯鲤 7.9%	花斑蛇鲻 5.5%	二长棘犁齿鲷 4.3%
Ⅱ/Ⅵ	花斑蛇鲻 19.8%	二长棘犁齿鲷 15.4%	多齿蛇鲻 12.2%	细纹鲾 6%	横带银口天竺鲷 5.7%
Ⅱ/Ⅶ	日本发光鲷 17.2%	二长棘犁齿鲷 13.5%	花斑蛇鲻 11.7%	多齿蛇鲻 7.2%	黄带绯鲤 4.3%
Ⅲ/Ⅳ	日本发光鲷 30.4%	弓背鳄齿鱼 9%	黄带绯鲤 6.2%	多齿蛇鲻 5.7%	侧带鹦天竺鲷 3.9%
Ⅲ/Ⅴ	日本发光鲷 36.8%	黄斑光胸鲾 12%	黄带绯鲤 8.4%	多齿蛇鲻 5.7%	侧带鹦天竺鲷 3.4%
Ⅲ/Ⅵ	日本发光鲷 38.2%	黄带绯鲤 16.7%	多齿蛇鲻 12.4%	花斑蛇鲻 6.9%	弓背鳄齿鱼 5.9%
Ⅲ/Ⅶ	日本发光鲷 42.5%	黄带绯鲤 9.6%	多齿蛇鲻 8.9%	花斑蛇鲻 4.6%	弓背鳄齿鱼 4.4%
Ⅳ/Ⅴ	日本发光鲷 29.1%	黄斑光胸鲾 12.5%	弓背鳄齿鱼 8.4%	黄带绯鲤 6.2%	侧带鹦天竺鲷 3.6%

（续）

区域间比较	物种1	物种2	物种3	物种4	物种5
Ⅳ / Ⅵ	日本发光鲷 20.4%	弓背鳄齿鱼 15.7%	瓦鲽 8.9%	花斑蛇鲻 5.1%	侧带鹦天竺鲷 4.9%
Ⅳ / Ⅶ	日本发光鲷 29.8%	弓背鳄齿鱼 11.8%	瓦鲽 5.4%	黄带绯鲤 4.6%	二长棘犁齿鲷 3.9%
Ⅴ / Ⅵ	日本发光鲷 23.9%	黄斑光胸鳎 17.2%	黄带绯鲤 10.1%	侧带鹦天竺鲷 9.8%	多齿蛇鲻 4.1%
Ⅴ / Ⅶ	日本发光鲷 31.4%	黄斑光胸鳎 14.5%	黄带绯鲤 9.3%	侧带鹦天竺鲷 4.8%	二长棘犁齿鲷 4%
Ⅵ / Ⅶ	日本发光鲷 18.9%	黄带绯鲤 14.1%	二长棘犁齿鲷 9.7%	蓝圆鲹 9.1%	侧带鹦天竺鲷 7.8%

表 5-4　休渔后各区域鱼类群落的差异贡献 TOP5

区域间比较	物种1	物种2	物种3	物种4	物种5
Ⅰ / Ⅱ	斑鳍白姑鱼 19.7%	黄斑光胸鳎 8.5%	大头白姑鱼 7.7%	二长棘犁齿鲷 7.3%	鹿斑仰口鰏 5.1%
Ⅰ / Ⅲ	斑鳍白姑鱼 20.4%	黄斑光胸鳎 8.8%	大头白姑鱼 7.9%	鹿斑仰口鰏 5.3%	日本发光鲷 5%
Ⅰ / Ⅳ	日本发光鲷 17.5%	斑鳍白姑鱼 16%	黄斑光胸鳎 12.1%	大头白姑鱼 6.7%	鹿斑仰口鰏 4.3%
Ⅰ / Ⅴ	日本发光鲷 32.2%	斑鳍白姑鱼 11.6%	黄斑光胸鳎 8.3%	大头白姑鱼 6%	鹿斑仰口鰏 3.5%
Ⅰ / Ⅵ	斑鳍白姑鱼 24.1%	黄斑光胸鳎 9.5%	大头白姑鱼 8.6%	鹿斑仰口鰏 5.8%	二长棘犁齿鲷 5.7%
Ⅰ / Ⅶ	斑鳍白姑鱼 17.1%	黄斑光胸鳎 12.9%	日本发光鲷 10.1%	大头白姑鱼 6.9%	蓝圆鲹 4.7%
Ⅱ / Ⅲ	二长棘犁齿鲷 23.2%	蓝圆鲹 12.2%	日本发光鲷 12%	少鳞犀鳕 9.6%	白方头鱼 5.4%
Ⅱ / Ⅳ	日本发光鲷 27.3%	二长棘犁齿鲷 19.3%	黄斑光胸鳎 15.9%	蓝圆鲹 9.2%	白方头鱼 4.1%
Ⅱ / Ⅴ	日本发光鲷 53.5%	二长棘犁齿鲷 9.2%	黄斑光胸鳎 7.5%	蓝圆鲹 4.9%	少鳞犀鳕 4.9%
Ⅱ / Ⅵ	二长棘犁齿鲷 32.7%	蓝圆鲹 17.2%	白方头鱼 7.9%	短鲽 3.3%	竹笑鱼 2.2%
Ⅱ / Ⅶ	二长棘犁齿鲷 24.1%	蓝圆鲹 15.8%	日本发光鲷 15.3%	黄斑光胸鳎 11.5%	白方头鱼 5.5%

区域间比较	物种 1	物种 2	物种 3	物种 4	物种 5
Ⅲ/Ⅳ	日本发光鲷 35%	黄斑光胸鳐 16.6%	少鳞犀鳕 8.1%	多齿蛇鲻 3.3%	竹笑鱼 3%
Ⅲ/Ⅴ	日本发光鲷 50.2%	黄斑光胸鳐 7.9%	少鳞犀鳕 5.5%	小头黄鲫 4.8%	大头白姑鱼 1.8%
Ⅲ/Ⅵ	日本发光鲷 19.5%	少鳞犀鳕 15.3%	二长棘犁齿鲷 9%	多齿蛇鲻 7.1%	黄斑光胸鳐 4.4%
Ⅲ/Ⅶ	日本发光鲷 24.3%	黄斑光胸鳐 14.5%	少鳞犀鳕 10.9%	蓝圆鲹 7.5%	多齿蛇鲻 5.3%
Ⅳ/Ⅴ	日本发光鲷 44.3%	黄斑光胸鳐 11.4%	少鳞犀鳕 4%	小头黄鲫 4%	竹笑鱼 1.6%
Ⅳ/Ⅵ	日本发光鲷 37%	黄斑光胸鳐 22.6%	二长棘犁齿鲷 7%	竹笑鱼 4.8%	短鲽 2.1%
Ⅳ/Ⅶ	日本发光鲷 35.6%	黄斑光胸鳐 22.7%	蓝圆鲹 5.7%	少鳞犀鳕 3.9%	竹笑鱼 2.3%
Ⅴ/Ⅵ	日本发光鲷 63.8%	黄斑光胸鳐 8.5%	少鳞犀鳕 7.5%	小头黄鲫 5.4%	大头白姑鱼 2.1%
Ⅴ/Ⅶ	日本发光鲷 45.4%	黄斑光胸鳐 12.2%	少鳞犀鳕 4.9%	小头黄鲫 4.2%	蓝圆鲹 4%
Ⅵ/Ⅶ	日本发光鲷 19.7%	蓝圆鲹 19.5%	黄斑光胸鳐 13%	二长棘犁齿鲷 10.1%	少鳞犀鳕 7.7%

第二节 物种多样性

一、物种 α 多样性

根据 2022 年休渔前航次的调查，共采集到鱼类 151 种，隶属于 25 目 72 科 109 属，其中刺尾鱼目最多，为 28 种，且相对丰度较大，在 0～20 m 深海域刺尾鱼目鱼类的相对丰度多为该深度全部鱼类的 1/4 左右，极少数区域占比超 3/4，在 20～40 m 深海域其相对丰度大多超过该深度全部鱼类的 1/2，而在 40～60 m 深海域，刺尾鱼目鱼类的相对丰度多占该深度全部鱼类的 1/10～1/5；鲹形目鱼类种数比刺尾鱼目少了 7 种，各深度梯度均有分布，相对丰度多占该深度全部鱼类的 1/4 不到，在 0～20 m 和 8～100 m 深的零星区域占比较大；鲈形目含 18 种，相对丰度较低，多分布于 40～60 m 深海域；海龙鱼目鱼类种数较少，相对数量较多，主要为绯鲤属鱼类，多分布于 40～100 m 深海域，但分布极不均匀；钩头鱼目仅含天竺鲷科的银口天竺鲷和鹦天竺鲷属，但相对丰度较大，多分布于 20～80 m 深海域，在 40～80 m 深海域其相对丰度更是能占该深度全部鱼类的 1/5 左右；仙女鱼目仅含 3 种鱼类，但相对数量也较多，各深度梯度均有分布，主要分布于 40～60 m 深海域，相对丰度变化较大，占该深度全部鱼类的 1/10～1/3 不等；发光鲷目仅含

2种，分别为日本发光鲷和弓背鳄齿鱼，但相对丰度却较大，主要分布于40～80 m深海域，在40～60 m深的大多海域相对丰度占该深度全部鱼类的1/4，在60～80 m深度海域，其相对丰度占比极不均匀，范围从0～100％不等（图5-3）。

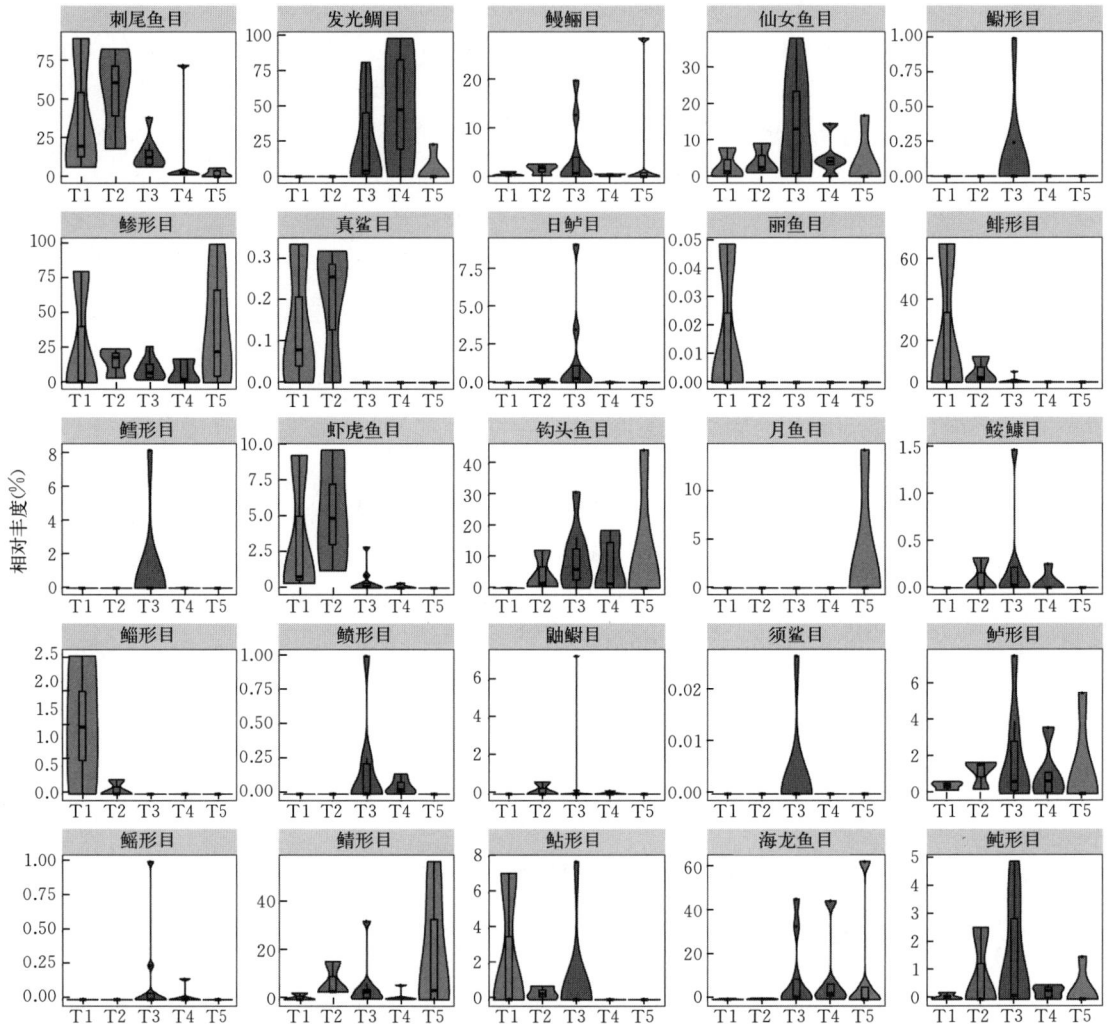

图5-3 2022年北部湾休渔前航次鱼类目级相对丰度的深度分布
T1.0～20 m T2.20～40 m T3.40～60 m T4.60～80 m T5.80～100 m

根据2022年休渔后航次的调查，共采集到鱼类149种，隶属于22目70科108属，其中鲈形目最多，为33种，在0～100 m深度均有分布，且相对丰度较大，在0～40 m深海域鲈形目鱼类的相对丰度为该深度全部鱼类的1/4左右，而在40～100 m深海域的相对丰富从10％逐渐减小；刺尾鱼目次之，为28种，但相对丰度较大，刺尾鱼目鱼类多分布于0～60 m深海域，在0～20 m深海域其相对丰度大多超过该深度全部鱼类的1/2，而在20～40 m深海域其相对丰度更是占该深度全部鱼类的70％～80％，在40～60 m深海域其相对丰度为0～70％；鲈形目有15种，相对数量却较少，多分布于0～20 m深海域；鲭形目鱼类种数较少，相对丰度较大但分布极不均匀，主要分布于80～100 m深海域，占该海域全部鱼类的 30％左右；鲱形目种数较少但相对丰度较大，主要分布于 0～20 m 深海域，占该深度全部鱼类的 20％左右；发光鲷目仅有两种，分别为日本发光鲷和弓背鳄齿鱼，但相对丰度却较大，仅分布于 40～80 m 深海域，在 40～60 m 深海域的相对丰度为该海域全部鱼类的 0～80％，在 60～80 m 深海域的相对丰度为该海域全部鱼类的一半左右；鳕形目仅含麦氏犀鳕和少鳞犀鳕，但在 60～80 m 深海域的相对丰度较大，占该海域全部鱼类的 0～45％（图 5-4）。

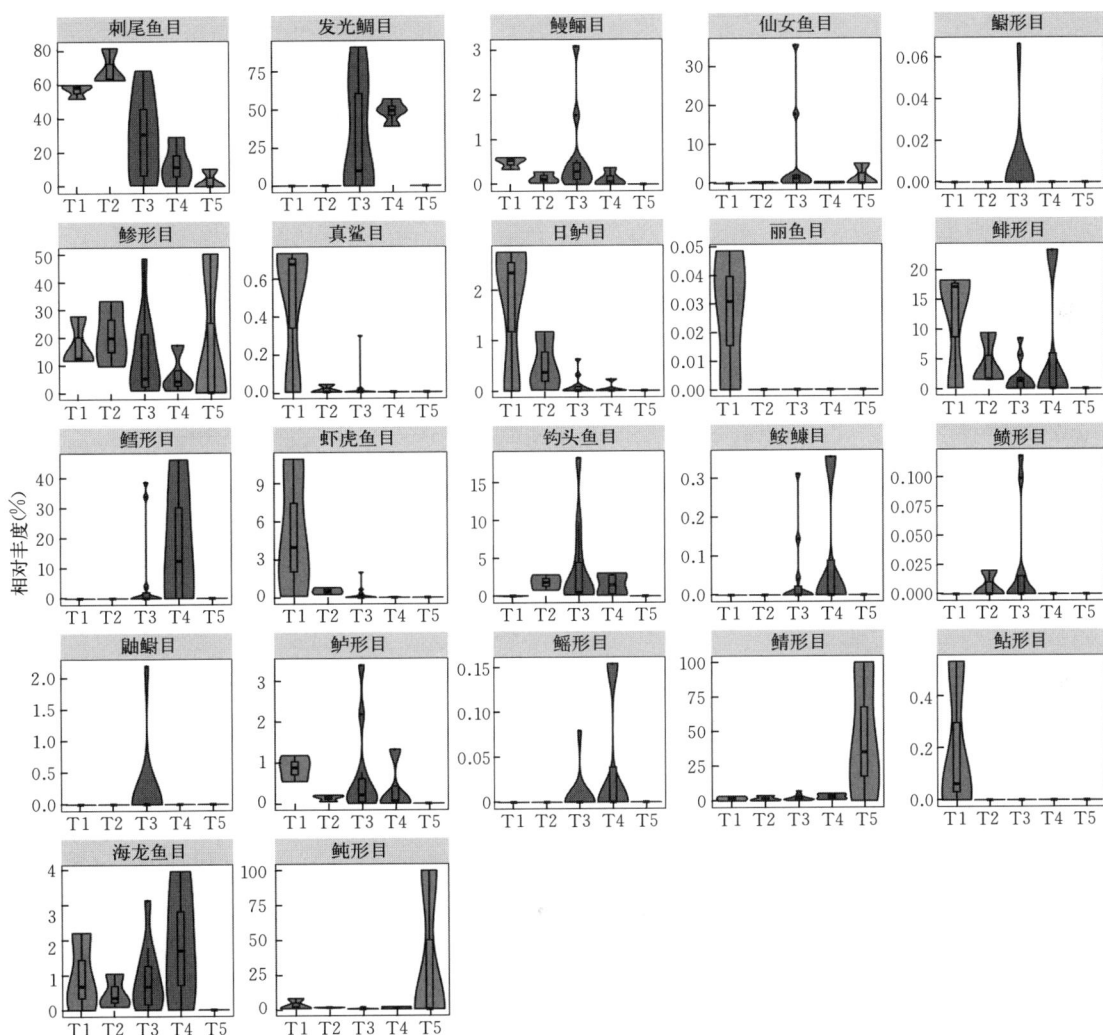

图 5-4　2022 年北部湾休渔后航次鱼类目级相对丰度的深度分布

T1.0～20 m　T2.20～40 m　T3.40～60 m　T4.60～80 m　T5.80～100 m

　　休渔后较休渔前，须鲨目、月鱼目和鲉形目鱼类消失，其他目鱼类的相对丰度分布发生了明显变化。其中，刺尾鱼目鱼类的相对丰度在各深度梯度均有增长，尤其在 0～40 m 深海域的增长幅度最大；发光鲷目鱼类在 40～60 m 深海域的相对丰度略有增长，在 60～80 m 深海域的相对丰度占比更集中，在该海域占全部鱼类的一半左右；仙女鱼目鱼类的相对丰度明显降低，仅 40～60 m 深海域的零星站位的相对丰度与休渔前相似；鲹形目鱼类在各深度的相对丰度的最大值降低了一半，但各深度的平均相对丰度变化不大；鲱形目鱼类的相对丰度最大值降低了一半，但在 0～20 m 深海域的平均丰度明显增长；鳕形目鱼类的相对丰度最大值增加了 5 倍左右；钩头鱼目鱼类的相对丰度最大值降低了一半多，尤其是 60～100 m 深海域的降低更为明显；鲭形目鱼类的相对丰度最大值增长了一倍多，尤其在 80～100 m 深海域其最大值和平均值均增长了一倍左右，而在 20～60 m 深海域其相对丰度明显下降。

根据 2022 年休渔前航次的调查，25 个站位鱼类丰富度的平均值为 26.36±8.94 种，海南岛西侧的湾中及湾口海域的鱼类丰富度高于广东、广西沿岸和湾内海域，其中位于海南岛西侧共同渔区内 60～80 m 深海域的 14 号站位鱼类丰富度最高，为 43 种；位于湾口 80～100 m 深海域的 4 号和 24 号站位最低，仅为 1 种。休渔后航次中，24 个站位鱼类丰富度的平均值为 28±14.60 种，广东、广西沿岸和北部湾湾内海域的鱼类丰富度明显高于湾中和湾外海域。其中海南岛西北近岸 40～60 m 深海域的 13 号站位最高，为 52 种；共同渔区南部 80～100 m 深海域的 22 号站位和湾口的 23 号站位最低，仅为 1 种（图 5-5）。

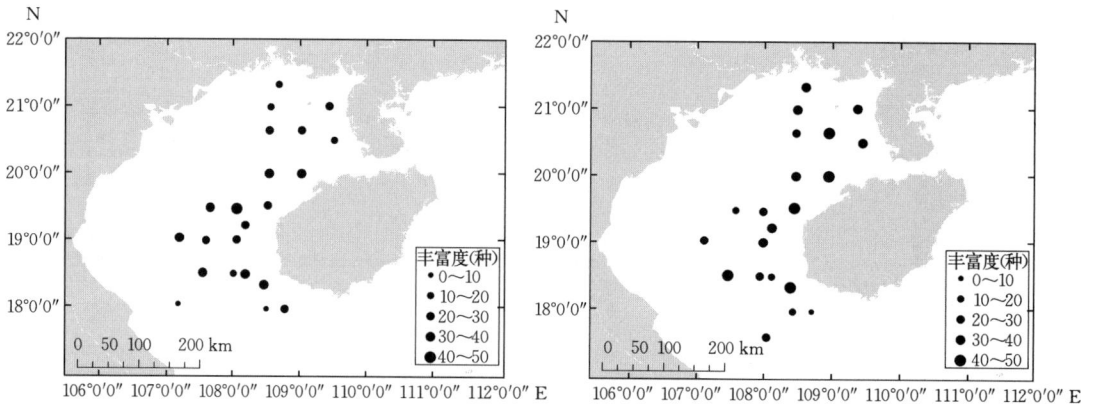

图 5-5 2022 年北部湾休渔前后两航次鱼类物种丰富度分布示意图

休渔后较休渔前，湾外的 4 号站位的鱼类丰富度升高最明显，增加了 27 种鱼类；湾内的 6 号和 11 号站位的鱼类丰富度也明显升高，增加了 22 种鱼类；雷州半岛西北侧的 2 号和 3 号，湾内的 7 号，海南岛西部近岸的 8 号和 9 号站位的鱼类丰富度增加了 10～20 种鱼类；湾内的 11 号，海南岛西侧的 15 号和 19 号，湾口的 21 号和湾外的 20 号、24 号站位的鱼类丰富度仅增加了不足 10 种；湾中共同渔区内的 5 号和 18 号，海南岛西南近岸的 10 号和 16 号站位的鱼类丰富度减少了 20 种以上；湾外的 23 号站位和海南岛西南近岸的 25 号站位的鱼类丰富度在休渔前后变化不大，其中 23 号站位的鱼类丰富度在休渔前后均仅为 1 种，而 25 号站位在休渔前后分别为 40 种和 42 种。

2022 年休渔前航次调查结果显示，北部湾 40～60 m 深海域的丰富度均值最高，为 32.56 种；其次是 60～80 m 深海域，丰富度均值为最高值的 96%；丰富度均值最低的海域为 80～100 m 深海域，丰富度均值为最高值的 32%。休渔后航次调查结果显示，20～40 m 深海域的丰富度均值最高，为 43 种；其次是 0～20 m 深海域，丰富度均值为最高值的 86%；丰富度均值最低的海域为 80～100 m 深海域，丰富度均值为最高值的 33%。休渔后较休渔前，0～20 m 深海域的平均鱼类丰富度涨幅最大，升高了 97%；60～80 m 深海域的鱼类丰富度均值降幅最大，降低了 28%（图 5-6）。

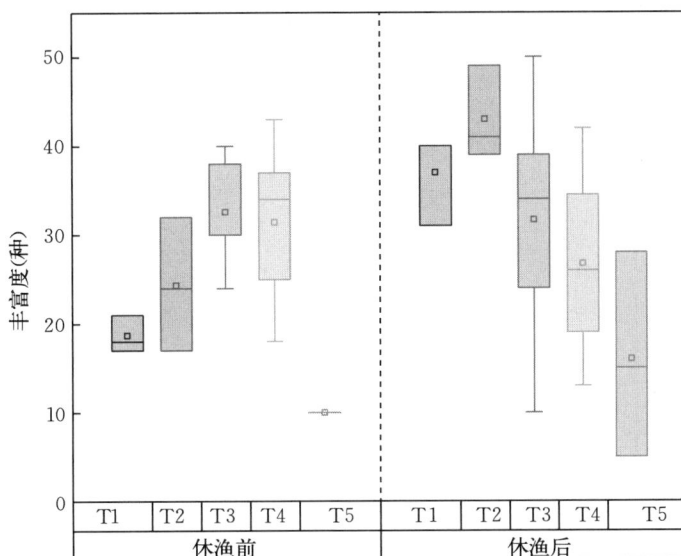

图 5-6　2022 年休渔前后两航次各深度丰富度

T1.0～20 m　T2.20～40 m　T3.40～60 m　T4.60～80 m　T5.80～100 m

　　2022 年休渔前航次调查结果显示，北部湾鱼类丰富度均值最高的区域为Ⅳ区，为 38.33 种；其次是Ⅴ区，丰富度均值为最高值的 78%；丰富度均值最低的区域为Ⅶ区，丰富度均值为最高值的 55%。休渔后航次调查结果显示，鱼类丰富度均值最高的区域为Ⅲ区，为 42.67 种；其次是Ⅵ区，丰富度均值为最高值的 98%；丰富度均值最低的区域为Ⅶ区，丰富度均值为最高值的 36%。休渔后较休渔前，Ⅰ～Ⅲ区和Ⅵ区的鱼类丰富度均值升高，其中Ⅰ区涨幅最大，升高了 94%；Ⅳ区和Ⅶ区的鱼类丰富度均值降低，其中Ⅳ区降幅最大，降低了 33%（图 5-7）。

　　根据 2022 年休渔前航次的调查，25 个站位 H' 的平均值为 1.71±0.77，海南岛西南侧和西北侧沿岸的 H' 高于广东、广西沿岸和湾中海域。其中海南岛西南侧沿岸 40～60 m 深海域的 25 号站位最高，为 3.06；湾口的 4 号站位最低，为 0。休渔后航次中，24 个站位 H' 的平均值为 1.52±0.77，广东、广西沿岸和北部湾湾内海域的 H' 明显高于湾中和湾外海域。其中海南岛西北沿岸 40～60 m 深海域的 13 号站位最高，为 2.83；共同渔区南部 80～100 m 深海域的 22 号站位和湾口的 23 号站位最低，都为 0（图 5-8）。

　　休渔后较休渔前，湾口的 19 号站位的 H' 升高最明显，增长了 10 倍多；防城港近岸的 1 号和湾中共同渔区的 14 号站位的 H' 也明显升高，增长了 1～2 倍；雷州半岛西北侧的 2 号、湾内的 7 号和海南岛西侧的 15 号站位的 H' 增长了 70%～80%；雷州半岛西南侧、琼州海峡西侧的 3 号、海南岛西侧近岸的 9 号和 13 号站位的 H' 仅增加了不足 20%；海南岛西南近岸的 16 号和 25 号的 H' 减少了 70%～80%；海南岛西北近岸的 8 号，湾内的 11 号，湾中的 12 号和 17 号，湾外的 20 号和 23 号，湾口的 21 号站位的 H' 减少了 20%～50%；湾中的 5 号和湾内的 6 号站位 H' 变化不大。

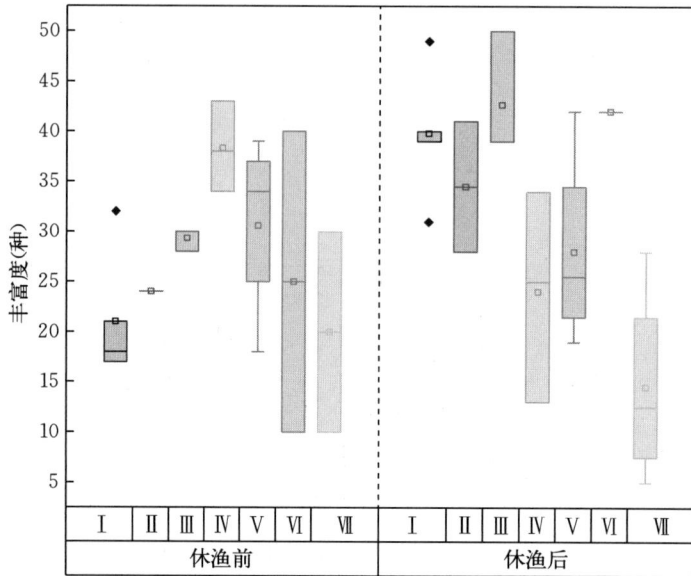

图 5-7 2022 年休渔前后两航次各区域丰富度

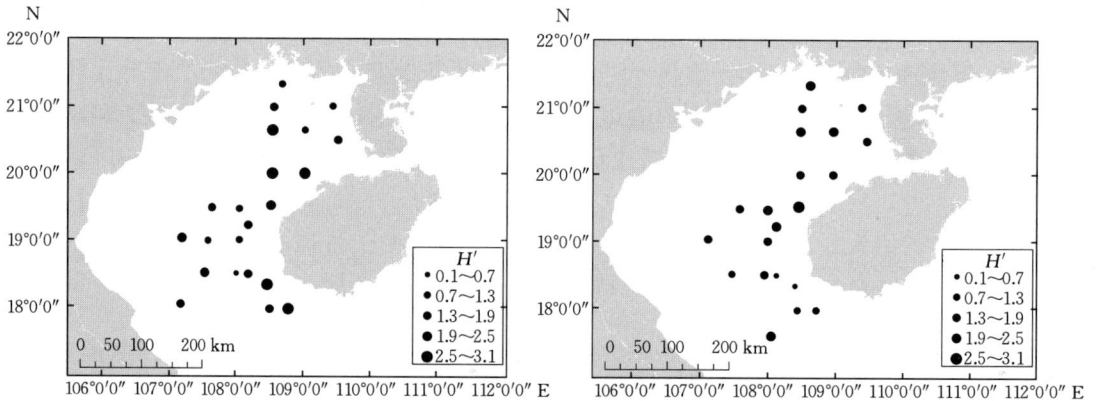

图 5-8 2022 年北部湾休渔前后两航次鱼类 H' 分布示意图

2022 年休渔前航次调查结果显示，北部湾 40～60 m 深海域的 H' 均值最高，为 2.17；其次是 20～40 m 深海域，H' 均值为最高值的 88％；H' 均值最低的海域为 60～80 m 深海域，H' 均值为最高值的 54％。休渔后航次调查结果显示，0～20 m 深海域的 H' 均值最高，为 1.94；其次是 20～40 m 深海域，H' 均值为最高值的 95％，且 H' 分布最为均匀；H' 均值最低的海域为 40～60 m 深海域，H' 均值为最高值的 76％，该深度的 H' 分布最不均匀。休渔后较休渔前，40～60 m 深海域的 H' 均值降幅最大，降低了 32％；0～20 m 深海域的 H' 均值涨幅最大，升高了 67％（图 5-9）。

2022 年休渔前航次调查结果显示，北部湾鱼类 H' 均值最高的区域为Ⅶ区，为 2.29；其次是Ⅵ区，H' 均值为最高值的 96％，H' 均值最低的区域为Ⅴ区，H' 均值为最高值的 58％。休渔后航次调查结果显示，H' 均值最高的区域为Ⅲ区，为 2.12；其次是Ⅳ区，H'

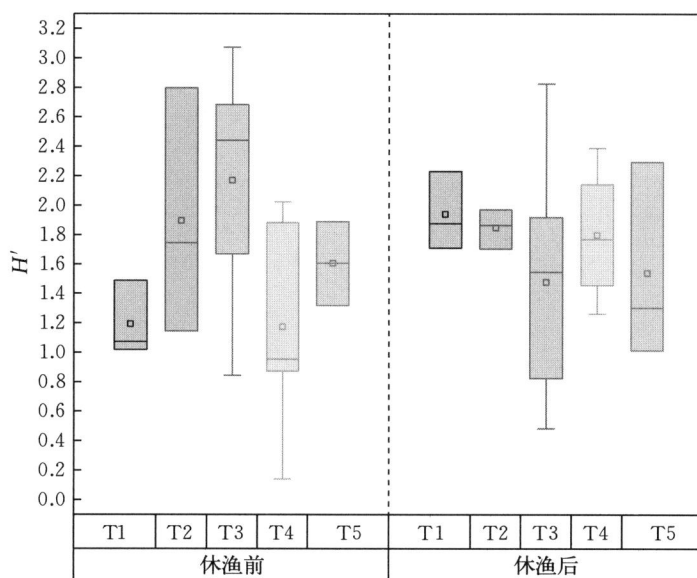

图 5 - 9　2022 年休渔前后两航次各深度 H'

T1.0～20 m　T2.20～40 m　T3.40～60 m　T4.60～80 m　T5.80～100 m

均值为最高值的 95％；H' 均值最低的区域为Ⅵ区，H' 均值为最高值的 28％。休渔后较休渔前，Ⅴ区、Ⅵ区和Ⅶ区的鱼类 H' 均值降低，分别降低 10％、73％和 40％；Ⅲ区域的鱼类平均 H' 涨幅最大，升高了 28％（图 5 - 10）。

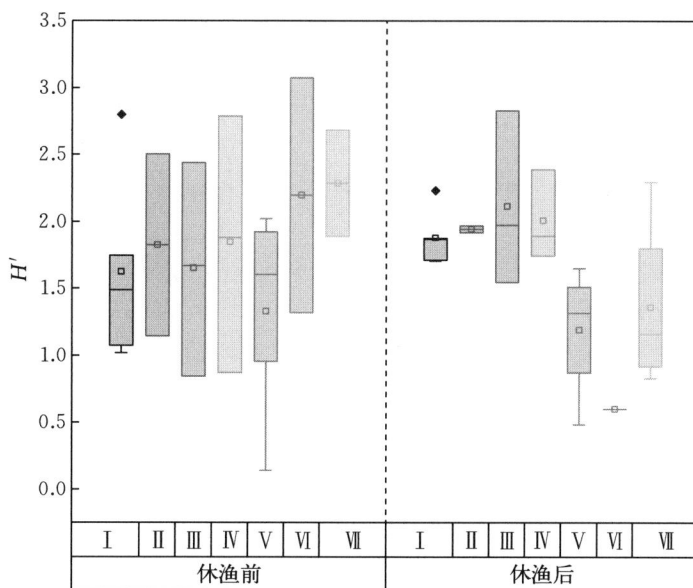

图 5 - 10　2022 年休渔前后两航次各区域 H'

　　根据 2022 年休渔前航次的调查，25 个站位 Pielou 均匀度的平均值为 0.53±0.22，呈现出与 H' 相似的分布，仅湾口 80～100 m 深海域的 20 号与 22 号站位的相对大小略有不同。其中海南岛西南近岸 40～60 m 深海域的 25 号站位最高，为 0.84；共同渔区内 60～80 m 深海域的 19 号站位最低，不足平均值的 1/10。休渔后航次中，24 个站位 Pielou 均匀度的平均值为 0.51±0.17，总体上亦呈现出与 H' 相似的分布，但北部湾最南端 80～100 m 深海域的 24 号站位表现出最高的均匀度，值为 0.81；海南岛西南侧沿岸 40～60 m 深海域的 25 号站位最低，不足平均值的 1/3（图 5-11）。

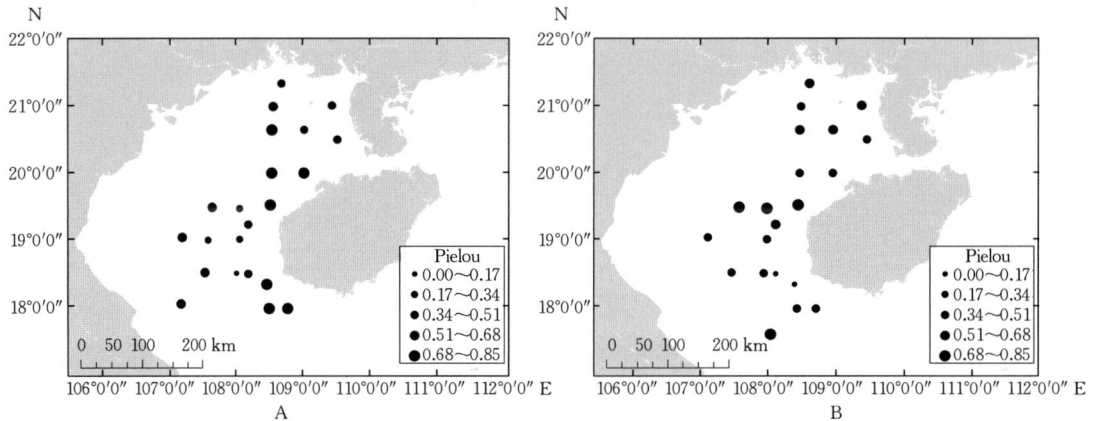

图 5-11　2022 年北部湾休渔前后两航次鱼类 Pielou 均匀度分布示意图
A. 休渔前　B. 休渔后

休渔后较休渔前，湾口的 19 号站位的 Pielou 均匀度升高最明显，增长了 9 倍多；湾中共同渔区的 14 号站位的 Pielou 均匀度也明显升高，增长了 2 倍多；防城港近岸的 1 号和海南岛西侧的 15 号站位的 Pielou 均匀度也增长了 70% 左右；雷州半岛西北侧的 2 号和湾内的 7 号站位的 Pielou 均匀度增长了 40%～50%；雷州半岛西南侧、琼州海峡西侧的 3 号和海南岛西侧近岸的 9 号站位的 Pielou 均匀度仅增加了不足 10%；海南岛西南近岸的 25 号站位的 Pielou 均匀度减少了 80%；海南岛西北近岸的 8 号，湾口的 10 号和 16 号，湾外的 20 号，这些站位的 Pielou 均匀度减少了 40%～60%；湾内的 6 号和 11 号，湾中共同渔区的 17 号，这些站位 Pielou 均匀度减少了 20%～30%；海南岛西北近岸的 13 号站位 Pielou 均匀度变化不大。

2022 年休渔前航次调查结果显示，北部湾 80～100 m 深海域的 Pielou 均匀度均值最高，为 0.7；其次是 40～60 m 深海域，Pielou 均匀度均值为最高值的 90%；Pielou 均匀度均值最低的海域为 60～80 m 深海域，Pielou 均匀度均值不足最高值的 50%。休渔后航次调查结果显示，80～100 m 深海域的 Pielou 均匀度均值最高，为 0.62，该深度的 Pielou 均匀度分布最不均匀；其次是 60～80 m 深海域，Pielou 均匀度均值为最高值的 95%；Pielou 均匀度均值最低的海域为 40～60 m 深海域，Pielou 均匀度均值为最高值的 73%。休渔后较休渔前，0～20 m 和 60～80 m 深海域的 Pielou 均匀度均值升高，分别升高了 30% 和 210%；40～60 m 深海域的 Pielou 均匀度均值降幅最大，降低了 32%（图 5-12）。

2022 年休渔前航次调查结果显示，北部湾鱼类 Pielou 均匀度均值最高的区域为Ⅶ区，为 0.8；其次是Ⅵ区，Pielou 均匀度均值为最高值的 88%；Pielou 均匀度均值最低的区域为Ⅴ区，Pielou 均匀度均值不足最高值的 50%。休渔后航次调查结果显示，Ⅳ区的 Pielou 均匀度均值最高，为 0.66；其次是Ⅱ区、Ⅲ区和Ⅶ区，Pielou 均匀度均值为最高值的

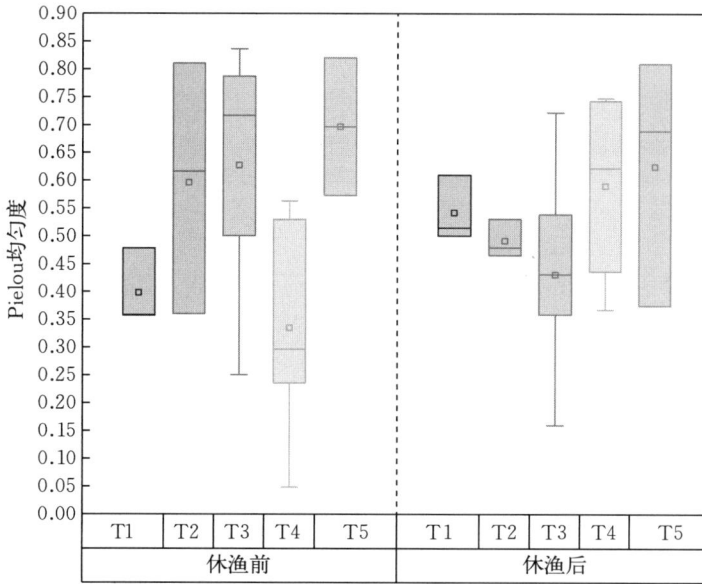

图 5-12　2022 年休渔前后两航次各深度 Pielou 均匀度

T1.0~20 m　T2.20~40 m　T3.40~60 m　T4.60~80 m　T5.80~100 m

83%，但Ⅶ区的 Pielou 均匀度分布在各区域间最不均匀；Pielou 均匀度均值最低的区域为Ⅵ区，Pielou 均匀度均值为最高值的 24%。休渔后较休渔前，仅Ⅲ区和Ⅳ区的 Pielou 均匀度均值升高，分别增长了 15% 和 28%；Ⅵ区的 Pielou 均匀度均值降幅最大，降低了 77%（图 5-13）。

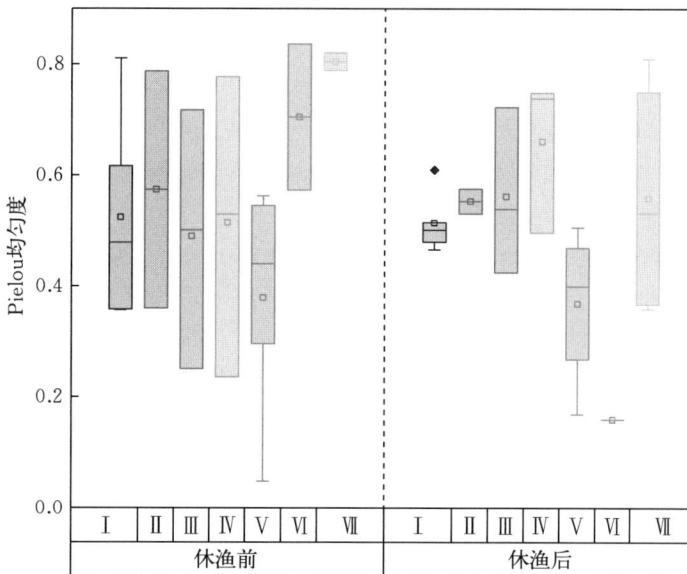

图 5-13　2022 年休渔前后两航次各区域 Pielou 均匀度

根据 2022 年休渔前航次的调查，25 个站位 Margalef 指数的平均值为 2.72 ± 1.31，呈现出与 H' 相似的分布，仅湾口 80~100 m 深海域的 22 号站位的相对大小略有不同。其中海南岛西北部 40～60 m 深海域的 12 号站位最高，为 5.25；湾口 80～100 m 深海域的 4号和 24 号站位最低，为 0。休渔后航次中，24 个站位 Margalef 丰富度的平均值为 2.98±1.38，总体上亦呈现出与 H' 相似的分布，海南岛西北沿岸 20～40 m 深海域的 8 号站位最高，为 5.25；共同渔区南部 80～100 m 深海域的 22 号和湾外的 23 号站位最低，为 0（图 5-14）。

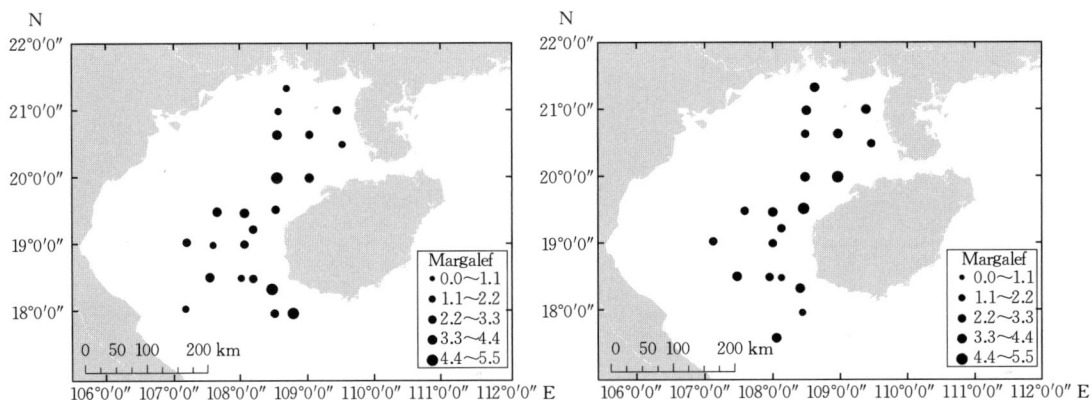

图 5-14　2022 年北部湾休渔前后两航次鱼类 Margalef 丰富度分布示意图

休渔后较休渔前，防城港近岸的 1 号和湾内的 6 号站位的 Margalef 丰富度升高最明显，增长了 1 倍左右；雷州半岛西北侧的 2 号、海南岛西侧近岸的 13 号和湾口的 19 号站位的 Margalef 丰富度也明显升高，增长了 60%～70%；雷州半岛西南侧、琼州海峡西侧的 3 号、湾内的 7 号、海南岛西北近岸的 8 号和海南岛西侧的 15 号站位的 Margalef 丰富度增长了 20%～40%；海南岛西侧近岸的 9 号和湾口的 21 号站位的 Margalef 丰富度仅增加了 10%～20%；湾外的 10 号站位 Margalef 丰富度减少了 78%；海南岛西南近岸的 16号站位 Margalef 丰富度减少了 50% 左右；湾中的 5 号、海南岛西北部近海的 12 号、湾中共同渔区的 17 号、海南岛西南近岸的 20 号和 25 号站位 Margalef 丰富度减少了 20%～40%；湾外的 4 号、湾内的 11 号和湾中的 14 号站位 Margalef 指数变化不大。

2022 年休渔前航次调查结果显示，北部湾 40～60 m 深海域的 Margalef 丰富度均值最高，为 3.63，且该深度的 Margalef 丰富度分布并不均匀；其次是 20～40 m 深海域，Margalef 丰富度均值为最高值的 80%；Margalef 丰富度均值最低的海域为 0～20 m 深海域，Margalef 丰富度均值为最高值的 58%，且 Margalef 丰富度分布最均匀。休渔后航次调查结果显示，20～40 m 深海域的 Margalef 丰富度均值最高，为 4.41；其次是 0～20 m深海域，Margalef 丰富度均 值为最高值的 81%；Margalef 丰富度均值最低的海域为 80～100 m 深海域，Margalef 丰富度均值为最高值的 52%。休渔后较休渔前，0～20 m 和 20～40 m 深海域的 Margalef 丰富度均值涨幅较大，分别升高了 70% 和 57%；40～60 m 深海域的 Margalef 丰富度均值降幅最大，降低了 17%（图 5-15）。

2022 年休渔前航次调查结果显示，北部湾鱼类 Margalef 丰富度均值最高的区域为Ⅳ区，为 4.18；其次是Ⅶ区，Margalef 丰富度均值为最高值的 93%；Margalef 丰富度均值最低的区域为Ⅰ区，Margalef 丰富度均值为最高值的 60%。休渔后航次调查结果显示，Ⅰ区的 Margalef 丰富度均值最高，为 3.99，且该深度的 Margalef 丰富度分布不均匀；其

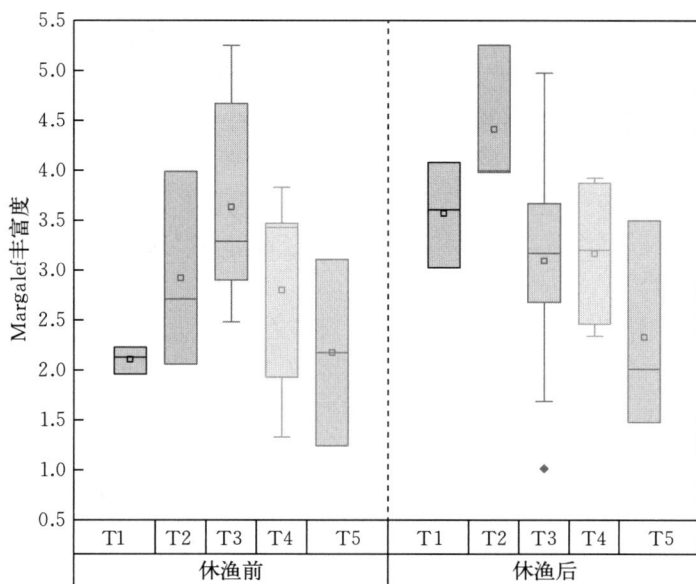

图 5-15 2022 年休渔前后两航次各深度 Margalef 丰富度

T1. 0～20 m　T2. 20～40 m　T3. 40～60 m　T4. 60～80 m　T5. 80～100 m

次是Ⅲ区，Margalef 丰富度均值为最高值的 94％；Margalef 丰富度均值最低的区域为Ⅶ区，Margalef 丰富度均值为最高值的 50％。休渔后较休渔前，仅Ⅳ区和Ⅶ区的 Margalef 丰富度均值降低，分别下降了 15％和 49％；Ⅰ区的 Margalef 丰富度均值涨幅最大，升高了 61％（图 5-16）。

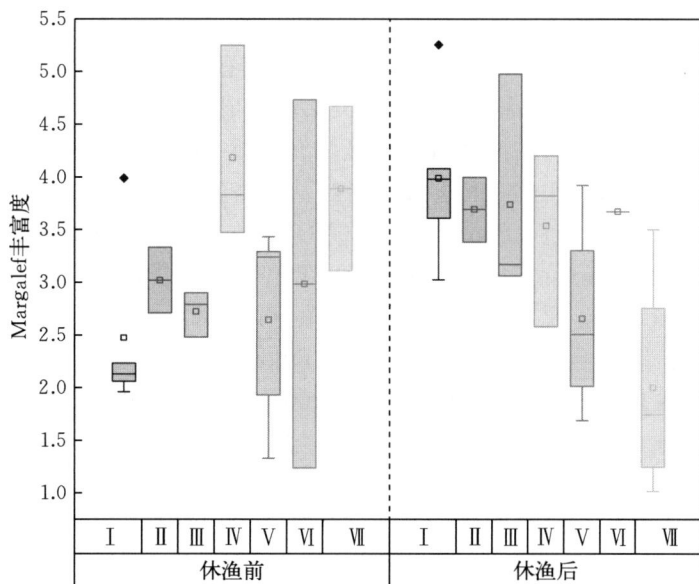

图 5-16 2022 年休渔前后两航次各区域 Margalef 丰富度

T1. 0～20 m　T2. 20～40 m　T3. 40～60 m　T4. 60～80 m　T5. 80～100 m

119

北部湾作为典型的半封闭海湾，主要鱼类均在湾内完成生长、索饵、育肥、生殖和洄游（Aoyama，1973）。湾内的季节变化和环境状况影响着鱼类的分布（高劲松等，2015；张公俊等，2021；Dong-Fang et al.，2010）。北部湾沿岸江河径流形成北部湾沿岸水团，而南海南部表层水则构成了北部湾的外海水，北部湾的混合水团是由海南岛的沿岸水经琼州海峡进入北部湾后混合变性形成，与外海水相比呈低温、低盐性质，主要占据底层水域，表层分布面积有季节性差异（陈作志等，2005）；此外，南海暖流和黑潮的南海分支相互交错形成错综复杂的海洋生态环境，导致湾内的鱼类群落同时具备沿岸性、近海性和外海性（车斌，2001）。

北部湾湾口和湾外海域与南部大洋相连，理应存在大洋性鱼类，然而休渔前后，湾外的 23 号和 24 号站位的鱼类丰富度均处于极低水平，这种结果与前人自 1959 年以来的研究相似（Dong-Fang et al.，2010）。原因可能是北部湾底层和近底层鱼类以热带、亚热带鱼类为主，缺少温带和深水鱼类。虽然各个河口地区也有一些广温性和耐盐性鱼类分布，但缺乏大的河流注入，且与外海的联系也仅靠每年的季风将外海流吹入湾内，水流不能像其他海区那样可以与外大洋随意交换，湾内海水平均盐度也较低，这些都限制了鱼类的种类分布。

休渔后，广东、广西和海南岛西北部沿岸浅水海域的鱼类丰富度升高，湾中及湾外的深水海域鱼类丰富度降低。此外，以上海域的 H'、Pielou 均匀度和 Margalef 多样性指数均较休渔前有所升高，根据所调查的渔获物数据，该海域所采集到的鱼类丰富度不超过 50 尾的种类占比为 80.9%。因此可以推断，该海域的鱼类种类增多，但每种鱼类的丰度差异较小，这可能是由于北部湾夏季沿岸水势力增强，当年生的幼鱼群体（二长棘犁齿鲷和竹筴鱼等）向西南移动造成的（乔延龙，2008）。北部湾春季沿岸海水势力相对较弱，为饵料生物提供了优良的生存条件，从而驱使鱼类向近岸迁移（张公俊等，2021），夏季受夏季风的影响，湾内北部海域存在明显的气旋式环流，驱使鱼类向东部和南部迁移（高劲松等，2015）。本次调查发现，广东和广西沿岸海域春季（休渔前）的鱼类丰富度低于夏季（休渔后），可能是由于休渔前频繁的人类活动造成的。

休渔后较休渔前，北部湾的渔业资源密度增加了 8 倍左右（参见第三章），而物种 α 多样性变化不大，休渔后航次的物种多样性指数甚至略低于休渔前航次，这与前人的调查结果类似（王雪辉等，2011）。Dimitriadis（2018）曾在地中海的海洋保护区中调查发现，季节性休渔仅提高了低经济价值鱼类资源密度，却并未对保护区内的高经济价值鱼类和渔业带来实质性的生态效益。反观我国，根据前人的调查结果，自 20 世纪 90 年代初，北部湾物种多样性指数持续降低，休渔后多样性指数降低趋势得到遏制，除 2007 年受拉尼娜现象的影响，多样性指数回升至 3.31 左右外，2006 年、2008 年、2011 年和 2018 年同季节的调查显示，物种 H' 多样性指数与本次采样接近（休渔前 1.52~1.71；休渔后 1.52~1.64）（李森等，2023；凌炜琪等，2021；王雪辉等，2011）。可以推断休渔活动使北部湾鱼类多样性的衰退趋于平缓，但在年际尺度上并没有得到有效的恢复。

二、物种 β 多样性

根据 2022 年休渔前航次的调查，替换组分占据了物种 β 多样性的大部分，平均值为（86.05±14.31）%。平均替换率的最大值出现在广东、广西沿岸 0~20 m 深海域的 1~3

号站位和海南岛西北、西南沿岸 40～80 m 深海域的 8～10 号站位，高于 80%。其中，防城港近岸的 1 号站位与雷州半岛西侧近岸的 2 号和 3 号站位，湾内的 6 号站位以及湾口的 19 号站位，替换率极高，接近 100%，与湾中的 5 号站位和海南岛西北近岸的 8 号站位替换率较低，低于 80%；雷州半岛西北侧近岸的 2 号站位与几乎所有站位均保持相当高的替换率；雷州半岛西南侧、琼州海峡西侧的 3 号站位则是与 1 号、6 号和 19 号站位的替换率接近 100%，与其余站位的替换率低于 80%，与海南岛西北和西南近岸的 8 号和 16 号站位的替换率更是低于 60%；位于湾内的 6 号站位除与 1 号、2 号和 3 号站位外，还与海南岛西侧近岸的 9 号、10 号站位以及 19 号站位保持着较高的替换率，与海南岛西北近岸的 8 号站位以及湾内的 11 号和 12 号站位保持较低的替换率；19 号站位除与上述各站位外，还与湾外的 20 号站位保持着 80% 以上的替换率。尽管 5 号站位的平均替换率不高，但其与 1～3 号站位、8～10 号站位、12～17 号站位以及 21 号和 25 号站位保持着极高的替换率，接近 100%，只是分别与 20 号和 22 号站位的替换率较低，分别低于 60% 和 40%。平均替换率最低的站位出现在湾口 80～100 m 深海域的 20 号和 22 号站位，换言之，20 号和 22 号站位的平均嵌套率较高，高于 40%。其中，20 号站位与该站位南侧的 10 号站位嵌套率最高，高于 80%，与湾中的 5 号和 16～18 号站位以及海南岛西南近岸的 25 号站位保持着高于 40% 的嵌套率；22 号站位则与 5 号、15 号和 17 号站位保持着高于 60% 的嵌套率（图 5-17）。

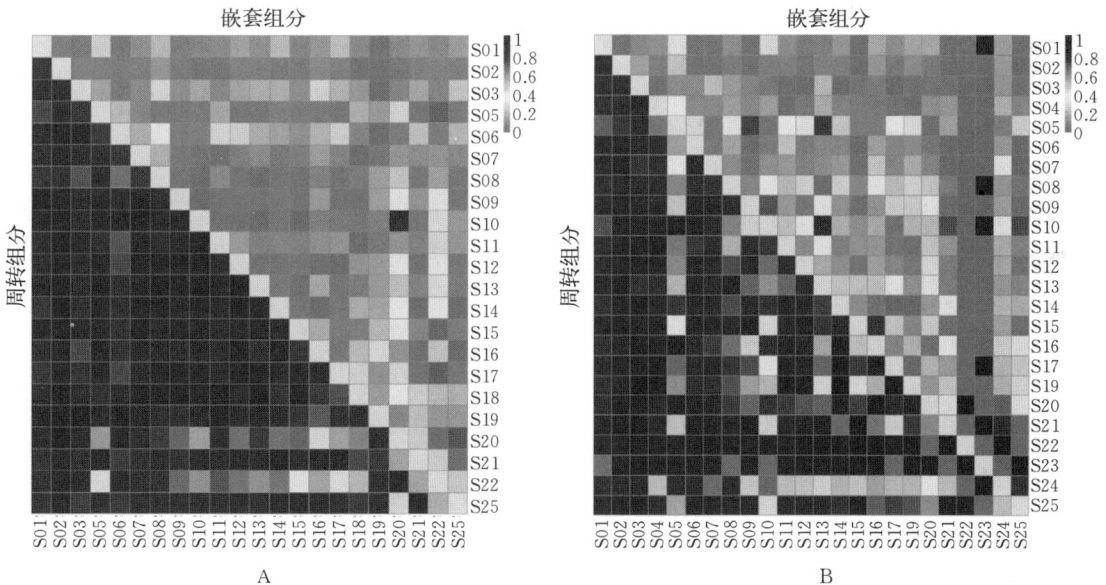

图 5-17　2022 年北部湾休渔前后物种 β 多样性各组分的站位分布
A. 休渔前　B. 休渔后

休渔后航次的调查中，替换组分占据了物种 β 多样性的大部分，平均值为（79.72±23.84）%。最大值出现在广东、广西沿岸 0～20 m 深海域的 1～3 号站位、湾外 80～100 m 深海域的 4 号站位和湾内 20～40 m 深海域的 6～7 号站位，高于 80%。其中，防城港近岸的 1 号站位与雷州半岛西侧近岸的 2 号和 3 号站位，湾内的 6 号和 7 号站位，湾中的 15 号和 21 号站位以及海南岛西南近岸的 25 号站位，替换率极高，接近 100%；与湾中的 5 号站位和海南岛西南近岸的 10 号站位替换率较低，低于 60%。雷州半岛西北侧近岸的 2 号站位与几乎所有站位均保持相当高的替换率。雷州半岛西南侧、琼州海峡西侧的 3 号站位则与 4 号、湾内的 11 号、湾中的 17 号和 19 号站位的替换率接近 100%；与 7 号和海南岛西侧近岸的 13 号站位的替换率低于 80%。位于湾外的 4 号站位除与 2 号和 3 号站位外，还与 17 号和 19 号站位保持着几乎 100% 的替换率，与其余各站位的替换率保持在 70% 左右，而与湾外的 24 号站位保持较低的替换率，低于 50%。湾内的 6 号站位与 7 号，海南岛西侧近岸的 9 号、15 号，湾口的 21 号以及海南岛西南近岸的 25 号站位，保持着高于 80% 的替换率；与湾口的 16 号、19 号以及湾外的 24 号站位的替换率低于 70%。7 号站位亦与 9 号、15 号、21 号和 25 号站位保持着高于 80% 的替换率，与 24 号站位的替换率低于 60%。湾中的 5 号站位与 10 号、16 号和 20 号保持着近 100% 的替换率，与 7 号、9 号、13 号和 15 号站位则保持着低于 30% 的替换率。平均替换率最低的站位出现在 10 号和 24 号站位，换言之，10 号和 24 号站位的平均嵌套率较高。其中，24 号站位嵌套率最高，高于 50%，与 5 号的嵌套率最低，低于 20%，与 20 号和 21 号站位的嵌套率高于 60%；10 号站位亦与 5 号的嵌套率最低，接近 0，与 9 号和 13 号站位嵌套率最高，高于 60%（图 5-17）。

物种丰富度随着河口面积以及与邻近生态系统的连通程度而增加（Vasconcelos et al.，2015）。这些区域的环境特征提供了高度的空间异质性和栖息地多样性，可供具有不同生态位的物种使用（Scheiner，2003），从而促进 β 多样性。北部湾东北部和琼州海峡西侧的叶绿素与初级生产力较高（高东阳等，2001；刘子琳和宁修仁，1998），且广东、广西沿岸河口众多，造成了北部湾东北部沿岸海域较高的环境异质性，使该区域的 β 多样性处于较高水平。

休渔后，各深度的鱼类物种组成差异减小，物种替换率降低；各区域的鱼类物种组成差异减小，物种替换率亦降低。湾内海域的替换率有所升高，海南岛西部沿岸及湾中海域的嵌套率有所提高。广东、广西沿岸浅水区均为高替换率区域，主要原因是该地区的特有物种较多，如休渔前的七带银鲈和红尾银鲈等银鲈科鱼类、弯角鲬和绿背鲹等鲬科和鲹科鱼类、斑海鲇等海鲇科鱼类，休渔后的日本银鲈等银鲈科鱼类、银鲳和中国鲳等鲳科鱼类、粗鳞后颌䲢等后颌鱼科鱼类。休渔前后，物种高嵌套率多为湾外区域，因为该区域渔获稀少，每个站位仅采集到 1 种鱼类，这是高嵌套率的直接原因。

第三节　功能多样性

一、功能 α 多样性

根据 2022 年休渔前航次的调查，25 个站位中除 4 号和 24 号站位外（仅采集到 1 种鱼类，从而无法构建功能空间），湾内 20～40 m 深海域的 7 号、海南岛西北近岸 20～40 m 深海域的 8 号、湾中 60～80 m 深海域的 14 号和海南岛西南近岸 40～60 m 深海域 25 号站位的功能空间较广；而湾中 60～80 m 深海域的 5 号和湾口 60～80 m 深海域的 21 号站位功能空间中的物种分布较为集中；防城港南部近岸 0～20 m 深海域的 1 号站位，湾口 40～60 m 深海域的 16 号站位，琼州海峡西侧 0～20 m 深海域的 3 号站位，湾中 40～60 m 深海域的 12 号站位、60～80 m 深海域的 14 号站位，海南岛西南近岸 40～60 m 深海域的

25 号，这些站位功能空间的形状较为相似（图 5-18）。

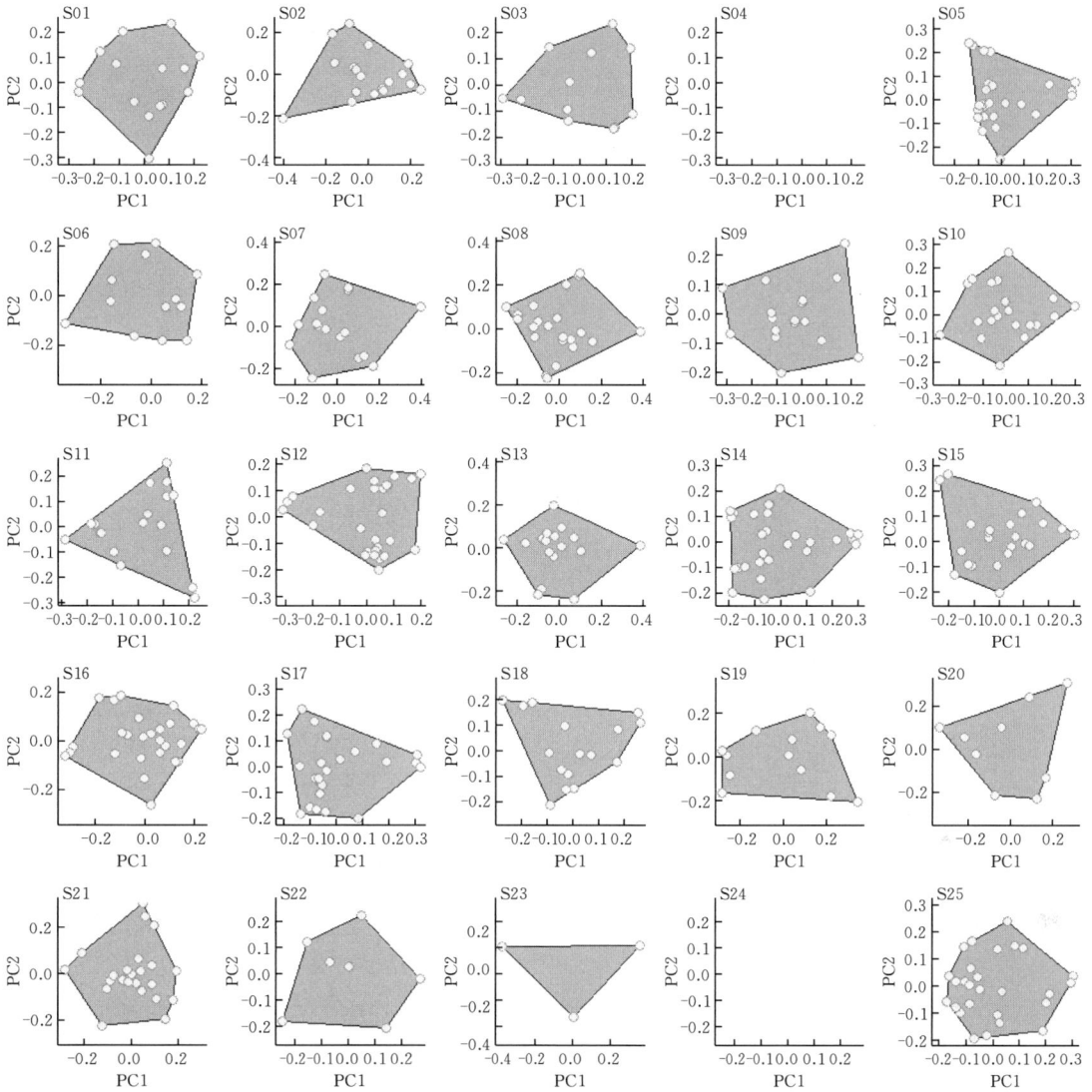

图 5-18 2022 年北部湾休渔前航次各站位功能空间示意图

根据 2022 年休渔后航次的调查，25 个站位中除 18 号、22 号和 23 号站位外（18 号站位未采集，22 号和 23 号站位仅采集到 1 种鱼类，从而无法构建功能空间），湾外 80～100 m 深海域的 4 号站位，湾中 60～80 m 深海域的 5 号和 40～60 m 深海域的 12 号站位，湾口 40～60 m 深海域的 15 号和 16 号及 60～80 m 深海域的 21 号站位，功能空间较广；而湾内 0～20 m 深海域的 1 号和 20～40 m 深海域的 6 号站位功能空间中的物种分布较为集中；湾外 40～60 m 深海域的 10 号和 80～100 m 深海域的 24 号站位，湾内 40～60 m 深海域的 11 号，湾中 40～60 m 深海域的 12 号站位、40～60 m 深海域的 17 号和湾口 60～80 m 深海域的 19 号站位，功能空间的形状较为相似（图 5-19）。

根据 2022 年休渔前航次的调查，25 个站位功能丰富度平均值为（14.96±8.83）。湾内及海南岛西部沿岸海域的功能丰富度高于广东、广西沿岸及湾中海域，其中位于海南岛

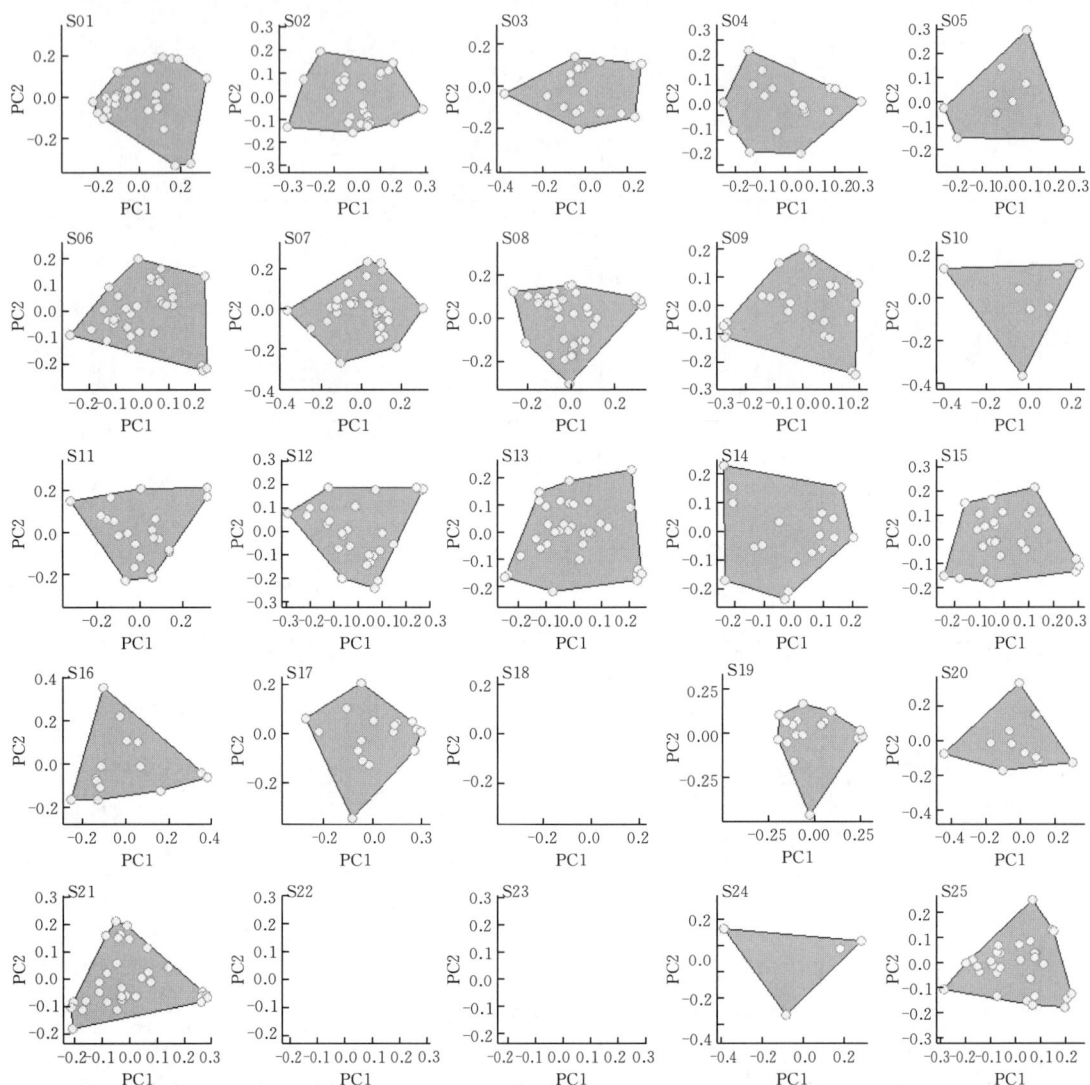

图 5-19　2022 年北部湾休渔后航次各站位功能空间示意图

西南沿岸 40~60 m 深海域的 25 号站位功能丰富度最高，为 37.72；湾口 60~80 m 深海域的 19 号站位最低，仅为最大值的 1/20。休渔后航次中，24 个站位的功能丰富度平均值为 (14.41±9.30)。湾内和广东、广西近岸海域及海南岛西北沿岸海域的功能丰富度高于湾中、湾口和湾外海域，其中位于海南岛西北近岸 40~60 m 深海域的 13 号站位功能丰富度最高，高于平均值一倍有余；湾外 80~100 m 深海域的 24 号站位最低，不足平均值的 1‰（图 5-20）。

　　休渔后较休渔前，防城港南部近岸 0~20 m 深海域的 1 号站位、琼州海峡西侧 0~20 m 深海域的 3 号站位、湾内 20~40 m 深海域的 6 号站位和海南岛西北近岸 20~40 m 深海域的 8 号站位的功能丰富度大幅升高，分别为休渔前的 4.3 倍、5.7 倍、3.5 倍和 6.5 倍；湾内 20~40 m 深海域的 7 号站位，海南岛西侧近岸 40~60 m 深海域的 9 号站位和 13 号站位，湾中 40~60 m 深海域的 12 号站位、15 号站位和 17 号站位，湾口 60~80 m 深海

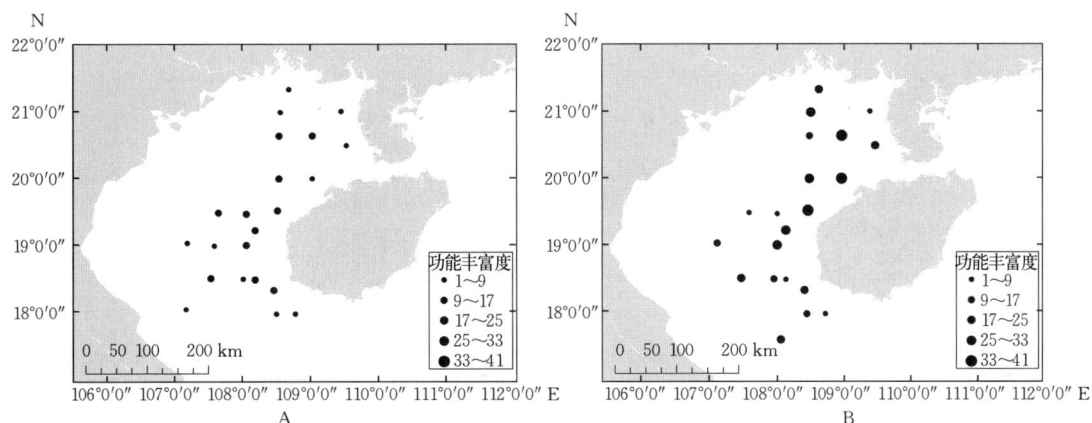

图 5-20　2022 年北部湾休渔前后鱼类群落功能丰富度指数分布示意图
A. 休渔前　B. 休渔后

域的 19 号站位和 80～100 m 深海域的 20 号站位，这些站位功能丰富度亦明显升高，为休
渔前的 2.2～2.6 倍；雷州半岛西北近岸 0～20 m 深海域的 2 号站位、湾口 60～80 m 深海
域的 21 号站位和海南岛西南近岸 40～60 m 深海域的 25 号站位的功能丰富度较休渔前升
高了 36%～88%；湾中 60～80 m 深海域的 5 号站位和湾口 40～60 m 深海域的 16 号站位的
功能丰富度分别降低了 61% 和 78%；湾内 40～60 m 深海域的 11 号站位、湾中 60～80 m 深
海域的 14 号站位和湾口 40～60 m 深海域的 10 号站位的功能丰富度降低了 11%～32%。

　　2022 年休渔前航次调查结果显示，北部湾 40～60 m 深海域的功能丰富度均值最高，
为 12.02；其次是 20～40 m 深海域，功能丰富度均值为最高值的 81%，且功能丰富度分
布最不均匀；功能丰富度均值最低的海域为 80～100 m 深海域，功能丰富度均值为最高值
的 20%。休渔后航次调查结果显示，20～40 m 深海域的功能丰富度均值最高，为 35.13，
且该深度的功能丰富度分布最均匀；其次是 40～60 m 深海域，功能丰富度均值为最高值
的 57%，且功能丰富度分布最不均匀；功能丰富度均值最低的海域为 60～80 m 深海域，
功能丰富度均值为最高值的 37%。休渔后较休渔前，各深度的功能丰富度均有不同程度
的增长。其中，20～40 m 深海域的功能丰富度均值涨幅最大，升高了 250%；60～80 m
深海域的功能丰富度均值涨幅最小，仅升高了 8%（图 5-21）。

　　2022 年休渔前航次调查结果显示，北部湾鱼类功能丰富度均值最高的区域为Ⅲ区，
为 14.14；其次是Ⅱ区，功能丰富度均值为最高值的 97%，且功能丰富度最均匀；功能丰
富度均值最低的区域为Ⅰ区，功能丰富度均值为最高值的 44%。休渔后航次调查结果显
示，Ⅲ区的鱼类功能丰富度均值最高，为 32.51；其次是Ⅰ区，功能丰富度均值为最高值
的 77%，且功能丰富度分布最不均匀；功能丰富度均值最低的区域为Ⅶ区，功能丰富度
均值为最高值的 31%。休渔后较休渔前，各区域的功能丰富度均值均有不同程度的增长。
其中，Ⅰ区涨幅最大，升高了 3.3 倍；Ⅳ区涨幅最小，升高了 17%（图 5-22）。

　　根据 2022 年休渔前航次的调查，25 个站位功能均匀度的平均值为（0.61±0.23），
分布几乎与功能丰富度相反，其中琼州海峡西侧 0～20 m 深海域的 3 号站位最高，为
0.79；湾中 40～60 m 深海域的 15 号站位最低，约为最大值的 3/4。休渔后航次中，功能
均匀度的分布较为均匀，24 个站位的功能均匀度的平均值为（0.64±0.20）。其中广东沿岸

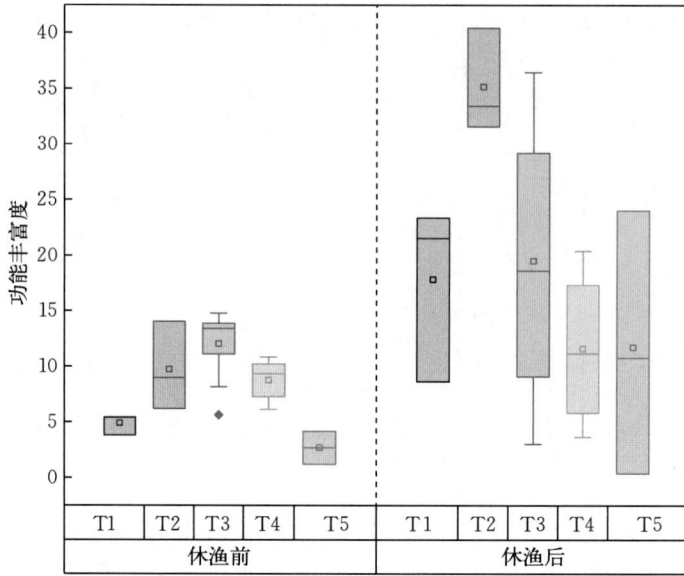

图 5-21　2022 年休渔前后两航次各深度功能丰富度

T1. 0~20 m　T2. 20~40 m　T3. 40~60 m　T4. 60~80 m　T5. 80~100 m

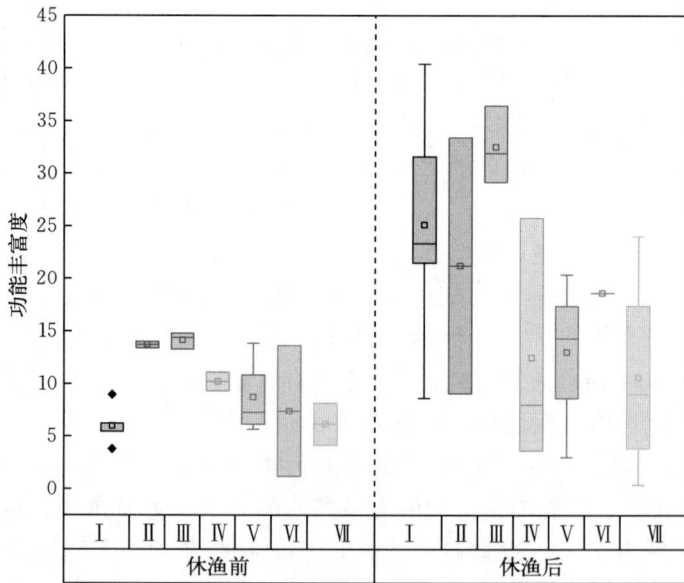

图 5-22　2022 年休渔前后两航次各区域功能丰富度

0~20 m 深海域的 2 号站位功能均匀度最高，约为平均值的 1.25 倍；湾口 80~100 m 深海域的 24 号站位最低，不足平均值的 90%（图 5-23）。

休渔后较休渔前，湾内 40~60 m 深海域的 11 号站位、湾中 40~60 m 深海域的 15 号站位、湾口 40~60 m 深海域的 10 号和 80~100 m 深海域的 20 号站位的功能均匀度有较明显的升高，升高了 11%~20%；湾口 40~60 m 深海域的 16 号、60~80 m 深海域的 19 号站位和湾中 60~80 m 深海域的 14 号站位的功能均匀度分别上升了 5%、7% 和 6%；湾

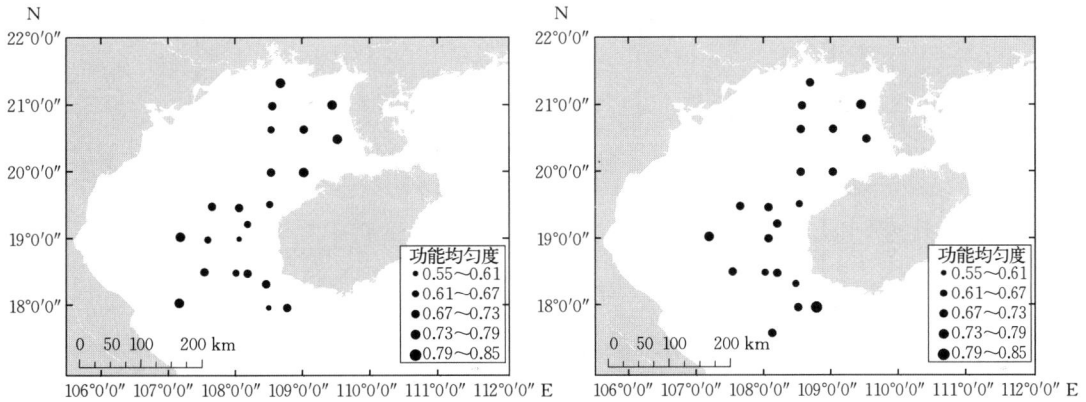

图 5-23　2022 年北部湾休渔前后鱼类群落功能均匀度指数分布示意图

内 20～40 m 深海域的 6 号和 7 号站位，雷州半岛西北近岸 0～20 m 深海域的 2 号站位，海南岛西侧近岸 40～60 m 深海域的 9 号、13 号和 25 号站位，湾中 40～60 m 深海域的 12 号、17 号和 60～80 m 深海域的 5 号站位，湾口 60～80 m 深海域的 21 号站位，这些站位功能均匀度变化不大；防城港南部近岸 0～20 m 深海域的 1 号站位、琼州海峡西侧 0～20 m 深海域的 3 号站位和海南岛西北近岸 20～40 m 深海域的 8 号站位的功能均匀度分别降低了 5%、14% 和 11%。

2022 年休渔前航次调查结果显示，北部湾 0～20 m 深海域的功能均匀度均值最高，为 0.76；其次是 20～40 m 深海域，功能均匀度均值为最高值的 93%；功能均匀度均值最低的海域为 60～80 m 深海域，功能均匀度均值为最高值的 88%。休渔后航次调查结果显示，0～20 m 深海域的功能均匀度均值最高，为 0.72；其次是 40～60 m 深海域，功能均匀度均值为最高值的 99%；功能均匀度均值最低的海域为 80～100 m 深海域，功能均匀度均值为最高值的 92%，且功能均匀度分布最不均匀。休渔后较休渔前，40～60 m 和 60～80 m 深海域的功能均匀度均值分别升高了 7% 和 3%；0～20 m 深海域的功能均匀度均值降幅最大，降低了 5%（图 5-24）。

2022 年休渔前航次调查结果显示，北部湾鱼类功能均匀度均值最高的区域为Ⅰ区，为 0.74；其次是Ⅵ区，功能均匀度均值为最高值的 97%，且功能均匀度较不均匀；功能均匀度均值最低的区域为Ⅲ区，功能均匀度均值为最高值的 85%。休渔后航次调查结果显示，Ⅴ区的鱼类功能均匀度均值最高，为 0.71；其次是Ⅳ区，功能均匀度均值为最高值的 99%，且功能均匀度较均匀；功能均匀度均值最低的区域为Ⅲ区，功能均匀度均值为最高值的 94%。休渔后较休渔前，仅Ⅰ区和Ⅵ区的功能均匀度均值下降了 6% 和 8%；Ⅶ区的功能均匀度均值涨幅最大，升高了 6%（图 5-25）。

根据 2022 年休渔前航次的调查，25 个站位功能离散度的平均值为 0.72±0.03。湾中共同渔区的东西两侧的功能离散度较高。其中共同渔区西南侧 80～100 m 深海域的 22 号站位最高，为 0.80，湾口 80～100 m 深海域的 20 号站位最低，为 0.67。休渔后航次中，24 个站位的功能离散度分布较均匀，站位平均值为 0.67±0.21。其中海南岛西南近海 40～60 m 深海域的 16 号站位最高，为 0.76；湾中海域 60～80 m 深海域的 14 号站位最低，为 0.69（图 5-26）。

休渔后较休渔前航次，雷州半岛西侧近岸 0～20 m 深海域的 2～3 号站位、湾中 40～

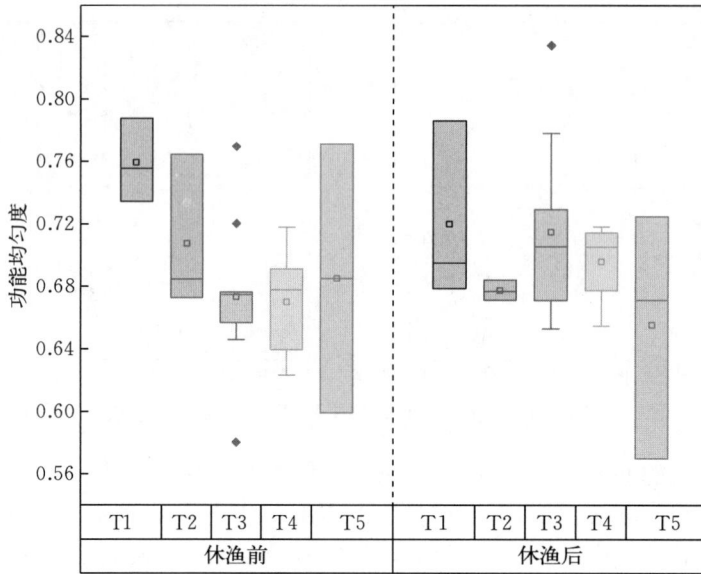

图 5-24　2022 年休渔前后两航次各深度功能均匀度

T1. 0～20 m　T2. 20～40 m　T3. 40～60 m　T4. 60～80 m　T5. 80～100 m

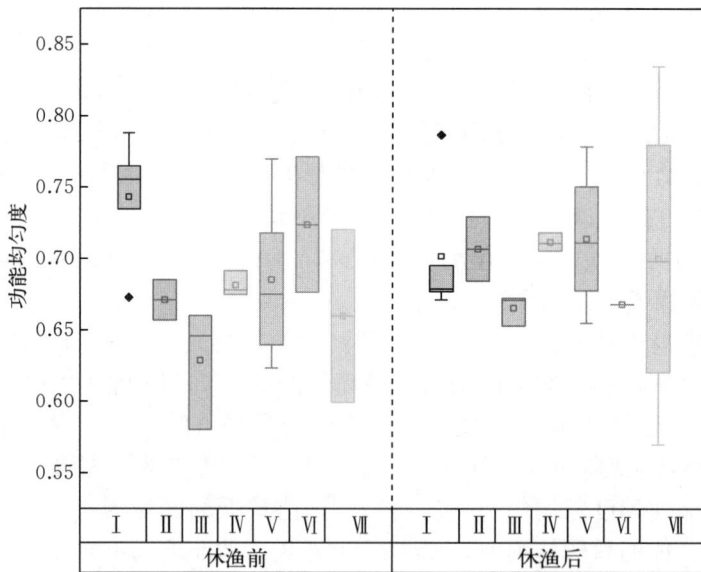

图 5-25　2022 年休渔前后两航次各区域功能均匀度

T1. 0～20 m　T2. 20～40 m　T3. 40～60 m　T4. 60～80 m　T5. 80～100 m

60 m 深海域的 12 号站位及湾口 60～80 m 深海域的 16 号和 21 号站位的功能离散度小幅升高，较休渔前升高了 6%～13%；防城港南部近岸 0～20 m 深海域的 1 号站位，湾内 20～40 m 深海域的 6 号、7 号及 40～60 m 深海域的 11 号站位，海南岛西侧近岸 20～40 m 深海域的 8 号和 40～60 m 深海域的 9 号、13 号及 25 号站位，湾中 60～80 m 深海域的 5 号及 40～60 m 深海域的 15 号和 17 号站位，湾口 40～60 m 深海域的 10 号、60～80 m 深海

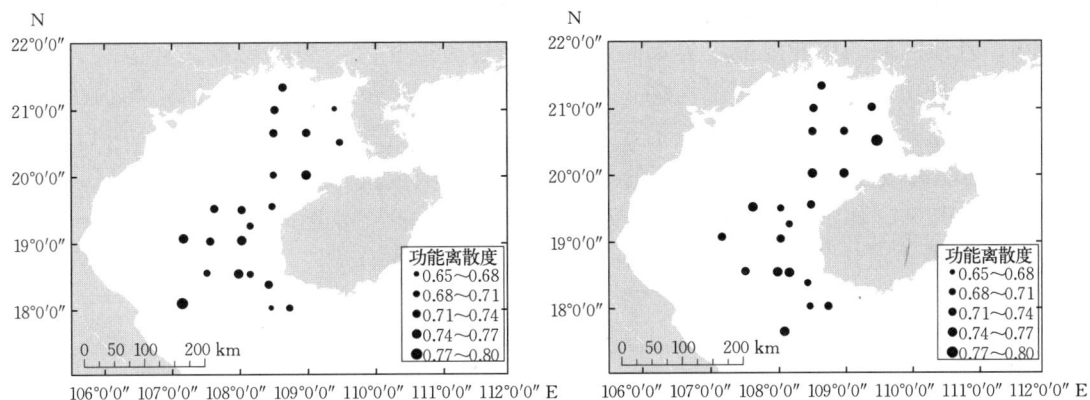

图 5-26 2022 年北部湾休渔前后鱼类群落功能离散度指数分布示意图

域的 19 号及 80~100 m 深海域的 20 号站位，这些站位功能离散度变化不大；湾中 60~80 m 深海域的 14 号站位的功能离散度降低了 6%。

2022 年休渔前航次调查结果显示，北部湾 80~100 m 深海域的功能离散度均值最高，为 0.74，且该深度的功能离散度分布最不均匀；其次是 20~40 m 深海域，功能离散度均值为最高值的 99%，且 20~40 m 深海域的功能离散度分布最为均匀；功能离散度均值最低的海域为 0~20 m 深海域，功能离散度均值为最高值的 95%。休渔后航次调查结果显示，0~20 m 深海域的功能离散度均值最高，为 0.74；其次是 20~40 m 深海域，功能离散度均值为最高值的 99%；功能离散度均值最低的海域为 40~60 m 深海域，功能离散度均值为最高值的 97%。休渔后较休渔前，仅 80~100 m 深海域的功能离散度均值降低了 1%；0~20 m 深海域的功能离散度均值涨幅最大，升高了 6%（图 5-27）。

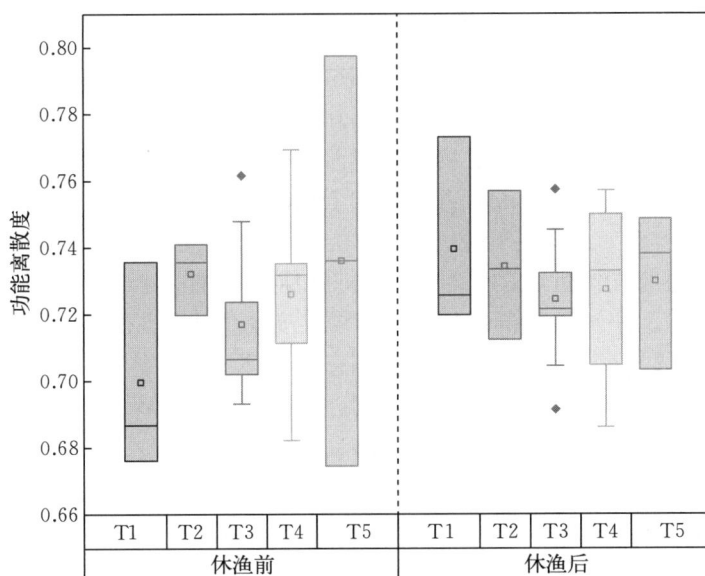

图 5-27 2022 年休渔前后两航次各深度功能离散度
T1.0~20 m　T2.20~40 m　T3.40~60 m　T4.60~80 m　T5.80~100 m

2022年休渔前航次调查结果显示，北部湾鱼类功能离散度均值最高的区域为Ⅵ区，为0.76，且该区域的功能离散度分布最不均匀；其次是Ⅱ区，功能离散度均值均为最高值的95%，且功能离散度分布最均匀；功能离散度均值最低的区域为Ⅶ区，均值为最高值的95%。休渔后航次调查结果显示，Ⅴ区的鱼类功能离散度均值最高，为0.74；其次是Ⅰ区，功能离散度均值均为最高值的99%；功能离散度均值最低的区域为Ⅵ区，均值为最高值的95%。休渔后较休渔前，仅Ⅲ区和Ⅵ区功能离散度均值分别降低了1%和7%；Ⅶ区功能离散度均值涨幅最大，升高了5%（图5-28）。

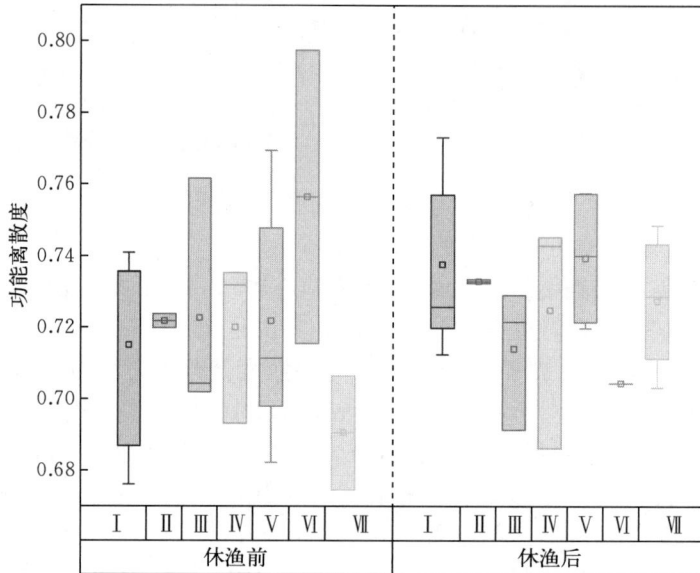

图5-28 2022年休渔前后两航次各区域功能离散度

T1.0~20 m T2.20~40 m T3.40~60 m T4.60~80 m T5.80~100 m

有研究表明，南海区80%以上的渔船集中在沿岸和近海从事捕捞生产工作，加之海洋开发和航道疏浚等人为因素影响，从而使沿岸鱼类资源衰退（杨斉，2001）。进一步来说，当进行了为期3个月的休渔期之后，沿岸海域的物种丰富度可以及时回升，同时更高的功能丰富度和均匀度表明，在没有人类活动干扰的情况下，鱼类会迅速占据沿岸海域空缺的生态位。

群落中，具有独特功能性状的物种的流失将使群落功能多样性降低并导致功能同质化（Chua et al.，2019）。海洋鱼类群落的功能多样性变化的主要原因多为鱼类的洄游性（张晓妆等，2019）。在2022年北部湾渔业资源调查中，休渔后较休渔前，广东、广西沿岸及海南岛西北沿岸海域的功能丰富度升高，湾内、湾中及海南西南沿岸海域的功能丰富度降低，极有可能是因为优势群体大量地向西南移动，造成了沿海区域生态位空缺、湾内和湾中较为饱和的局面，进而为更多鱼类在营养丰富的沿岸区域提供了机会。北部湾东北沿岸区域在夏季广泛分布着大量的仔稚鱼，经过伏季休渔，幼鱼觅食发育，导致北部湾沿岸和湾内区域的功能丰富度、功能均匀度和功能离散度更高。

二、功能β多样性

根据2022年休渔前航次的调查，替换组分仅占据了功能β多样性的小部分，在功能β

多样性中替换率从 0.01% 到 93.42% 不等，平均值为（39.69±28.40）%。防城港南部近岸 0~20 m 深海域的 1 号站位与湾内 20~40 m 深海域的 6 号站位和湾口 80~100 m 深海域的 22 号站位的功能空间的替换率较高，高于 80%；琼州海峡西侧 0~20 m 深海域的 3 号站位与海南岛西北近岸 20~40 m 深海域的 8 号站位和湾中 40~60 m 深海域的 15 号站位之间，湾中 60~80 m 深海域的 5 号站位与海南岛西侧近岸 40~60 m 深海域的 9 号站位和湾口 40~60 m 深海域的 10 号站位之间，湾内 20~40 m 深海域的 7 号站位与海南岛西侧近岸 40~60 m 深海域的 13 号站位之间，海南岛西侧近岸 40~60 m 深海域的 9 号站位与湾中 40~60 m 深海域的 12 号、60~80 m 深海域的 18 号站位和湾口 40~60 m 深海域的 16 号站位之间，湾中 40~60 m 深海域的 12 号站位与湾口 40~60 m 深海域的 16 号站位和湾中 60~80 m 深海域的 18 号站位之间，湾口 60~80 m 深海域的 19 号站位与湾口 80~100 m 深海域的 20 号站位之间，功能空间的替换率极高，接近 100%；除 1 号、2 号和 6 号站位外，湾口 60~80 m 深海域的 19 号、21 号站位，湾口 80~100 m 深海域的 20 号、22 号站位，海南岛西南近岸 40~60 m 深海域的 25 号站位，与其他各站位的替换率均较低，尤其与 5 号、16~20 号之间的替换率接近 0（图 5-29）。

根据 2022 年休渔后航次的调查，替换组分仅占据了功能 β 多样性的小部分，在功能 β 多样性中替换率从 0.04% 到 82.52% 不等，平均值为（26.34±20.11）%。防城港南部近岸 0~20 m 深海域的 1 号站位与湾内 40~60 m 深海域的 11 号站位、湾中 60~80 m 深海域的 5 号站位和湾口 60~80 m 深海域的 19 号站位之间，琼州海峡西侧 0~20 m 深海域的 3 号站位与湾外 80~100 m 深海域的 4 号站位和湾口 60~80 m 深海域的 21 号站位之间，湾外 80~100 m 深海域的 4 号站位与湾内 20~40 m 深海域的 6 号站位、海南岛西北近岸 20~40 m 深海域的 8 号站位和湾口 60~80 m 深海域的 21 号站位之间，湾中 60~80 m 深海域的 5 号站位与湾中 40~60 m 深海域的 17 号站位之间，湾内 20~40 m 深海域的 6 号站位与海南岛西北近岸 20~40 m 深海域的 8 号站位、湾中 40~60 m 深海域的 12 号站位和湾口 60~80 m 深海域的 21 号站位之间，湾内 20~40 m 深海域的 7 号站位与海南岛西南近岸 40~60 m 深海域的 25 号站位之间，海南岛西北近岸 20~40 m 深海域的 8 号站位与湾口 60~80 m 深海域的 21 号站位之间，湾中 40~60 m 深海域的 12 号站位与湾中 40~60 m 深海域的 17 号站位和湾口 60~80 m 深海域的 21 号站位之间，湾中 60~80 m 深海域的 14 号站位与湾口 80~100 m 深海域的 20 号站位之间，湾口 60~80 m 深海域的 19 号站位与湾口 80~100 m 深海域的 20 号站位之间，功能空间的替换率极高，接近 100%；防城港南部近岸 0~20 m 深海域的 1 号站位与湾内 20~40 m 深海域的 7 号站位和海南岛西侧近岸 40~60 m 深海域的 9 号站位之间，雷州半岛西北近岸 0~20 m 深海域的 2 号站位与 10 号、14~16 号站位之间，湾外 80~100 m 深海域的 4 号站位与湾中 60~80 m 深海域的 14 号站位之间，湾口 40~60 m 深海域的 10 号站位与 6~9 号站位之间，湾中 40~60 m 深海域的 15 号站位与 9~11 号站位之间，湾外 80~100 m 深海域的 24 号站位与 2~4 号、6~8 号、15 号和 20 号之间，功能空间的替换率极低，接近 0（图 5-29）。

群落功能性状缺失将导致群落功能差异，功能嵌套组分将升高；当群落受到强烈的干扰时，功能 β 多样性将升高（Villéger et al.，2013）。多数情况下，功能丰富度降低是由物种缺失造成的，而物种缺失通常与栖息地的环境过滤作用相关（Radinger et al.，2019）。然而，2022 年休渔前后两次调查中，鱼类丰富度无变化，进而可以推断休渔前后

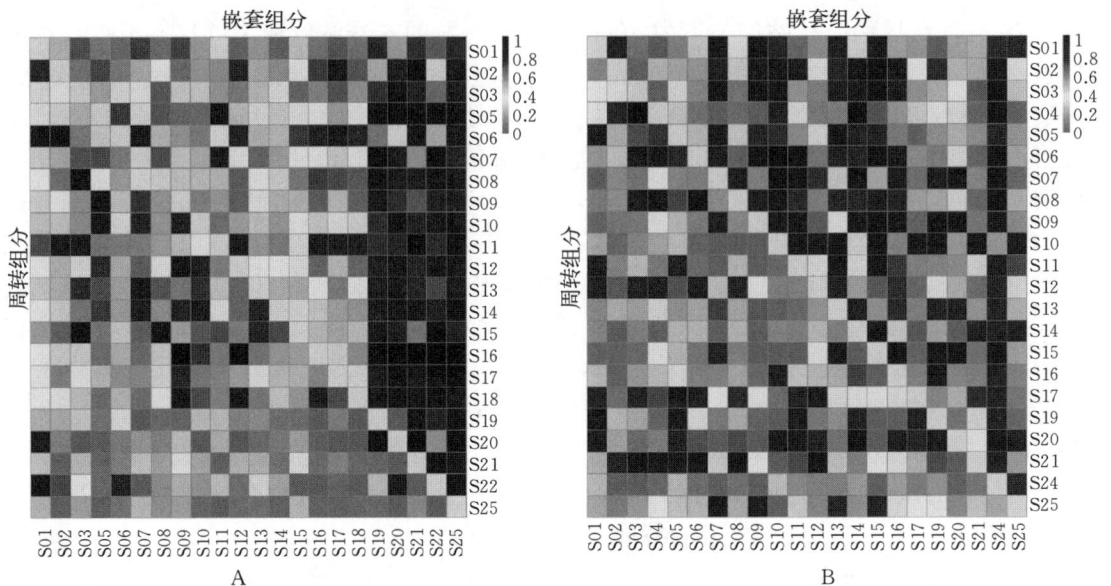

图5-29 2022年北部湾休渔前后功能β多样性各组分的站位分布

A.休渔前 B.休渔后

功能β多样性的差异是由北部湾鱼类的季节更替引起的。

休渔后较休渔前，湾中、湾口海域的嵌套率升高，湾外及海南岛西南侧沿岸的嵌套率有所降低，其直接原因是湾口的10号站位、湾中的14号和15号站位及海南岛西南沿岸的25号站位的功能空间减小，16号站位和湾外的24号站位功能空间增大。10号和14号站位功能空间的减小主要是由鱼类物种丰富度减少引起的，而15号站位物种丰富度增加但功能离散度低，导致了15号站位休渔后功能空间减小；16号站位休渔后的物种丰富度降低但功能离散度更高，导致16号站位休渔后的功能空间增大，24号站位功能空间则单纯因为物种丰富度的增加而增大。

第四节 系统发育多样性

一、系统发育 α 多样性

休渔前构建的系统发育树共包含鱼类75种，隶属于17目42科60属；休渔后构建的系统发育树共包含鱼类71种，隶属于22目49科61属（图5-30）。

根据2022年休渔前航次的调查，25个站位系统发育丰富度平均值为（10.06±5.57）。湾中海域及海南岛西部沿岸海域的系统发育丰富度高于广东、广西沿岸及湾中海域，其中湾中60～80 m深海域的14号站位系统发育丰富度最高，为平均值的2倍，湾口80～100 m深海域的20号站位最低，仅为平均值的一半。休渔后航次中，24个站位的系统发育丰富度平均值为（9.68±4.99）。湾内和广东、广西沿岸海域及海南岛西北沿岸海域的系统发育丰富度高于湾中、湾口和湾外海域，其中位于防城港南侧近岸0～20 m深海域的1号站位系统发育丰富度最高，为15.82；湾外80～100 m深海域的24号站位最低，不足平均值的1/3（图5-31）。

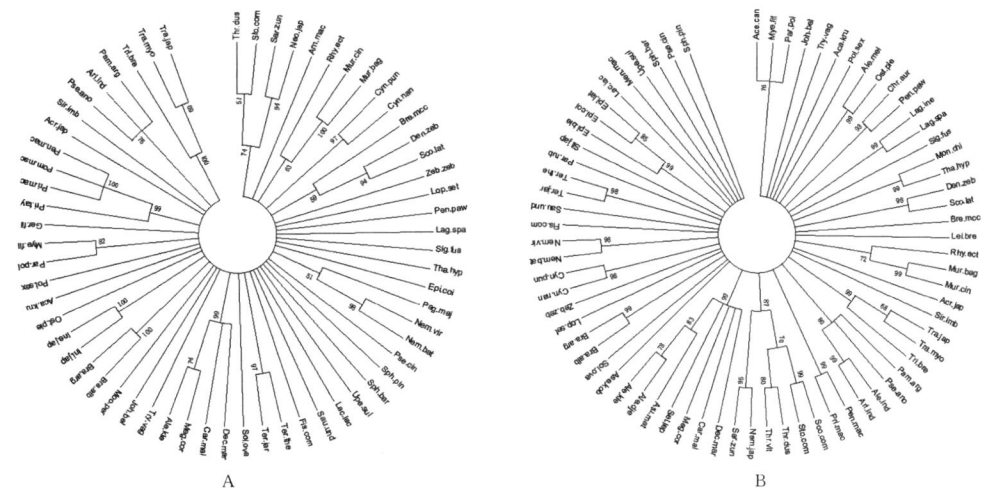

图 5 - 30　休渔前后鱼类系统发育树

A. 休渔前　B. 休渔后

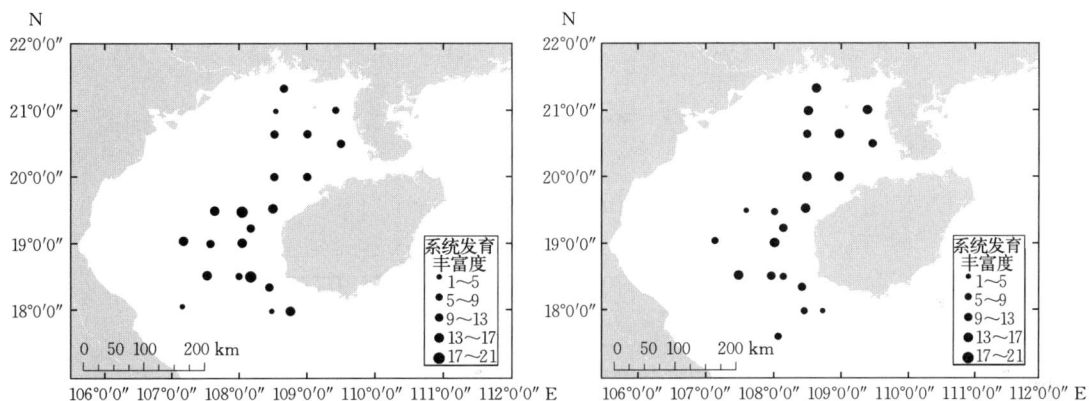

图 5 - 31　2022 年北部湾休渔前后鱼类群落系统发育丰富度指数分布示意图

　　休渔后较休渔前，湾内 20～40 m 深海域的 6 号站位的系统发育丰富度大幅升高，为休渔前的 3.2 倍；防城港南部近岸 0～20 m 深海域的 1 号站位，雷州半岛西北近岸 0～20 m 深海域的 2 号站位，湾内 20～40 m 深海域的 7 号站位、40～60 m 深海域的 11 号站位，海南岛西北近岸 20～40 m 深海域的 8 号站位，湾口 80～100 m 深海域的 20 号站位，这些站位系统发育丰富度较休渔前升高了 20%～89%；湾中 40～60 m 深海域的 12 号站位、海南岛西南近岸 40～60 m 深海域的 25 号站位和湾口 60～80 m 深海域的 19 号站位的系统发育丰富度仅升高了 10% 左右；琼州海峡西侧 0～20 m 深海域的 3 号站位、海南岛西侧近岸 40～60 m 深海域的 9 号和 13 号站位及湾中 40～60 m 深海域的 15 号站位的系统发育丰富度在休渔前后无明显变化；湾口 60～80 m 深海域的 21 号站位的系统发育丰富度降低了 17%；湾中 60～80 m 深海域的 5 号、14 号站位，40～60 m 深海域的 17 号站位，湾口 40～60 m 深海域的 10 号和 16 号站位，这些站位系统发育丰富度降低了 48%～75%。

　　2022 年休渔前航次调查结果显示，北部湾 60～80 m 深海域的系统发育丰富度均值最高，为 14.14，且该深度的系统发育丰富度分布最不均匀；其次是 40～60 m 深海域，系统发育丰富度均值为最高值的 95%；系统发育丰富度均值最低的海域为 80～100 m 深海域，系统发育丰富度均值为最高值的 29%，且该海域的系统发育丰富度分布最均匀。休渔后航次调查结果显示，20～40 m 深海域的系统发育丰富度均值最高，为 14.96，且该深度的系统发育丰富度分布最为均匀；其次是 0～20 m 深海域，系统发育丰富度均值为最高值的 88%；系统发育丰富度均值最低的海域为 80～100 m 深海域，系统发育丰富度均值为最高值的 40%。休渔后较休渔前，仅 40～60 m 和 60～80 m 深海域的系统发育丰富度均值降低了 17% 和 36%；20～40 m 深海域的系统发育丰富度均值涨幅最大，升高了 67%（图 5-32）。

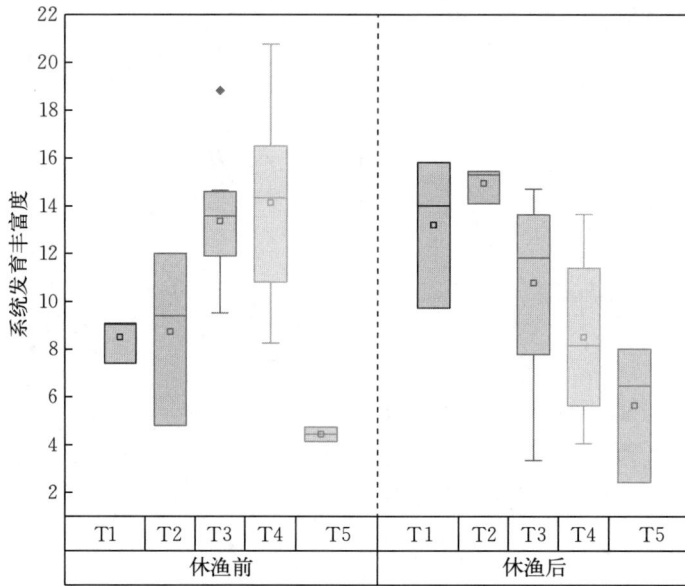

图 5-32　2022 年休渔前后两航次各深度系统发育丰富度
T1.0～20 m　T2.20～40 m　T3.40～60 m　T4.60～80 m　T5.80～10 0 m

　　2022 年休渔前航次调查结果显示，北部湾鱼类系统发育丰富度均值最高的区域为Ⅳ区，为 15.78，且该区域的系统发育丰富度分布最不均匀；其次是Ⅴ区，系统发育丰富度均值为最高值的 88%；系统发育丰富度均值最低的区域为Ⅵ区，系统发育丰富度均值为最高值的 46%。休渔后航次调查结果显示，Ⅰ区的鱼类系统发育丰富度均值最高，为 14.07；其次是Ⅲ区，系统发育丰富度均值为最高值的 98%；系统发育丰富度均值最低的区域为Ⅶ区，系统发育丰富度均值为最高值的 35%；系统发育丰富度分布最不均匀的区域为Ⅳ区，均值为最高值的 36%。休渔后较休渔前，Ⅳ区、Ⅴ区和Ⅶ区的系统发育丰富度均值分别降低了 47%、31% 和 45%；Ⅰ区的系统发育丰富度均值涨幅最大，升高了 66%（图 5-33）。

　　根据 2022 年休渔前航次的调查，25 个站位系统发育均匀度平均值为（0.42±0.26）。湾内海域和广西沿岸海域及海南岛西北、西南沿岸海域的系统发育均匀度高于广东沿岸海域及湾中海域，其中海南岛西南近岸 40～60 m 深海域的 25 号站位系统发育均匀度最高，为平均值的 1.7 倍，湾口海域 60～80 m 深海域的 19 号站位最低，仅为平均值的 1/14。休渔后航次中，24 个站位的系统发育均匀度平均值为（0.31±0.21）。湾中的南部海域及

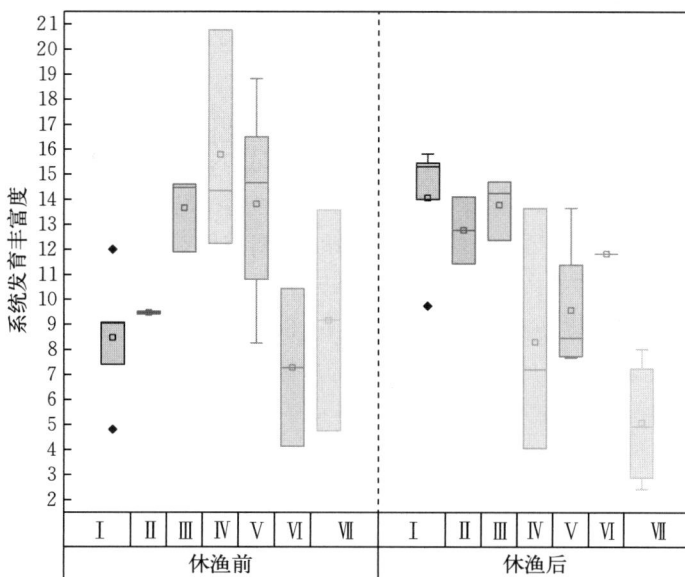

图 5-33 2022年休渔前后两航次各区域系统发育丰富度

海南岛西南沿岸海域的系统发育均匀度低于其他海域，其中位于防城港南侧近岸 0～20 m
深海域的 1 号站位系统发育均匀度最高，为平均值的 2 倍；海南岛西南近岸 40～60 m 深
海域的 25 号站位最低，不足平均值的 1/6（图 5-34）。

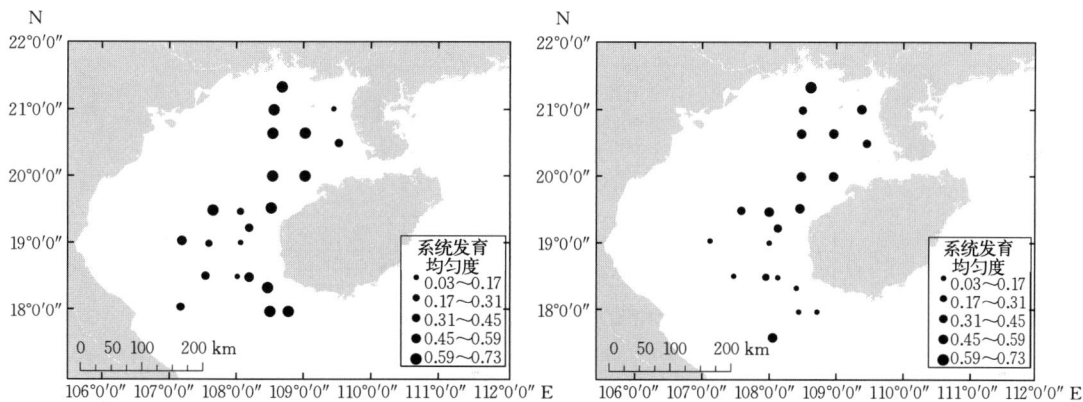

图 5-34 2022年北部湾休渔前后鱼类群落系统发育均匀度指数分布示意图

休渔后较休渔前，雷州半岛西北近岸 0～20 m 深海域的 2 号站位、湾中 60～80 m 深
海域的 14 号站位和湾口 60～80 m 深海域的 19 号站位的系统发育均匀度大幅升高，为休
渔前的 4 倍、2.6 倍和 7.4 倍；湾中 40～60 m 深海域的 15 号站位的系统发育均匀度仅升
高了 14%；防城港南部近岸 0～20 m 深海域的 1 号站位和琼州海峡西侧 0～20 m 深海域
的 3 号站位的系统发育均匀度在休渔前后无明显变化；湾内 20～40 m 深海域的 6 号、7
号和 40～60 m 深海域的 11 号站位，海南岛西侧近岸 20～40 m 深海域的 8 号，40～60 m
深海域的 9 号、13 号站位，湾中 60～80 m 深海域的 5 号和 40～60 m 深海域的 12 号站位，
这些站位系统发育均匀度降低了 14%～44%；湾口 60～80 m 深海域的 21 号站位、湾中

40～60 m 深海域的 17 号站位、湾口 80～100 m 深海域的 20 号站位、湾口 40～60 m 深海域的 16 号站位、湾口 40～60 m 深海域的 10 号站位、海南岛西南近岸 40～60 m 深海域的 25 号站位的系统发育均匀度降低了 72%～93%。

2022 年休渔前航次调查结果显示，北部湾 20～40 m 深海域的系统发育均匀度均值最高，为 0.66，且该深度的系统发育均匀度分布最为均匀；其次是 40～60 m 深海域，系统发育均匀度均值为最高值的 82%；系统发育均匀度均值最低的海域为 60～80 m 深海域，系统发育均匀度均值为最高值的 44%。休渔后航次调查结果显示，0～20 m 深海域的系统发育均匀度均值最高，为 0.5；其次是 20～40 m 深海域，系统发育均匀度均值为最高值的 86%；系统发育均匀度均值最低的海域为 40～60 m 深海域，系统发育均匀度均值为最高值的 58%，且系统发育均匀度分布最不均匀。休渔后较休渔前，0～20 m 和 60～80 m 深海域的系统发育均匀度均值分别升高了 25% 和 10%；40～60 m 深海域的系统发育均匀度均值降幅最大，降低了 47%（图 5 - 35）。

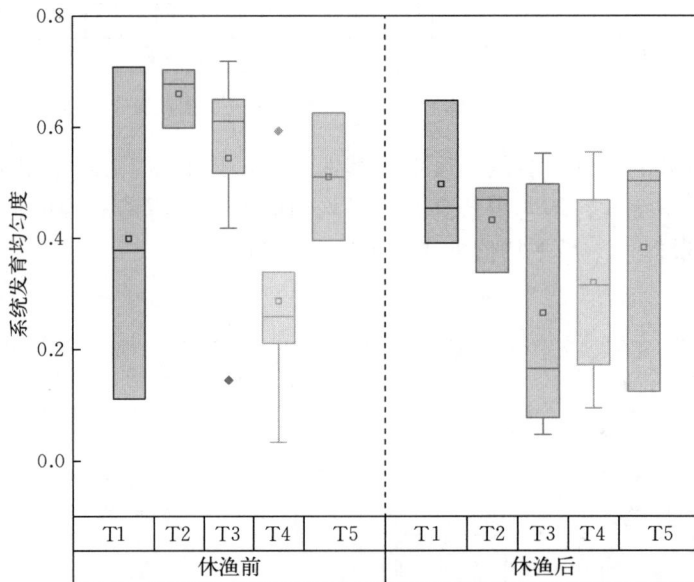

图 5 - 35　2022 年休渔前后两航次各深度系统发育均匀度

T1.0～20 m　T2.20～40 m　T3.40～60 m　T4.60～80 m　T5.80～100 m

2022 年休渔前航次调查结果显示，北部湾鱼类系统发育均匀度均值最高的区域为 Ⅱ 区，为 0.68，且该深度的系统发育均匀度分布较为均匀；其次是 Ⅶ 区，系统发育均匀度均值为最高值的 96%，且系统发育均匀度分布最为均匀；系统发育均匀度均值最低的区域为 Ⅴ 区，系统发育均匀度均值为最高值的 49%。休渔后航次调查结果显示，Ⅳ 区的鱼类系统发育均匀度均值最高，为 0.5；其次是 Ⅱ 区，系统发育均匀度均值为最高值的 99%；系统发育均匀度均值最低的区域为 Ⅵ 区，系统发育均匀度均为最高值的 10%。休渔后较休渔前，仅 Ⅳ 区的系统发育均匀度均值升高了 3%；Ⅵ 区的系统发育均匀度均值降幅最大，降低了 91%（图 5 - 36）。

根据 2022 年休渔前航次的调查，25 个站位系统发育离散度平均值为（0.82±0.02）。湾内海域和海南岛西北沿岸海域的系统发育离散度高于广东、广西沿岸海域及湾中海域，

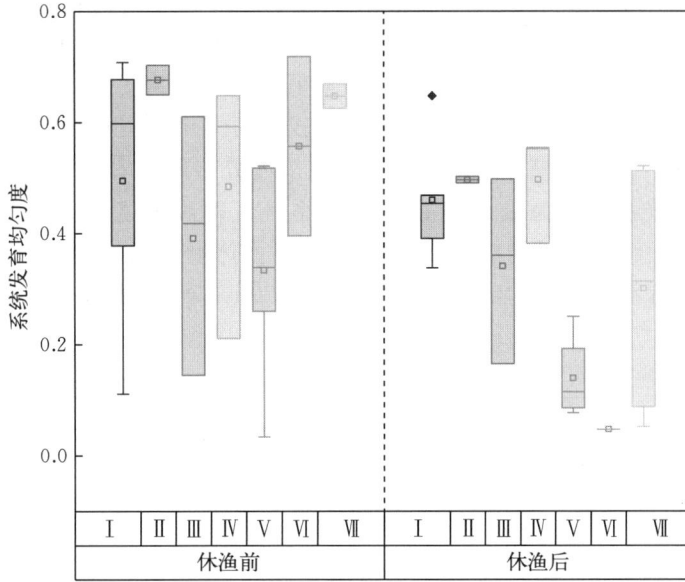

图 5-36 2022年休渔前后两航次各区域系统发育均匀度

其中湾内 40~60 m 深海域的 11 号站位系统发育离散度最高，为 0.87，湾口 80~100 m 深海域的 20 号站位最低，为 0.79。休渔后航次中，24 个站位的系统发育离散度分布较均匀，站位平均值为 0.61±0.06。其中位于湾口 80~100 m 深海域的 20 号站位系统发育离散度最高，为平均值的 1.3 倍；湾口 60~80 m 深海域的 19 号站位最低，为平均值的 5/6（图 5-37）。

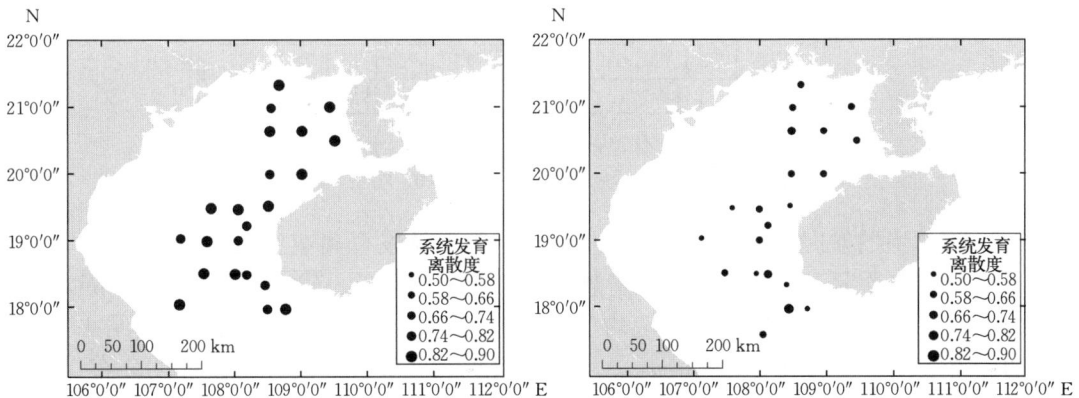

图 5-37 2022年北部湾休渔前后鱼类群落系统发育离散度指数分布示意图

休渔后较休渔前，除湾口 80~100 m 深海域的 20 号站位的系统发育离散度稍有升高外，其余各站位的系统发育离散度均有不同程度的降低；湾口 40~60 m 深海域的 16 号站位的系统发育离散度较休渔前降低了 13%；防城港南部近岸 0~20 m 深海域的 1 号站位、雷州半岛西北近岸 0~20 m 深海域的 2 号和 3 号站位，湾内 20~40 m 深海域的 6 号和 40~60 m 深海域的 11 号站位，湾中 40~60 m 深海域的 12 号、15 号站位和 60~80 m 深海域的 14 号站位，海南岛西侧近岸 20~40 m 深海域的 8 号和 40~60 m 深海域的 9 号站位，湾口 60~80 m 深海域的 21 号站位，这些站位系统发育离散度较休渔前降低了 31%~36%。

2022年休渔前航次调查结果显示，北部湾20～40 m深海域的系统发育离散度均值最高，为0.84；其次是60～80 m深海域，系统发育离散度均值为最高值的99%，且系统发育离散度分布较为均匀；系统发育离散度均值最低的海域为80～100 m深海域，系统发育离散度均值为最高值的96%。休渔后航次调查结果显示，80～100 m深海域的系统发育离散度均值最高，为0.68，且该深度的系统发育离散度分布最不均匀；其次是20～40 m深海域，系统发育离散度均值为最高值的90%；系统发育离散度均值最低的海域为60～80 m深海域，系统发育离散度均值为最高值的85%。休渔后较休渔前，各深度海域系统发育离散度均值均有不同程度的降低。其中，60～80 m深海域的系统发育离散度均值降幅最大，降低了31%（图5-38）。

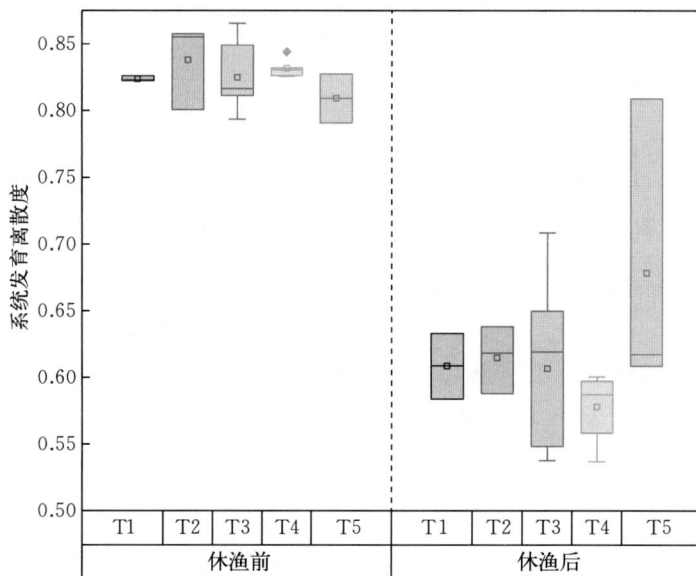

图5-38 2022年休渔前后两航次各深度系统发育离散度
T1.0～20 m T2.20～40 m T3.40～60 m T4.60～80 m T5.80～100 m

2022年休渔前航次调查结果显示，北部湾鱼类系统发育离散度均值最高的区域为Ⅱ区，为0.86；其次是Ⅳ区，系统发育离散度均值为最高值的97%；系统发育离散度均值最低的区域为Ⅵ区，系统发育离散度均值为最高值的94%。休渔后航次调查结果显示，Ⅶ区的鱼类系统发育离散度均值最高，为0.65，且该区域的系统发育离散度分布最不均匀；其次是Ⅱ区，系统发育离散度均值为最高值的97%；系统发育离散度均值最低的区域为Ⅵ区，系统发育离散度均值为最高值的83%。休渔后较休渔前，各区域系统发育离散度均值均有不同程度的降低。其中，Ⅵ区的系统发育离散度均值降幅最大，降低了34%；Ⅶ区的系统发育离散度均值降幅最小，降低了21%（图5-39）。

在2022年渔业资源调查中，休渔后较休渔前，北部湾鱼类群落的系统发育多样性分布有着明显的差异，与物种丰富度的分布极为相似。因此，其分布差异极有可能也与主要鱼类在北部湾内进行洄游有关。而广东、广西沿岸的高系统发育均匀度和离散度也恰好验证了休渔后更多种鱼类在营养丰富的沿岸区域占据生态位，从而增大了沿岸的功能丰富度的推论。休渔后，海南岛西南沿岸较大的鱼类丰富度、更低的系统发育均匀度和更低的功

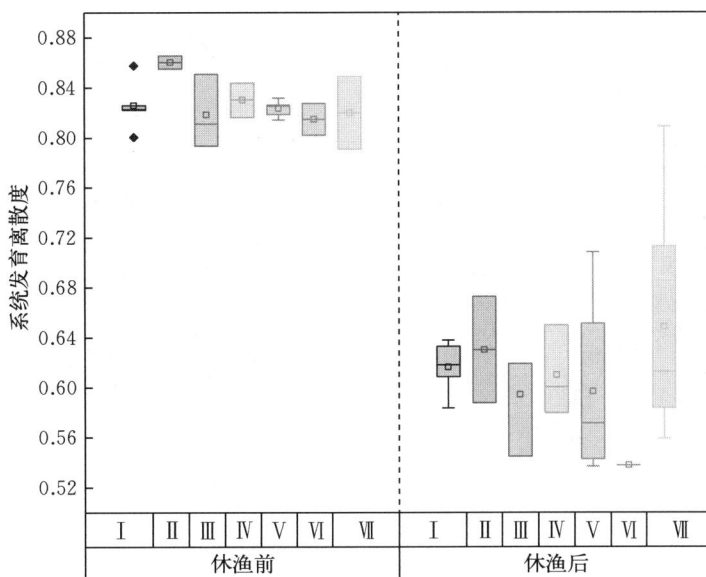

图 5 - 39　2022 年休渔前后两航次各区域系统发育离散度

能丰富度表明该区域鱼类亲缘关系较远，但在生态系统中功能较接近，种间竞争激烈。

二、系统发育 β 多样性

　　根据 2022 年休渔前航次的调查，替换组分在系统发育 β 多样性中占主导地位，替换组分占平均值的（78.34±20.86）%。防城港南部近岸 0～20 m 深海域的 1 号站位与雷州半岛西侧近岸 0～20 m 深海域的 2 号和 3 号站位，湾内 20～40 m 深海域的 7 号和 40～60 m 深海域的 11 号站位，湾中 40～60 m 深海域的 12 号站位和湾口 60～80 m 深海域的 19 号站位之间；雷州半岛西北近岸 0～20 m 深海域的 2 号站位与 7 号、11～12 号及湾口 80～100 m 深海域的 20 号站位之间；琼州海峡西侧 0～20 m 深海域的 3 号站位与 7 号、11～12 号及湾口 60～80 m 深海域的 19 号站位之间；湾中 60～80 m 深海域的 5 号站位与 9～10 号、13 号、15 号、17 号和 21 号站位之间；湾内 20～40 m 深海域的 6 号站位与 20 号和 22 号站位之间，湾内 20～40 m 深海域的 7 号站位与 11～12 号、19 号和 25 号之间；海南岛西北近岸 20～40 m 深海域的 8 号站位与 9～10 号、18 号和 25 号之间；海南岛西侧近岸 40～60 m 深海域的 9 号站位与 17～18 号和 25 号之间；湾口 40～60 m 深海域的 10 号站位与 17～18 号和 25 号之间；湾内 40～60 m 深海域的 11 号站位与 12 号和 19 号站位之间；湾中 40～60 m 深海域的 12 号站位与 19 号站位之间；海南岛西侧近岸 40～60 m 深海域的 13 号站位与 15 号和 17 号之间；湾中 60～80 m 深海域的 14 号站位与 16 号之间；湾中 40～60 m 深海域的 15 号站位与 17 号和 21 号站位之间；湾中 40～60 m 深海域的 17 号站位与 21 号站位之间；湾中 60～80 m 深海域的 18 号站位与 25 号之间；湾口 80～100 m 深海域的 20 号站位与 22 号站位之间，这些站位之间系统发育的替换率极高，接近 100%。湾口 40～60 m 深海域的 10 号站位与 20 号站位之间，湾口 80～100 m 深海域的 22 号站位与 14～15 号和 17～18 号站位之间，系统发育的替换率极低，接近 0（图 5 - 40）。

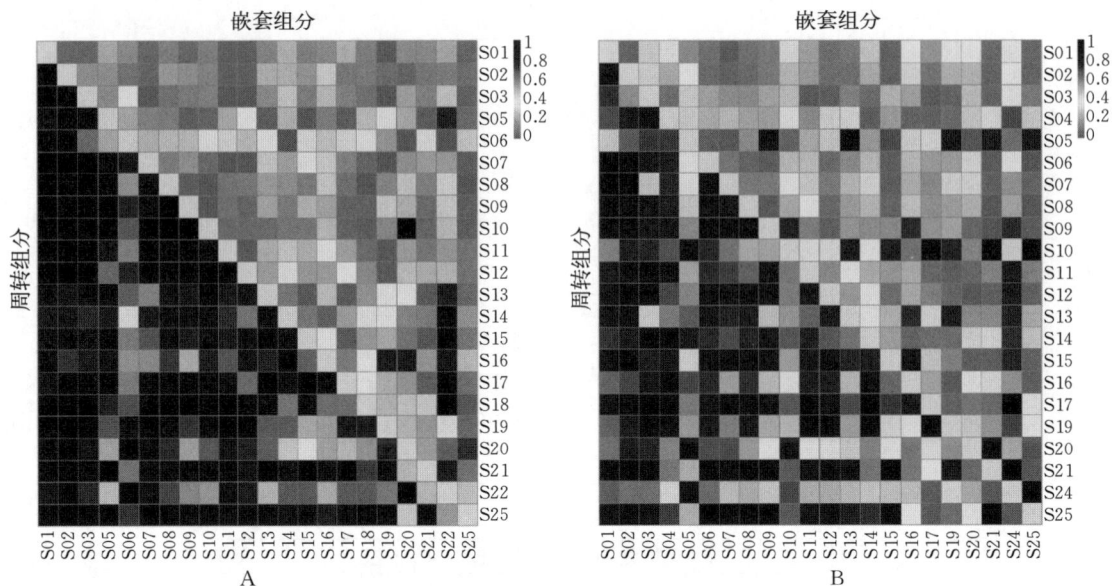

图 5-40　2022 年北部湾休渔前后系统发育 β 多样性各组分的站位分布

A. 休渔前　B. 休渔后

根据 2022 年休渔后航次的调查，替换组分在系统发育 β 多样性中占主导地位，替换组分占平均值的 $(53.36\pm21.95)\%$。防城港南部近岸 0～20 m 深海域的 1 号站位与 2 号站位、6～9 号、15 号、21 号和 25 号站位之间，雷州半岛西北近岸 0～20 m 深海域的 2 号站位与 6～9 号、15 号、21 号和 25 号站位之间，琼州海峡西侧 0～20 m 深海域的 3 号站位与 4 号、11～12 号和 17 号站位之间，湾外 80～100 m 深海域的 4 号站位与 14 号和 16 号站位之间，湾中 60～80 m 深海域的 5 号站位与 10 号和 20 号站位之间，湾内 20～40 m 深海域的 6 号站位与 8～9 号、12 号、15 号、21 号和 25 号站位之间，湾内 20～40 m 深海域的 7 号站位与 15 号站位之间，海南岛西北近岸 20～40 m 深海域的 8 号站位与 9 号、21 号和 25 号站位之间，海南岛西侧近岸 40～60 m 深海域的 9 号站位与 12 号、21 号和 25 号站位之间，湾内 40～60 m 深海域的 11 号站位与 19 号站位之间，湾中 40～60 m 深海域的 12 号站位与 21 号和 25 号站位之间，湾中 60～80 m 深海域的 14 号站位与 16～19 号站位之间，湾中 40～60 m 深海域的 15 号站位与 21 号和 25 号站位之间，湾中 40～60 m 深海域的 17 号站位与 19 号站位之间，湾口 60～80 m 深海域的 21 号站位和 25 号站位之间，这些站位之间系统发育的替换率极高，接近 100%；湾中 60～80 m 深海域的 5 号站位与 13 号站位之间，湾口 40～60 m 深海域的 10 号站位与 17 号站位、21 号和 25 号站位之间，湾中 40～60 m 深海域的 17 号站位与 24 号站位之间，湾外 80～100 m 深海域的 24 号站位与 25 号站位之间，这些站位之间系统发育的替换率极低，接近 0（图 5-40）。

休渔后较休渔前，湾中和湾口海域替换率降低，嵌套率升高，直接原因是鱼类丰富度的减少。广东、广西沿岸浅水区域依旧保持较高替换率，其主要原因与物种 β 多样性的分布原因类似，均是由于该地区营养丰富，维持了较复杂的鱼类群落。而休渔后替换率略有降低，原因可能是休渔导致的鱼群规模和分布的扩张，增加了站位间同种鱼类的种数。

第五节 多样性不同指标间的相关性

一、物种、功能和系统发育 α 多样性的相关性

从鱼类丰富度的空间格局来看，休渔前航次的高值区域多出现在 60～80 m 深海域，0～40 m 深海域次之，80～100 m 深海域鱼类丰富度最低；功能丰富度（FRic）与鱼类丰富度（richness）具有显著的相关性，随鱼类丰富度的增加而呈增加趋势（$R^2 = 0.266$，$p < 0.01$），并在 60～80 m 深海域达到最大；系统发育丰富度（PSR）与鱼类丰富度具有极显著的正相关性（$R^2 = 0.687$，$p < 0.001$），并在 80 m 左右深度海域达到最大，其相关系数大于功能丰富度与鱼类丰富度的相关系数；系统发育丰富度与功能丰富度的相关性不显著（$R^2 = 0.125$，$p > 0.05$）。休渔后航次的鱼类丰富度高值区多出现在 0～40 m 深海域，80～100 m 深海域鱼类丰富度最低；功能丰富度与鱼类丰富度具有极显著的相关性，随鱼类丰富度的增加而呈增加趋势（$R^2 = 0.519$，$p < 0.001$），并在 40 m 深海域达到最大；系统发育丰富度与鱼类丰富度具有极显著的正相关性（$R^2 = 0.834$，$p < 0.001$），并在 20 m 左右深度海域达到最大，其斜率远低于功能丰富度与鱼类丰富度的函数斜率；系统发育丰富度与功能丰富度亦存在极显著的正相关性（$R^2 = 0.434$，$p < 0.001$），两者在 20～40 m 深度海域达到最大值，在 80～100 m 深度海域值最低。休渔后较休渔前，功能丰富度和系统发育丰富度与鱼类丰富度的相关性均增强，系统发育丰富度与功能丰富度的相关性亦增强（图 5-41）。

多数情况下，物种、功能和系统发育 α 多样性间存在相关性，因为大多研究区域内广泛分布着不同物种，物种多样性相对于该区域内的鱼类总数而言处于较高水平。因此在相对较大的空间尺度上，栖息地异质性足以解释大多数鱼类群落中功能和系统发育多样性差异（Reyjol et al.，2007；Strecker et al.，2011；Pool et al.，2014）。

休渔后较休渔前，功能丰富度与物种丰富度的比值明显增大，表明休渔后相同丰富度的群落中鱼类功能空间更大，占据了更广阔的生态位；系统发育丰富度与物种丰富度的比值有所减少，表明休渔后相同丰富度的群落中鱼类亲缘关系更近；系统发育丰富度与功能丰富度的相关性显著增强，表明随遗传多样性的增加，群落中鱼类功能冗余度降低，增加了生态系统的稳定性。休渔后，40 m 以浅海域的物种丰富度、功能丰富度和系统发育丰富度明显高于休渔前，原因可能是休渔减少了人类活动对近岸浅水区域的干扰，以及大头白姑鱼等优势种向较深海域迁移，极大缓解了浅水区域的竞争压力（见第三章，休渔后 40～60 m 深度的鱼类丰度高于 0～40 m 深度的鱼类丰度）。

二、物种、功能和系统发育 β 多样性的相关性

休渔前航次中，功能 β 多样性（β-FD）与物种 β 多样性（β-SR）呈正相关（$R^2 = 0.258$，$p < 0.05$），功能 β 多样性在物种 β 多样性较低的 40 m 深海域最低，在物种 β 多样性略高于中位值的 80～100 m 深海域最高；系统发育 β 多样性（β-PD）与物种 β 多样性呈显著正相关（$R^2 = 0.598$，$p < 0.01$），系统发育 β 多样性在物种 β 多样性最低的 80～100 m 深海域最低，在物种 β 多样性最高的 0～20 m 深海域最高；系统发育 β 多样性与功能 β 多样性的相关性不显著（$R^2 = 0.158$，$p > 0.05$）。休渔后航次中，功能 β 多样性与物

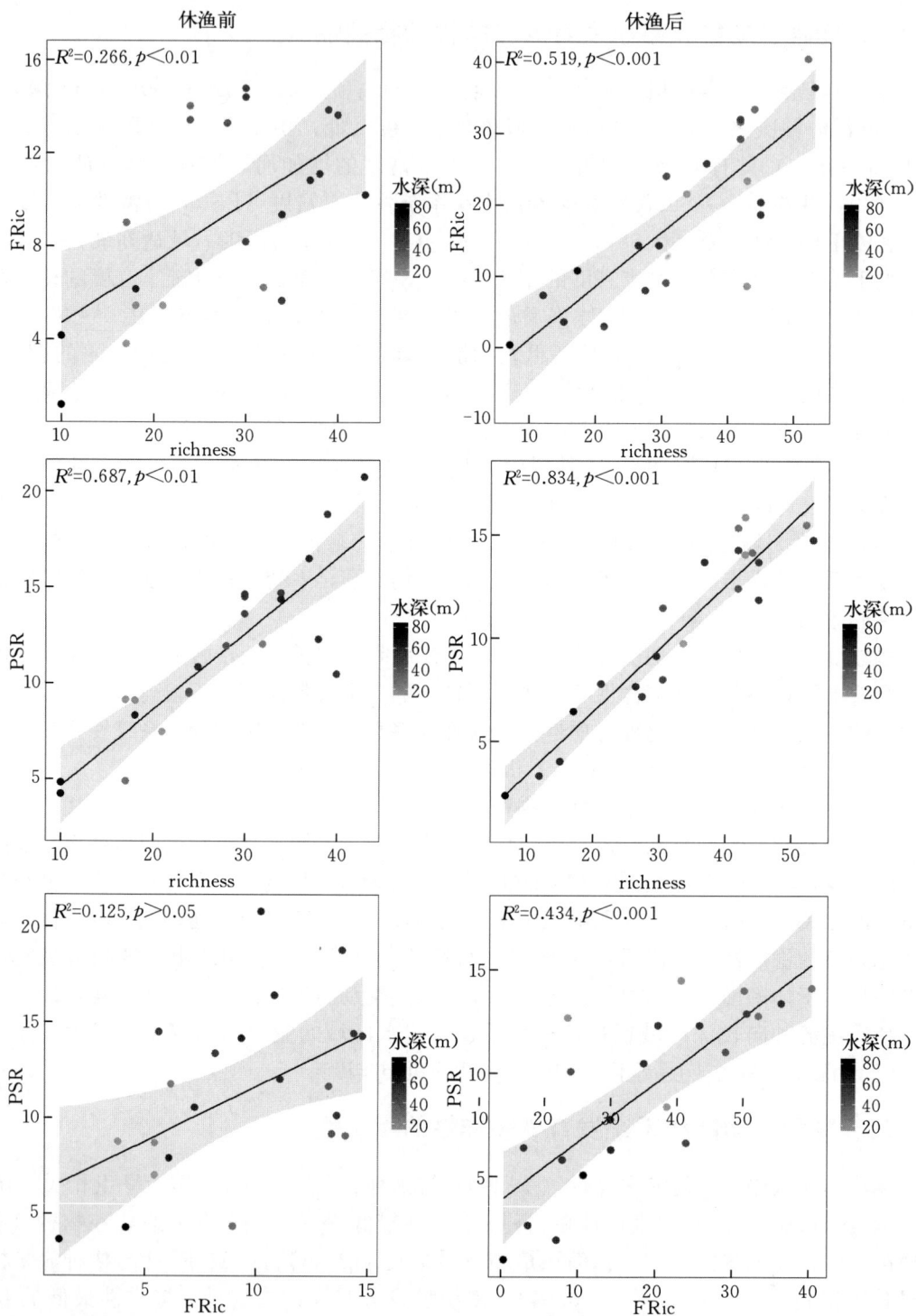

图 5-41　物种、功能和系统发育 α 多样性间的相关性

种 β 多样性呈正相关（$R^2=0.169$，$p<0.05$），功能 β 多样性在物种 β 多样性中位值的 40 m 深海域最低，在物种 β 多样性较高的 80～100 m 深海域最高；系统发育 β 多样性与物种 β 多样性呈极显著正相关（$R^2=0.529$，$p<0.001$），系统发育 β 多样性在物种 β 多样性较低的 80 m 深海域最低，在物种 β 多样性最高的 0～20 m 深海域最高；系统发育 β 多样性与功能 β 多样性呈正相关（$R^2=0.236$，$p<0.05$），系统发育 β 多样性在功能 β 多样性中位值的 80 m 深海域最低，在功能 β 多样性较高的 0～20 m 深海域最高。休渔后较休渔前，系统发育 β 多样性与物种和功能 β 多样性的相关性均增强（图 5 - 42）。

与 α 多样性类似，功能 β 多样性与系统发育 β 多样性也随着物种 β 多样性的增加而增加。休渔后功能 β 多样性和系统发育 β 多样性的相关性增强。休渔后，功能 β 多样性与物种 β 多样性的比值下降，表明当群落间物种差异变大时，功能空间差异变大的程度降低，北部湾内鱼类对资源的利用方式更为接近，当某几种鱼类遭到过度捕捞时，其他鱼类填补其生态位空缺的概率更大。这也验证了以往的研究，无论是替换还是嵌套，还是两者都主导的 β 多样性，都对生态系统的受干扰程度极为敏感（Li et al.，2023）。此外，功能相似的优势种的迁移也会对区域内的功能 β 多样性产生影响（Villeger et al.，2012）。

三、α 与 β 多样性的相关性

在休渔前航次中，物种 β 多样性与 α 多样性呈显著的负相关（$R^2=0.232$，$p<0.01$），功能和系统发育的 β 多样性与 α 多样性均呈极显著的负相关（$R^2=0.479$，$p<0.001$；$R^2=0.369$，$p<0.001$）。就物种多样性而言，在物种丰富度为 20 种左右的 20 m 深海域，物种 β 多样性最高，在物种丰富度为 25 种左右的 60～80 m 深海域，物种 β 多样性最低；在 80～100 m 深的低功能丰富度海域，功能 β 多样性最高，在 40 m 深左右的高功能丰富度海域，功能 β 多样性较低；在系统发育丰富度略低于中位值的 20 m 深海域，系统发育 β 多样性最高，在 60～80 m 深的较低系统发育丰富度海域，系统发育 β 多样性最低。在休渔后航次中，物种 β 多样性与 α 多样性的相关性不显著（$R^2=0.100$，$p>0.05$），功能 β 多样性与 α 多样性呈极显著的负相关（$R^2=0.461$，$p<0.001$），系统发育 β 多样性与 α 多样性呈显著的负相关（$R^2=0.266$，$p<0.01$）。就功能多样性而言，在 60～80 m 深的低功能丰富度海域，功能 β 多样性最高，在 20～40 m 深的功能丰富度较高海域，功能 β 多样性较低；在 80～100 m 深的低系统发育丰富度海域和 20 m 深的高系统发育丰富度海域，系统发育 β 多样性最高，在系统发育丰富度中位值左右的 60～80 m 深海域，系统发育 β 多样性较低。休渔后较休渔前，物种和系统发育的 β 多样性与 α 多样性的相关性减弱（图 5 - 43）。

除休渔后的物种 α 与 β 多样性，其余的 α 和 β 多样性均呈负相关，而群落 α 和 β 多样性的负相关可能是由较小空间尺度上的不同因素驱动的（Pool et al.，2014）。例如，Finn 和 Poff 发现研究区域内较高 β 多样性是由物种更替引起的（Finn et al.，2011），而 Devictor 等人则发现研究区域内物种、功能和系统发育 β 多样性较高的原因与替换组分密切相关（Devictor et al.，2010）。

休渔后功能 β 多样性与功能丰富度的比值下降，说明较高功能丰富度的群落间的功能空间差异更小；系统发育 β 多样性与系统发育丰富度的比值下降，说明较高系统发育丰富度的群落间亲缘关系差异更小。休渔后高鱼类丰富度的浅水区域群落间的差异并没有表现出明显的变化规律，这可能与沿岸站点间的联通性和环境异质性有关。

休渔前

休渔后

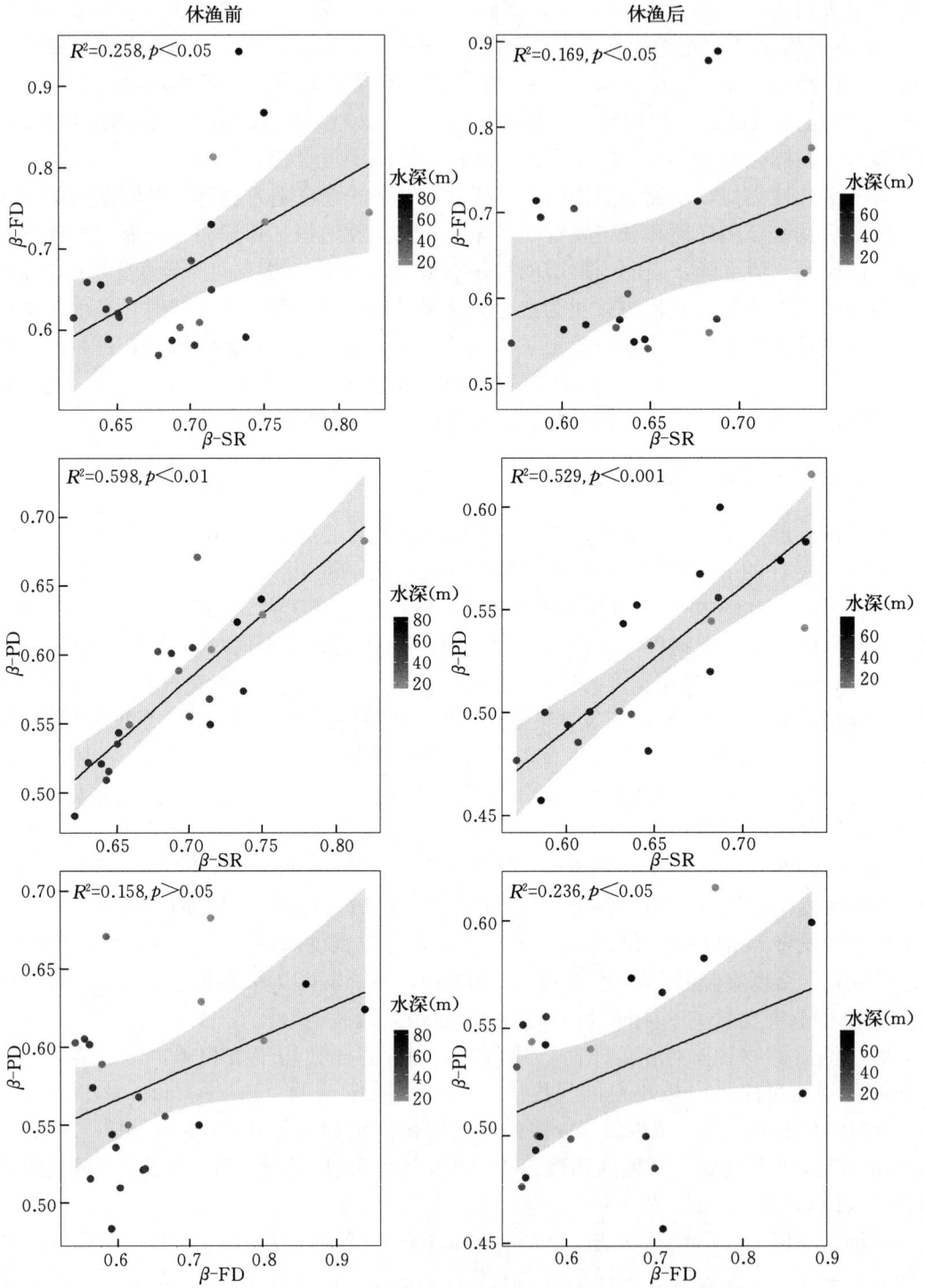

图 5-42　物种、功能和系统发育 β 多样性间的相关性

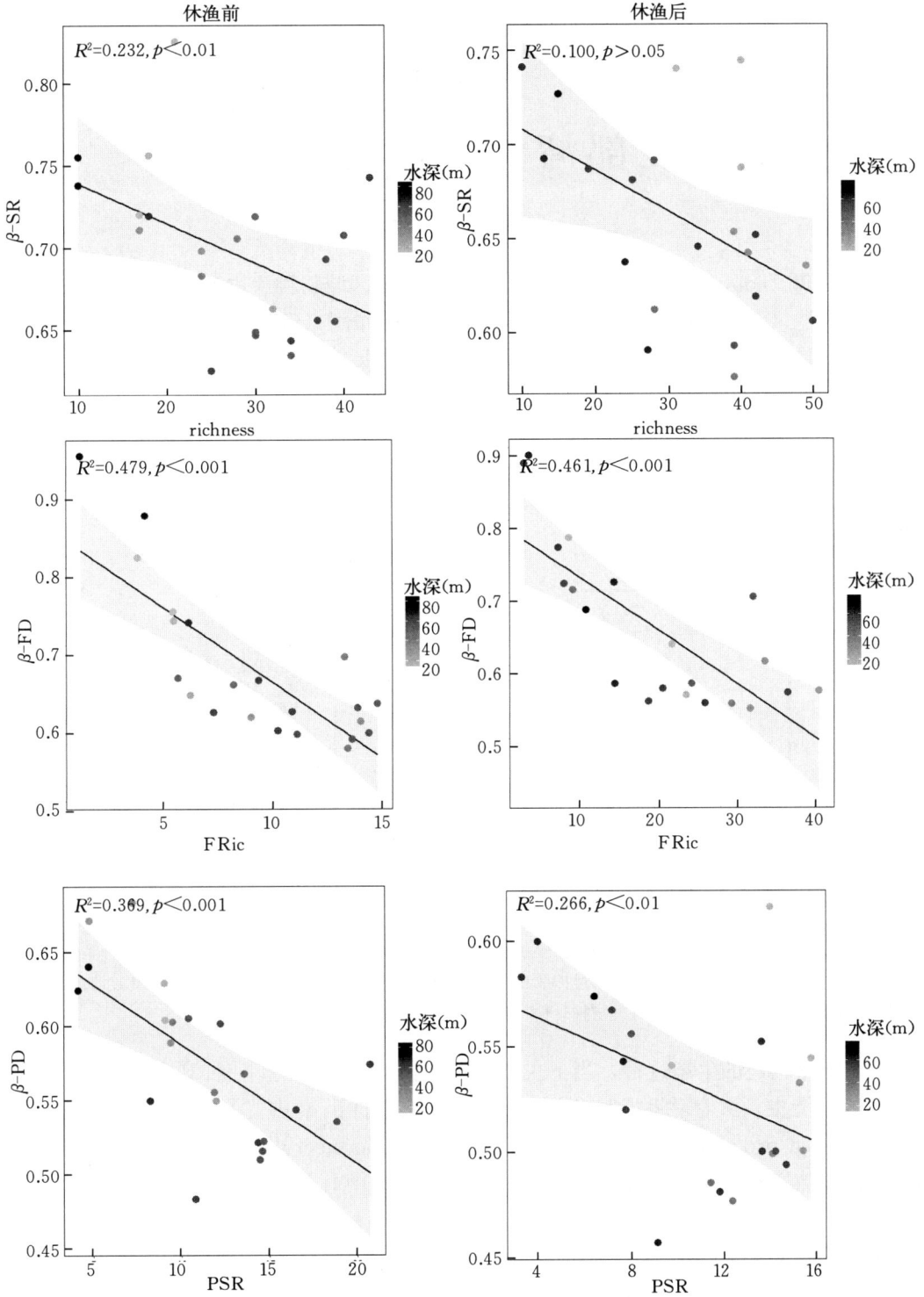

图 5 - 43　物种、功能和系统发育 β 多样性与 α 多样性间的相关性

第六章
北部湾鱼类群落构建

　　群落构建（community assembly）即物种从一个区域物种库内通过随机作用（扩散），并受环境过滤（environmental filtering）和生物相互作用（biotic interaction）等一系列生物和非生物作用的影响，而最终形成一个局域群落（local community）的过程（HilleRis-Lambers，2012）（图 6-1）。

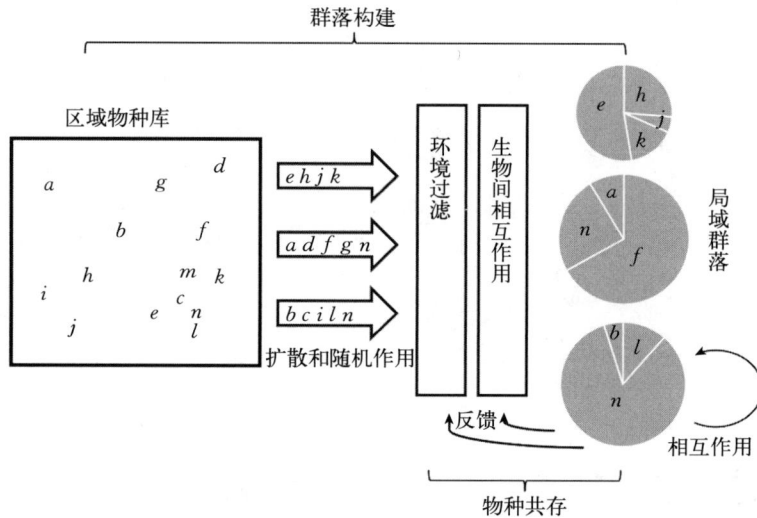

图 6-1　群落构建过程示意图（HilleRisLambers et al.，2012）

注：区域物种库的物种（$a{\sim}n$）通过扩散和随机作用迁入局域群落中，迁入过程中受环境过滤和物种间相互作用影响。在局域群落中共存的物种受种间相互作用及外部环境的影响。

　　关于群落构建的生态过程，当下主要存在两类不同的观点。一种观点认为在群落构建和多样性维持中，共存物种间的生态位分化等确定性因素占主导地位，即生态位过程（niche-based process）（Hutchinson，1959；Vandermeer，1972；Silvertown，2004）；而另一种观点则认为随机作用是主要决定因子，即中性过程（neutral process）（Bell，2000；Hubbell，2001）。

　　生态位过程主张决定性因素在群落构建中起着主要的作用，并且认为群落的构建是物种从大区域物种库进入局域群落的过程，其间要受到各种环境因子以及生物相互作用的影响。Keddy（1992）表明环境因子和种间相互作用可以看成是各种大小形状不一的筛子，区域物种库的物种经过这些筛孔时，只有适应各环境和种间作用的特定物种才能最终在局域群落中存留下来。在局域群落中，通过环境过滤筛选的物种，理论上都能在这个局域的小环境中生存，因此这个过程导致生态位相似的物种被留下，而与留下的物种存在较大生态位差异的其他物种则被淘汰，进而导致群落内的物种特征趋于相似。相反地，在有限的资源环境中，群落内种间相互作用（如竞争和捕食）使得具有相似生态位的物种发生排斥，从而限制了群落内相似物种的共存（MacArthur & Levins，1967；Wilson & Gitay，1995），进而导致群落内物种特征趋异。综上所述，生态位过程的核心是环境过滤和限制相似性是群落构建的两个基本驱动力，并且互为反作用力，共同决定了局域群落的多样性和结构（Webb et al.，2002；Hillerislambers et al.，2012）。

中性过程则强调了随机作用在群落构建中的影响。虽然生态学家早就发现在群落构建过程中，随机性起到了一定的作用（Simberloff，1976；Chesson & Warner，1981），但是直到 Hubbell（2001）整合了岛屿生物地理理论以及种群遗传学中的中性理论，提出了群落中性理论后，中性过程才成为解释群落构建的主要原因之一。中性理论假设群落内所有的物种都有相同的竞争力、迁移率和适合度，群落内各物种的个体都具有相同的生殖、死亡、迁移速率和成为新物种的概率（He，2005）。群落动态过程是一个零和过程（zero—sum），群落内某个个体的死亡或迁出会立即被任意一个其他个体所填补，使得群落保持饱和性（Bell，2000；Hubbell，2001）。

目前，学者们普遍认为生态群落同时受到（非生物和生物）环境过滤、扩散限制和生态漂移等生态过程的影响（Hubbell，2001；Vellend，2010）。然而，阐明这些驱动因素在构建群落中的相对重要性仍然是当代群落生态学的一个主要目标（Vellend et al.，2014）。Vellend 提出了一个框架，通过该框架，可以量化生态群落构建过程中生态漂变、扩散限制、选择（环境过滤）和物种形成的相对重要性。这四个过程类似于群体遗传学中的遗传漂变、基因流动、选择和突变（Vellend，2010）。在 Vellend 的框架中，物种形成是指新物种的出现，对元群落内群落的构建几乎没有影响，因为它是一个经常在比群落组装机制更大的空间和时间尺度上运行的过程（Leibold et al.，2004；Stegen et al.，2013）。

功能性状可以提供对群落构建过程和生态系统功能的深入了解（Mouillot et al.，2007），因为它们与物种的表现能力以及相对出生率和死亡率相关（Violle et al.，2007）。栖息地过滤是环境过滤的非生物组成部分，只有具有特定性状的物种才能在特定栖息地中持续存在（Kraft et al.，2015）。在此过程中，共存物种预计将表现出性状的趋同（Gotzenberger，2016）。然而，当竞争排斥限制了共生物种的相似性时，就会出现限制相似性，并预计会导致共生物种之间的性状差异（Gotzenberger，2016；Macarthur et al.，1969）。性状的趋同和趋异普遍是环境过滤和限制相似性两种过程同时作用的结果（Mayfield et al.，2010）。例如，Ingram 和 Shurin（2009）通过将石斑鱼（*Sebastes* spp.）的功能性状与资源利用和环境梯度联系起来，发现性状（眼睛相对大小）发生聚集，表明环境过滤的重要性，而性状（鳃耙形态）的均匀分布则表明限制相似性起主要作用。Fitzgerald 等（2017）发现热带淡水鱼群落中与营养生态学密切相关的性状对共存物种之间的生态位分化的影响要大于其余弱相关性状。因此，学者们发现这两个过程共同参与了鱼类群落的构建，并且功能性状类型的差异可能响应了不同的生态过程。

第一节　功能性状筛选

2022年休渔前航次的鱼类群落中，口裂面积（Osf）与眼睛大小（Es）呈极显著正相关，与水层位置（water column）呈显著正相关，与眼睛位置（Ep）和身体横向形状（Bsh）呈极显著负相关，与胸鳍相对位置（Rpl）和尾柄形态（CPt）呈显著负相关；口裂形状（Osh）与眼睛位置（Ep）、身体横向形状（Bsh）和水层位置（water column）呈极显著正相关，与眼睛大小（Es）、洄游策略（migration）和食性（diet）呈显著负相关；眼睛位置（Ep）与身体横向形状（Bsh）和尾柄形态（CPt）呈极显著正相关；眼睛大小（Es）与身体横向形状（Bsh）呈极显著负相关，与胸鳍相对位置（Rpl）呈显著负相关；身体横向形状（Bsh）与尾柄形态（CPt）呈显著负相关；胸鳍相对位置（Rpl）与洄游策略（migration）呈极显著正相关；洄游策略（migration）与产卵策略（egg）呈极显著正相关；产卵策略（egg）和水层位置（water column）均与食性（diet）呈显著相关性（图6-2）。

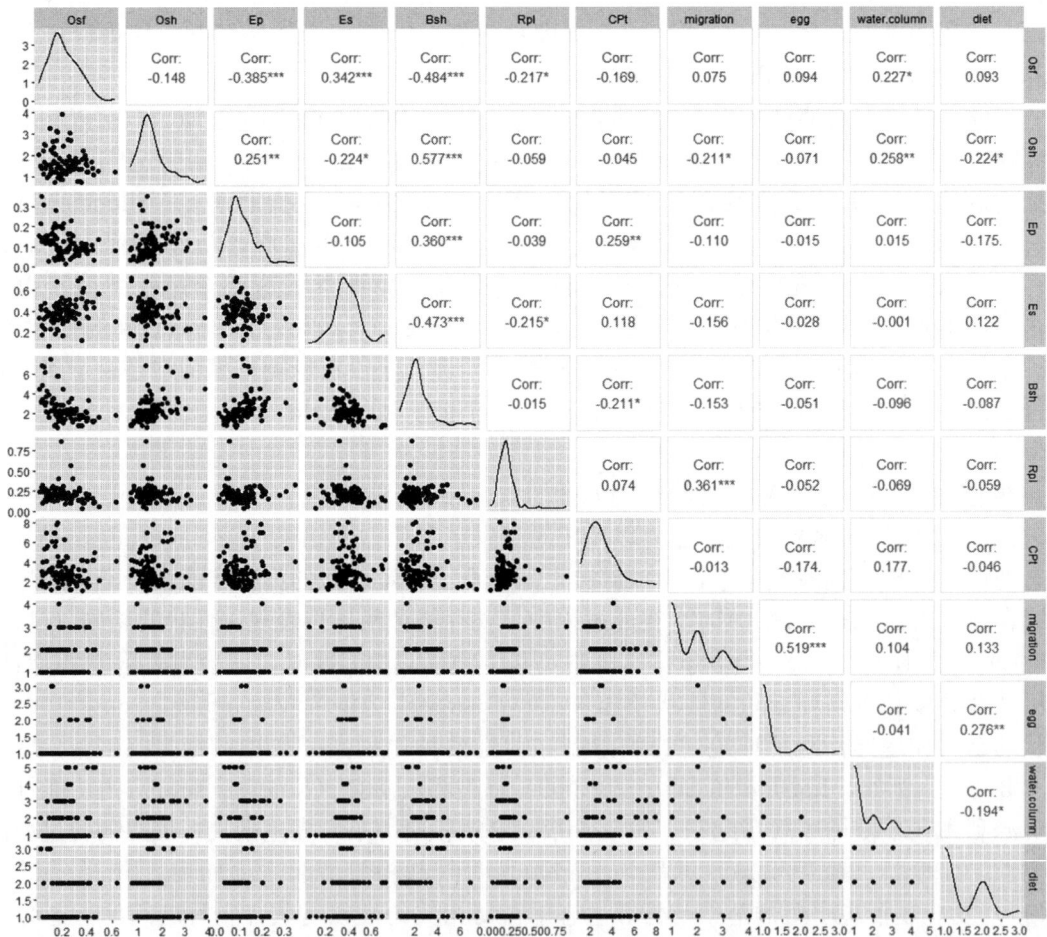

图6-2　2022年鱼类群落功能性状相关性

Osf. 口裂面积　Osh. 口裂形状　Ep. 眼睛位置　Es. 眼睛大小　Bsh. 身体横向形状　Rpl. 胸鳍相对位置
CPt. 尾柄形状　migration. 洄游策略　egg. 产卵策略　water column. 水层位置　diet. 食性

　　本研究中，采用了上述 11 种性状。经检验，休渔前后两航次群落的功能性状距离和环境距离之间存在显著相关性（$P<0.05$，图 6-3）。

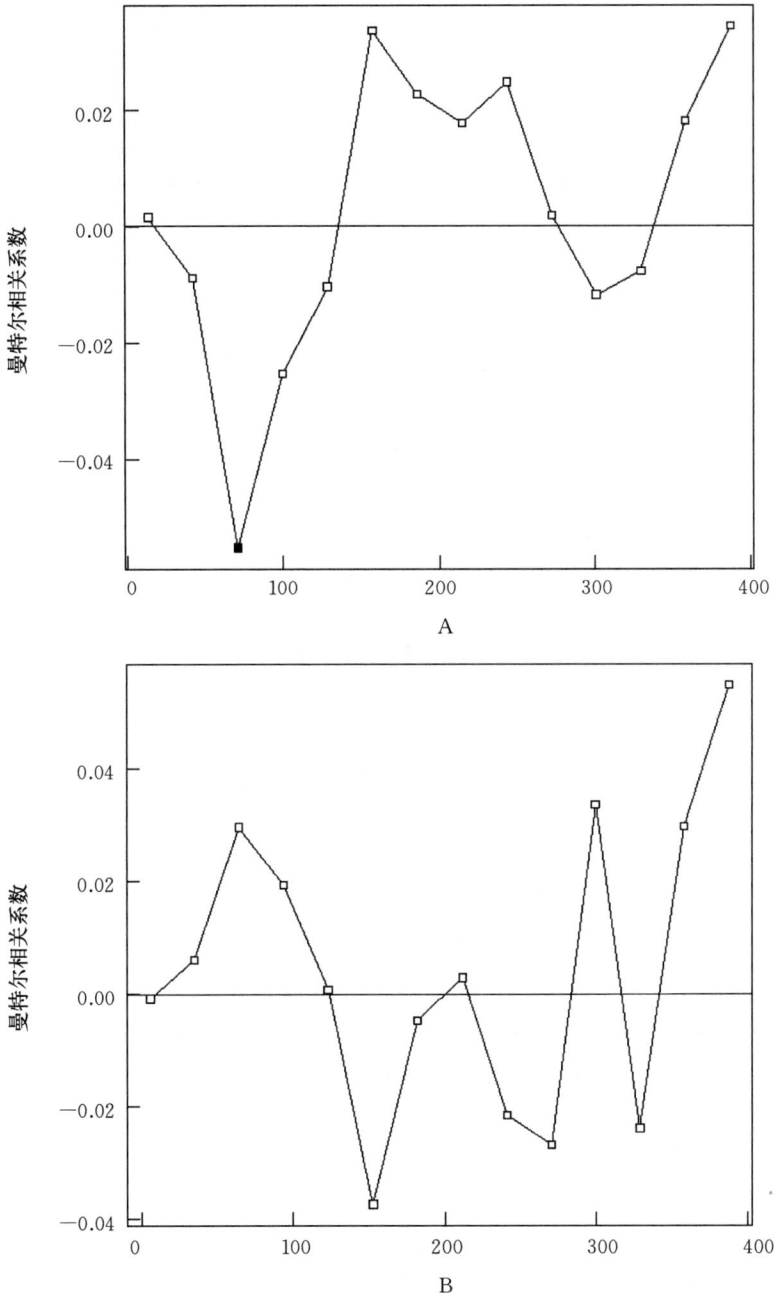

图 6-3　2022 年休渔前后鱼类群落功能距离与环境关联之间的 Mantel 相关性
A. 休渔前　B. 休渔后

第二节 功能性状聚类树

2022年休渔前航次的鱼类群落中，天竺鲷科的侧带鹦天竺鲷属和银口天竺鲷属在功能性状层面被聚类为一组；䲢科的项鳞䲢、鳄齿鱼科的弓背鳄齿鱼、虾虎鱼科的长丝犁突虾虎鱼和项鳞沟虾虎鱼、毒鲉科的红鳍赤鲉及带鱼科鱼类等被归为一组；鲾科的鲾属和鲬科的犬牙鲬属、瞳鲬属和鳞鲬属及凹鳍鲬属等鱼类被归为一组；鲆科的新左鲆属、羊舌鲆属和拟鲆属，瓦鲽科的瓦鲽属，长鲷科的刺鲳属等鱼类，被归为一组；水滑科的小沙丁鱼属，鳀科的黄鲫属、棱鳀属和小公鱼属，鲹科的竹筴鱼属等鱼类，被归为一组；虾虎鱼科的孔虾虎鱼属、拟矛尾虾虎鱼属、犀鳕科的犀鳕属被归为一组；石首鱼科的叫姑鱼属和白姑鱼属被归为一组；舒科的舒属、无齿鲳科的无齿鲳属、双鳍鲳科的方头鲳属、马鲅科的多指马鲅属、羊鱼科的绯鲤属和发光鲷科的发光鲷属等鱼类被归为一组；狗母鱼科的大头狗母鱼属、狗母鱼属和蛇鲻属被归为一组；鳐科的鳐属、项斑鳐属、光胸鳐属和仰口鳐属被归为一类；鲹科的副叶鲹属、舟鰤属和圆鲹属被归为一组；鲥科的鲥属、海鲇科的海鲇属和革囊海鲇属被归为一组；鲀科的兔头鲀属、鲻科的平鲹属、后颌鱼科的后颌鱼属、鲉科的拟鲉属和毒鲉科的石鲉属等鱼类被归为一组；鲉科的短鳍蓑鲉属、蓑鲉属和鬼鲉属及蟾鱼科的蟾鱼属被归为一类；石斑鱼科的石斑鱼属、银鲈科的银鲈属和金线鱼科的金线鱼属等鱼类被归为一组；大眼鲷科的大眼鲷属、方头鱼科的方头鱼属等鱼类被归为一组；裸颊鲷科的裸颊鲷属、二长棘犁齿鲷属、真鲷属，蝴蝶鱼科的朴蝴蝶鱼属，松鲷科的髭鲷属等鱼类，被归为一组（图6-4）。

2022年休渔后航次的鱼类群落中，天竺鲷科的侧带鹦天竺鲷属和银口天竺鲷属在功能性状层面被聚类为一组；虾虎鱼科的长丝犁突虾虎鱼和项鳞沟虾虎鱼，毒鲉科的红鳍赤鲉，带鱼科鱼类等，被归为一组；鲾科的鲾属和鲬科的犬牙鲬属、瞳鲬属、鳞鲬属等鱼类被归为一组；后颌鱼科的后颌鱼属、石斑鱼科的石斑鱼属、海鲇科的海鲇属和革囊海鲇属被归为一组；水滑科的小沙丁鱼属和小公鱼属及鲹科的竹筴鱼属等鱼类被归为一组；鳀科的黄鲫属、棱鳀属和方头鱼科的方头鱼属被归为一类；鲆科的新左鲆属、羊舌鲆属、拟鲆属和瓦鲽科的瓦鲽属等鱼类被归为一组；虾虎鱼科的孔虾虎鱼属、拟矛尾虾虎鱼属和犀鳕科的犀鳕属被归为一组；石首鱼科的叫姑鱼属和白姑鱼属被归为一组；无齿鲳科的无齿鲳属、双鳍鲳科的方头鲳属、马鲅科的多指马鲅属、羊鱼科的绯鲤属和发光鲷科的发光鲷属等鱼类被归为一组；狗母鱼科的大头狗母鱼属、狗母鱼属和蛇鲻属被归为一组；鳐科的鳐属、项斑鳐属、光胸鳐属和仰口鳐属被归为一类；鲹科的副叶鲹属和圆鲹属被归为一组；鲥科的鲥属、鲀科的兔头鲀属、鲻科的平鲹属、后颌鱼科的后颌鱼属、鲉科的拟鲉属和毒鲉科的石鲉属等鱼类被归为一组；鲉科的短鳍蓑鲉属和蓑鲉属及蟾鱼科的蟾鱼属被归为一类；银鲈科的银鲈属和金线鱼科的金线鱼属等鱼类被归为一组；大眼鲷科的大眼鲷属和长鲷科的刺鲳属等鱼类被归为一组；裸颊鲷科的裸颊鲷属、二长棘犁齿鲷属、真鲷属，蝴蝶鱼科的朴蝴蝶鱼属，松鲷科的髭鲷属等鱼类，被归为一组（图6-5）。

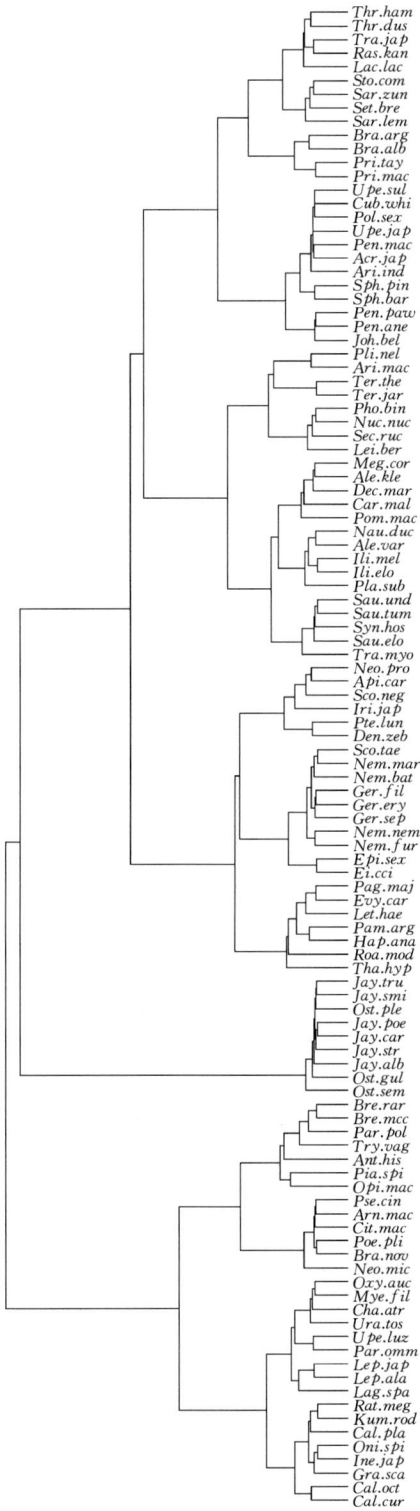

图6-4　2022年休渔前鱼类群落功能性状聚类树

注：缩写名称对应表4-2。

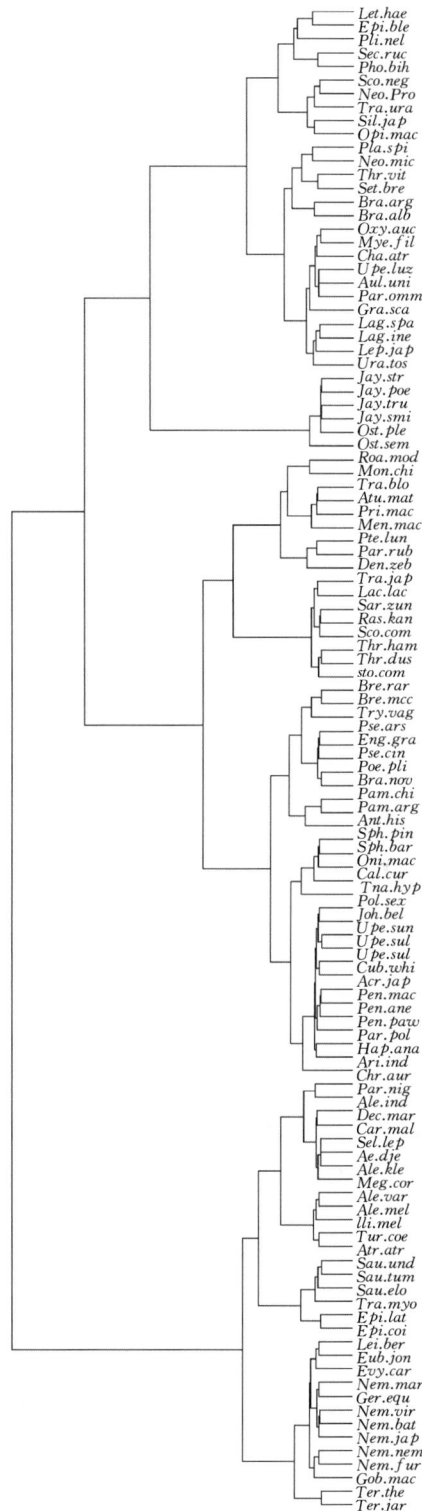

图6-6　2022年休渔后鱼类群落功能性状聚类树

注：缩写名称对应表4-2。

第三节 群落构建过程

对于 2022 年休渔前航次的鱼类群落，环境过滤、均质化扩散、扩散限制与漂变、漂变单独作用都参与了北部湾鱼类群落的构建。其中，漂变单独作用贡献率最高，占比 78.67%，环境过滤和均质化扩散作用贡献率相似，均占比 9% 左右，扩散限制和漂变作用的贡献率最低，仅占 3.66%（表 6-1）。

表 6-1 2022 年休渔前航次鱼类群落构建过程

生态过程	贡献率
环境过滤（$|\beta NTI|>2$）	9%
漂变单独作用（$|RCbray|<0.95$）	78.67%
扩散限制和漂变（$RCbray>+0.95$）	3.66%
均质化扩散（$RCbray<-0.95$）	8.67%

对于 2022 年休渔后航次的鱼类群落，环境过滤、均质化扩散、扩散限制与漂变、漂变单独作用都参与了北部湾鱼类群落的构建。其中，漂变单独作用贡献率最高，占比 75%，扩散限制和漂变作用的贡献率最低，仅为漂变单独作用的 1/25（表 6-2）。

表 6-2 2022 年休渔后航次鱼类群落构建过程

生态过程	贡献率
环境过滤（$|\beta NTI|>2$）	5.07%
漂流单独作用（$|RCbray|<0.95$）	75%
扩散限制和漂流（$RCbray>+0.95$）	4.35%
均质化扩散（$RCbray<-0.95$）	15.58%

休渔前后的生态过程中，漂变单独作用均占主导地位，休渔后的漂变单独作用略有降低；两航次中，扩散限制和漂变作用的贡献率均最低，休渔后的扩散限制和漂变作用略有提高；环境过滤作用在休渔后减弱了一半左右，而均质化扩散作用则在休渔后增强了一半左右。

对休渔前后每种功能性状的趋同和趋异的评估补充了 Vellend - Stegen 框架的结果，休渔后眼睛位置（Ep）、洄游策略（migration）和食性（diet）的 FD_{SES} 值显著小于 0（图 6-6 和图 6-7），意味着群落中鱼类的功能相似性比随机的预期要大，因此环境过滤在群落组装过程中发挥了作用。而休渔后环境过滤作用强于休渔前（表 6-1 和表 6-2），且洄游策略和食性显著趋同，原因极有可能是休渔前的环境过滤作用中有着渔业活动的影响。

休渔前口裂面积（Osf）、口裂形状（Osh）、身体横向形状（Bsh）、尾柄形状（Cpt）、洄游策略（migration）、产卵策略（egg）、水层位置（water column）和食性（diet）的

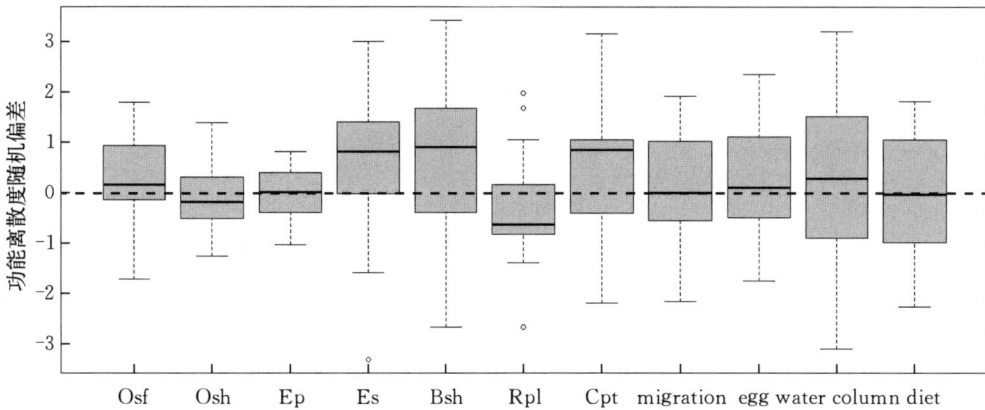

图 6-6　2022 年休渔前功能离散度的随机偏差

Osf. 口裂面积　Osh. 口裂形状　Ep. 眼睛位置　Es. 眼睛大小　Bsh. 身体横向形状　Rpl. 胸鳍相对位置
CPt. 尾柄形状　migration. 洄游策略　egg. 产卵策略　water column. 水层位置　diet. 食性

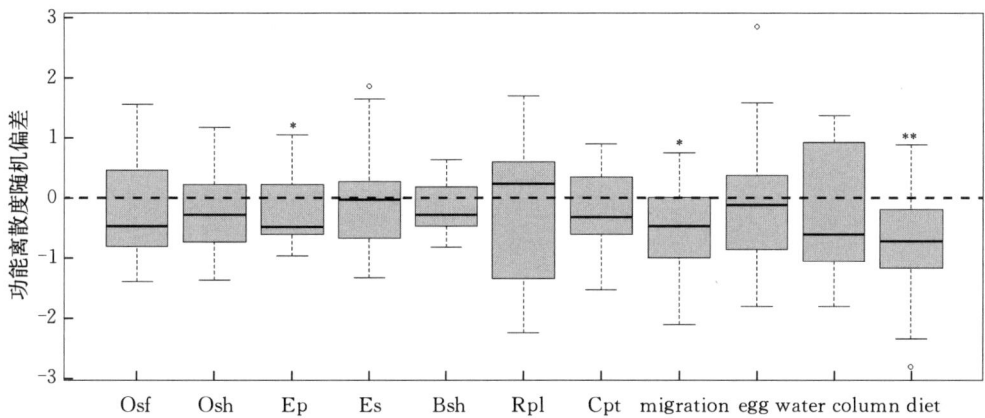

图 6-7　2022 年休渔后功能离散度的随机偏差

Osf. 口裂面积　Osh. 口裂形状　Ep. 眼睛位置　Es. 眼睛大小　Bsh. 身体横向形状　Rpl. 胸鳍相对位置
CPt. 尾柄形状　migration. 洄游策略　egg. 产卵策略　water column. 水层位置　diet. 食性

FR_{SES} 均显著大于 0（图 6-8），表明群落中鱼类的功能丰富度比随机的预期大，上述功能性状发生分散，极限相似性作用占主导。

休渔后口裂形状（Osh）和眼睛位置（Ep）的 FR_{SES} 均显著小于 0，而产卵策略（egg）的 FR_{SES} 均显著大于 0（图 6-9），表明群落中鱼类的功能性状中，口裂形状和眼睛位置两种性状发生聚集，是环境过滤作用占主导，而产卵策略这种功能性状发生分散，是极限相似性作用占主导。

在 2022 年休渔前后两航次中，随机过程都非常明显。对于北部湾的鱼类群落，按照 Vellend - Stegen 框架的结果，将漂变作为群落更替的主要驱动因素。当根据环境过滤或限制相似性评估功能多样性（FD_{SES} 和 FR_{SES}）的分布时，大部分的功能性状的 FD_{SES} 和 FR_{SES} 值都包括 0，表明存在中性过程（Ford et al.，2020）。群落构建中这种明显的随机性可能是优先效应（Fukami，2015）或环境依赖性及种间相互作用的结果（Chamberlain

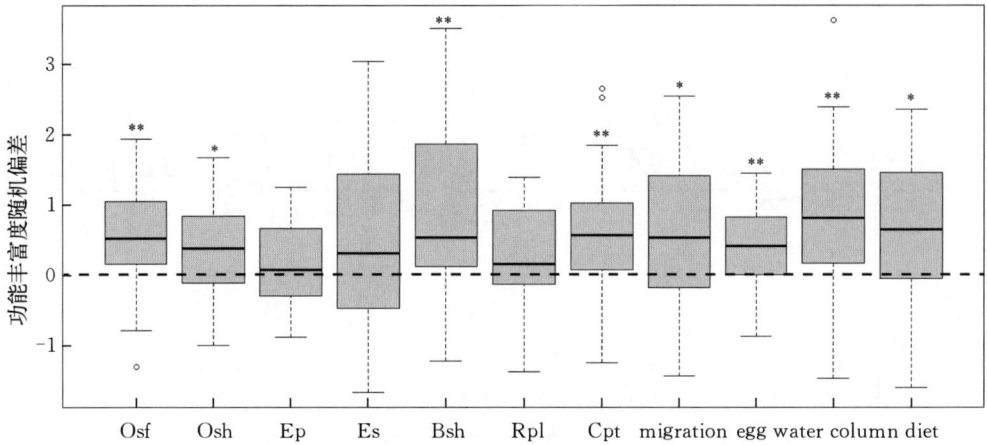

图 6-8 2022 年休渔前功能丰富度的随机偏差

Osf. 口裂面积　Osh. 口裂形状　Ep. 眼睛位置　Es. 眼睛大小　Bsh. 身体横向形状　Rpl. 胸鳍相对位置
CPt. 尾柄形状　migration. 洄游策略　egg. 产卵策略　water column. 水层位置　diet. 食性

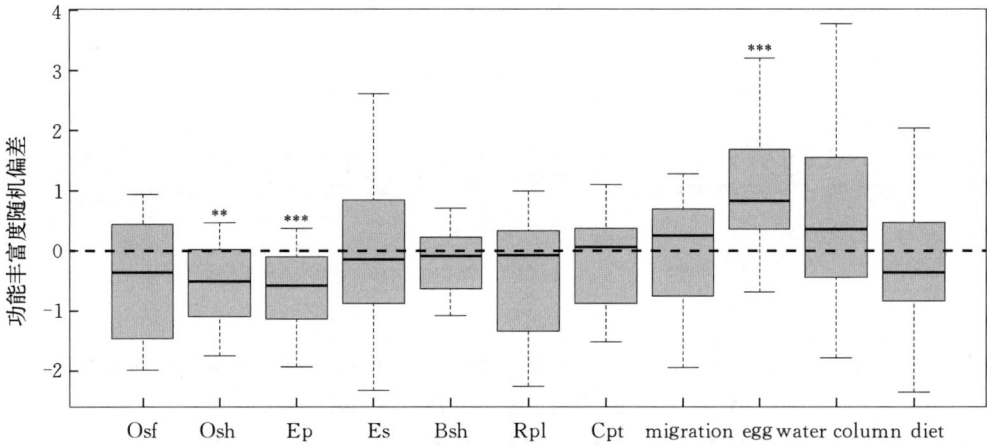

图 6-9 2022 年休渔后功能丰富度的随机偏差

Osf. 口裂面积　Osh. 口裂形状　Ep. 眼睛位置　Es. 眼睛大小　Bsh. 身体横向形状　Rpl. 胸鳍相对位置
CPt. 尾柄形状　migration. 洄游策略　egg. 产卵策略　water column. 水层位置　diet. 食性

et al.，2014；Gallien，2017）。此外，根据多个性状表现出了不同程度的趋同或趋异，表明环境过滤和限制相似性通过作用于不同性状，亦同时参与了北部湾鱼类群落的构建。

第七章

北部湾主要优势种生物学特性及资源评估

第一节　日本发光鲷 *Acropoma japonicum* Gunther，1859

日本发光鲷（*Acropoma japonicum*）属鲈形目、发光鲷科、发光鲷属；为暖温带小型鱼类，主要栖息于大陆架斜坡，属近底层鱼种；广泛分布于印度洋—西太平洋区，西起东非，北至日本，南至阿拉夫拉海及澳大利亚北部；中国沿岸的南海、东海和黄海均有分布（张秋华，2007；郑元甲等，2003；朱元鼎，1963）。日本发光鲷是南海、东海和黄海南部主要大中型经济鱼类的重要饵料生物（林龙山等，2005；张波，2005）。在海域经济种类资源量节节衰退的同时，处于较低生态位的日本发光鲷，由于捕食者的减少和环境因子的改变，渔获量明显增加，综合渔业指标已居小型鱼类优势种首位（张秋华，2007），在鱼类群落中占据了相当重要的位置。

一、形态特征

本种体侧扁，背、腹缘呈浅弧形隆起。侧面呈长椭圆形。头中等大，背缘在眼上方微凹。吻钝尖。眼大，上侧位。眼间隔微凸。口中等大，前位，斜裂。下颌长于上颌，其后端扩大伸达瞳孔前下方。上下颌具绒毛状齿带。犁骨和腭骨亦具绒毛状齿群；舌上无齿。鳃孔宽大。前鳃盖下缘具双层锯齿边缘，后缘平滑；鳃盖骨无棘。鳃耙甚细，排列紧密。体被中大薄圆鳞；颊部具鳞；鳃盖部被鳞。背鳍起点到眼间隔具鳞 8～9 个。背鳍 2 个，第 1 背鳍起点始于胸鳍基部上方。胸鳍下侧位。腹鳍起点与第 1 背鳍相对，臀鳍与第 2 背鳍相对。尾鳍深叉形。肛门位置显著靠前，位于两腹鳍之间。体背侧红色，腹部银白色。体侧发光器短，位于腹鳍附近，U 形，黄色，埋于皮下。各鳍色浅。

二、体长-体重

2022 年所捕日本发光鲷，体长范围为 5.31～126.57 mm，平均值为 67.04 mm。其中，60～70 mm 体长范围频数最高，占 24.6%；其次是 50～60 mm 体长范围，频数为最高值的 87.5%；110～120 mm 和 120～130 mm 体长范围频数最低，仅占 0.3%（图 7-1）。

2022 年所捕日本发光鲷，体重范围为 0.46～88.73 g，平均值为 5.35 g。其中，0～3 g 体重范围频数最高，占 46.3%；其次是 3～6 g 体重范围，频数为最高值的 70.2%；18～21 g 和 90～93 g 体重范围频数最低，仅占 0.2%（图 7-2）。体长-体重曲线呈显著幂函数关系，为 $W=0.028L^{3.01}$（$R^2=0.968$，$P<0.01$）（图 7-3）。

根据 2022 年日本发光鲷的 LBB 分析显示，日本发光鲷的渐近体长为 14 mm，最适开捕体长为 8.6 mm，B/B_{MSY} 为 0.41，由 F/K 与 Z/K 的比值可得开发率为 0.67。由于

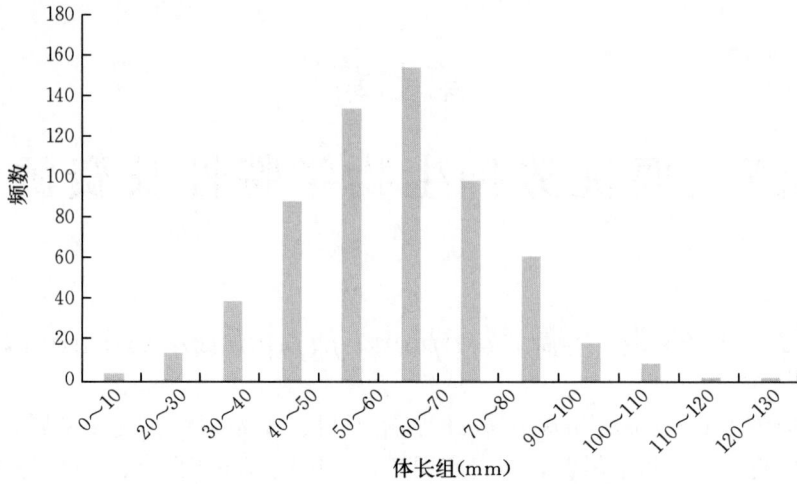

图 7-1 2022 年北部湾日本发光鲷体长频数分布

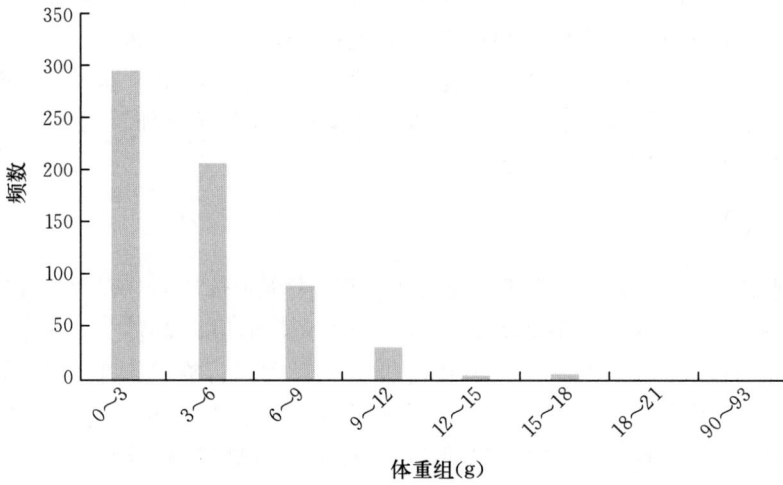

图 7-2 2022 年北部湾日本发光鲷体重频数分布

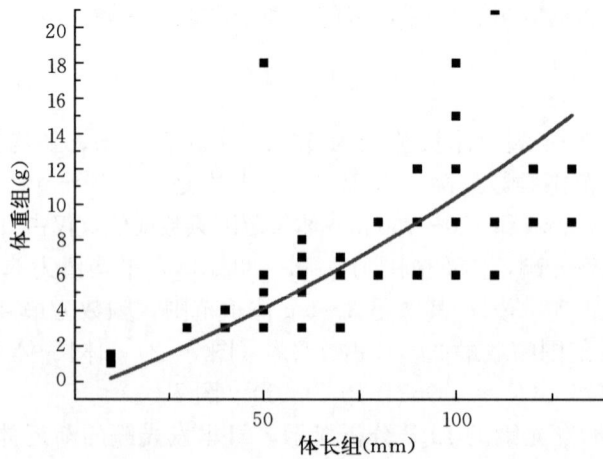

图 7-3 2022 年北部湾日本发光鲷体长-体重关系

$B/B_{MSY}<0.8$，且 $L_c/L_{c\_opt}<1$，可判断 2022 年日本发光鲷种群的开发程度为过度捕捞（图 7-4 和表 7-1）。

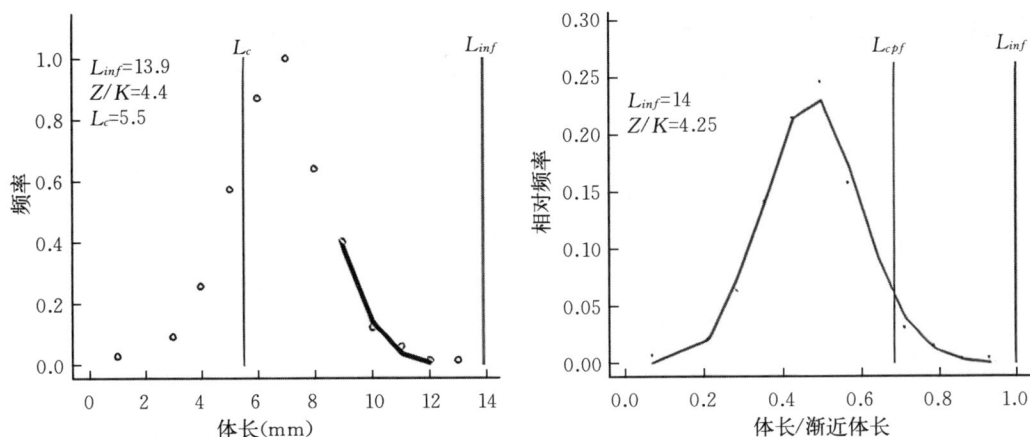

图 7-4 2022 年北部湾日本发光鲷基于 LBB 的体长分布

表 7-1 2022 年北部湾日本发光鲷基于 LBB 的参数评估

种名	渐近体长（mm）	最适开捕体长（mm）	B/B_{MSY}	F/K	Z/K	Lc/Lc_opt	F/M	M/K
日本发光鲷	14	8.6	0.41	2.88	4.25	0.24	2.09	1.37

日本发光鲷是小型底层鱼类，在 20 世纪中后期的底拖网渔获中所占比例不大，并未引起广泛关注，直至 1992 年的渔业资源调查发现，其在底层渔业资源中占比较大，高达 24%（袁蔚文，1995）。近年来，日本发光鲷在北部湾鱼类群落中占据了主导地位，在 2006 年、2014 年和 2018 年的调查中，日本发光鲷均为优势种，且在渔获物中占比极大（乔延龙等，2008；蔡研聪等，2018；何雄波等，2023）。在北部湾，日本发光鲷多分布于 40~80 m 深水域，尤其在湾口海域出现率极高（张静等，2016）。日本发光鲷在北部湾的爆发多归因于休渔政策实施之前的几十年中，对北部湾渔业资源的高强度捕捞，导致了渔业资源的种类更替，红鳍笛鲷和金线鱼等经济鱼类减少（孙典荣等，2004），为日本发光鲷的大量繁殖提供了条件。

第二节　黄带绯鲤 *Upeneus sulphureus* Cuvier，1829

黄带绯鲤（*Upeneus sulphureus*）属海龙鱼目、羊鱼科、绯鲤属；为暖温带小型鱼类，主要栖息于大陆架斜坡，属近底层鱼种；广泛分布于印度洋—西太平洋海域，包括澳大利亚、日本南部海域及我国南海和台湾海域。台湾海峡南部的黄带绯鲤种群的生殖期为 4—7 月，而南海种群并无报道。黄带绯鲤的初次生殖年龄为 2 龄，群体的年龄组成为 2~4 龄，属短生命周期鱼类。黄带绯鲤的体长生长过程是减速生长过程，1 龄时鱼类生长速度最大，之后逐龄递减；体重的生长则是在 4 龄前为增速过程，至 4 龄以后生长过程转入减速生长过程。雌雄鱼的体长生长曲线基本一致。生殖群体中雌性数量占优，但在生殖前期雄性多于雌性（黄宗强和朱耀光，1982）。

一、形态特征

本种体延长，侧扁；背缘浅弧形隆起，腹缘较平直。尾柄较长。头中等大。吻圆钝。眼较大，上侧位。眼间隔微凸。口小，前下位。下颌稍短于上颌。两颌、犁骨和腭骨均具绒毛状齿。颏须1对，长且大，其末端达前鳃盖骨后下缘。鳃孔大。前鳃盖后缘平滑；鳃盖骨后缘具1短棘。鳃耙细弱。体被中大薄栉鳞，易脱落。眶前无鳞。侧线完全。背鳍2个，互相分离；第一背鳍具7枚鳍棘，第2鳍棘最长。胸鳍侧位，稍低。腹鳍略短于胸鳍。臀鳍与第二背鳍相对。尾鳍叉形。体背侧黄褐色或红褐色。腹部银白色或粉红色。体侧具3～4条金黄色纵带，其中侧线下方纵带最明显。沿腹缘左右两侧各具1亮黄色纵带，从腹鳍基起点至臀鳍基后端。背鳍第一背鳍尖端黑色，腹鳍和臀鳍乳白色，基部亮黄色，尾鳍无暗色条带，下叶背缘黄色。

二、体长-体重

2022年所捕黄带绯鲤，体长范围为62.04～205.87 mm，平均值为136.10 mm。其中，120～130 mm体长范围频数最高，占25.2%；其次是130～140 mm体长范围，频数为最高值的99%；50～60 mm、70～80 mm和200～210 mm体长范围频数最低，仅占0.2%（图7-5）。

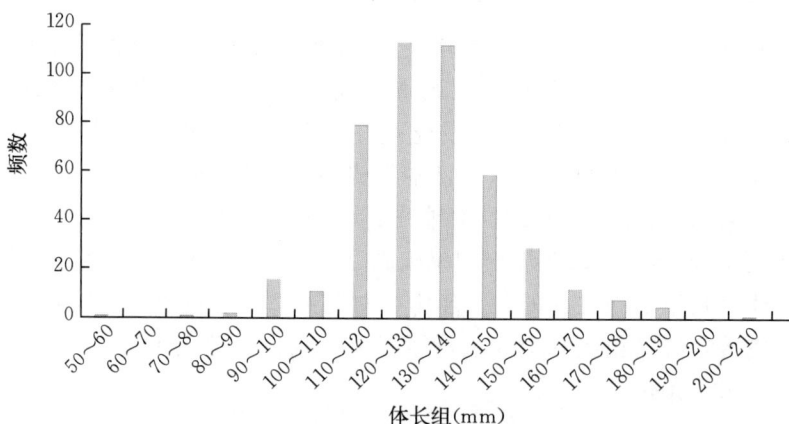

图7-5 2022年北部湾黄带绯鲤体长频数分布

2022年所捕黄带绯鲤，体重范围为2.79～117.13 g，平均值为37.70 g。其中，25～30 g体重范围频数最高，占18.0%；其次是30～35 g体重范围，频数为最高值的77.8%；0～5 g、85～90 g、90～95 g、105～110 g及110～115 g体重范围频数最低，仅占0.2%（图7-6）。体长-体重曲线呈显著幂函数关系，为$W=0.027L^{2.967}$（$R^2=0.973$，$P<0.01$）（图7-7）。

根据2022年黄带绯鲤的LBB分析显示，黄带绯鲤的渐近体长为22.4 mm，最适开捕体长为14 mm，B/B_{MSY}为0.46，由F/K与Z/K的比值可得开发率为0.71。由于$B/B_{MSY}<0.8$，且$L_c/L_{c\_opt}<1$，可判断2022年黄带绯鲤种群的开发程度为过度捕捞（图7-8和表7-2）。

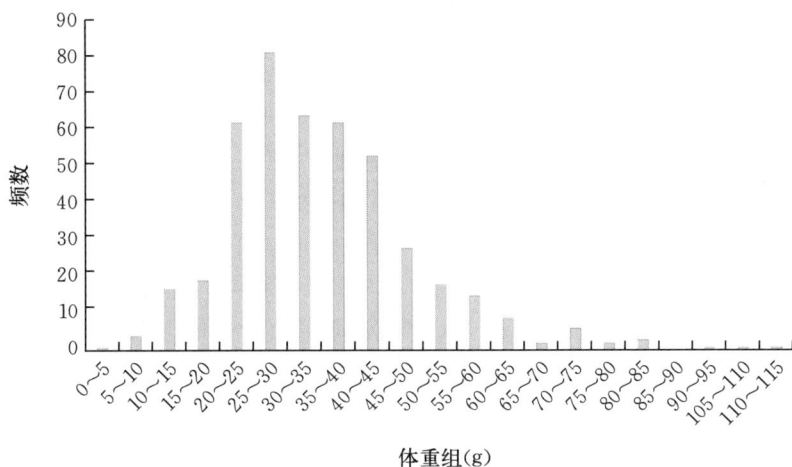

图 7-6　2022 年北部湾黄带绯鲤体重频数分布

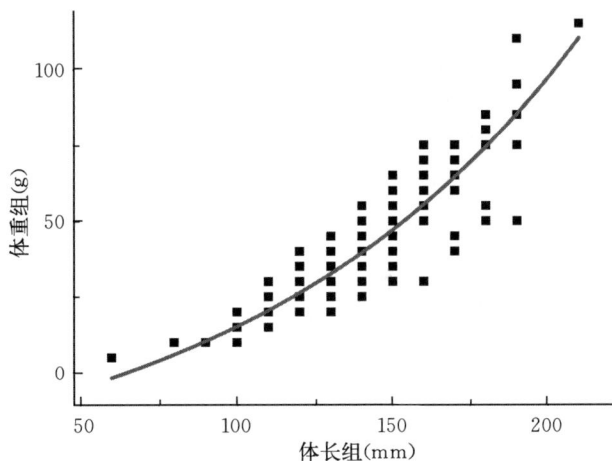

图 7-7　2022 年北部湾黄带绯鲤体长-体重关系

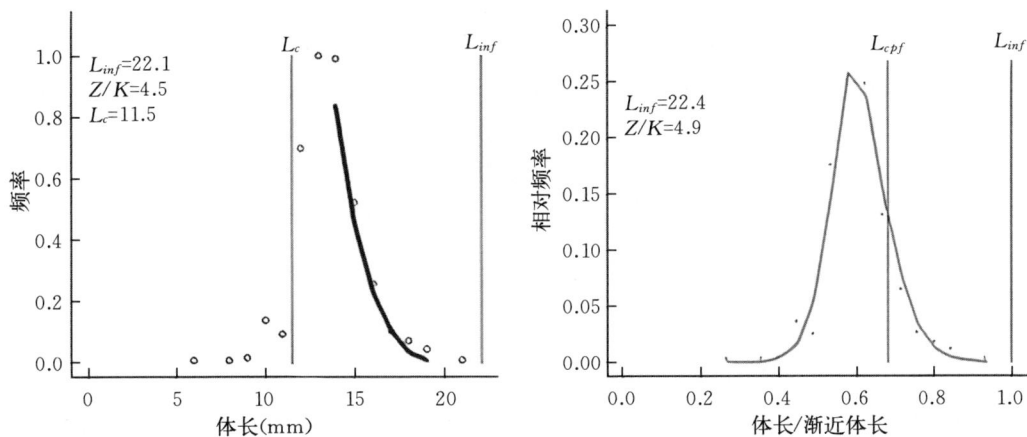

图 7-8　2022 年北部湾黄带绯鲤 LBB 分析结果

表 7 - 2　2022 年北部湾黄带绯鲤基于 LBB 的参数评估

种名	渐近体长/mm	最适开捕体长/mm	B/B_{MSY}	F/K	Z/K	Lc/Lc_opt	F/M	M/K
黄带绯鲤	22.4	14	0.46	3.5	4.9	0.9	2.4	1.43

本次调查中，黄带绯鲤作为休渔前航次的优势种，在所有鱼类中的生物量占比为 17%，为 2011 年同季节的 5 倍左右，为 2018 年同季节的 17 倍左右；尾数占比为 4.5%，为 2011 年同季节的 6 倍多，为 2018 年同季节的 16 倍左右。在休渔后航次中，其生物量占比为 2.2%，为 2011 年同季节的 2/3 左右，为 2018 年同季节的 17 倍左右；尾数占比为 0.86%，为 2011 年同季节的 1.5 倍左右。本次调查中，黄带绯鲤的平均体长为 2011 年 1.4 倍左右，为 2018 年的 1.2 倍左右；平均体重为 2011 年的 1.3 倍，与 2018 年十分接近（何雄波等，2023）。

第三节　多齿蛇鲻 *Saurida tumbil*（Bloch，1795）

多齿蛇鲻（*Saurida tumbil*）属仙女鱼目，狗母鱼科，蛇鲻属。多齿蛇鲻为暖水性近底层中小型鱼类，以体色和身上花纹进行伪装，有时将身体埋入沙中，伺机捕食猎物，多栖息于 30~150 m 的泥沙底质海区，广泛分布于印度洋—太平洋，包括印度尼西亚、澳大利亚、日本南部和韩国海域及我国东海和南海，是北部湾海域底拖网渔业的重要经济物种（陈再超等，1982；傅昕龙等，2019；刘金殿等，2009）和传统优势种（乔延龙等，2008）。多齿蛇鲻没有明显的集群洄游特性，且全年均可产卵（舒黎明等，2004）。近几十年来，北部湾多齿蛇鲻种群已过度开发，出现种群结构低龄化、小型化和资源密度下降等资源衰退趋势（卢振彬等，1999；孙典荣，2008；王跃中等，2008）。

一、形态特征

本种体延长，前部呈长亚圆柱状，后部稍侧扁。尾部细长。头中等大。吻钝，吻长略长于眼径。前端中间有缺刻。眼中等大，上侧位，脂眼睑较发达。眼间隔微凹。口裂大，口裂后缘伸达眼的远后下方。上下颌约等长。两颌布满小犬齿，犁骨齿 4~8 个，上颌齿 3~4 行，下颌齿 4~5 行，舌上具细齿。鳃孔大。鳃盖膜不与颊部相连。鳃耙针尖状。体被圆鳞，头后背部、鳃盖及颊部皆被鳞，胸鳍和腹鳍基部有发达的腋鳞。鳞片不易脱落，排列整齐。侧线平直，在侧线上的鳞片突出，在尾柄部更明显。背鳍 1 个，较长大，起点位于腹鳍起点的后上方，距脂鳍较距吻端近。脂鳍小。胸鳍较长，中侧位，末端可伸达腹鳍基底上方。腹鳍后部鳍条较长。臀鳍与脂鳍相对。尾鳍深叉形。体背侧棕黄色，腹部白色。体侧色较浅。背鳍、胸鳍、尾鳍后缘黑色。腹鳍及臀鳍无色。

二、体长-体重

2022 年所捕多齿蛇鲻，体长范围为 101.55~332.61 mm，平均值为 186.29 mm。其中，160~170 mm 体长范围频数最高，占 13.4%；其次是 170~180 mm 和 180~190 mm 体长范围，频数为最高值的 97.0%；280~290 mm、310~320 mm 和 320~330 mm 体长范围频数最低，仅占 0.2%（图 7-9）。

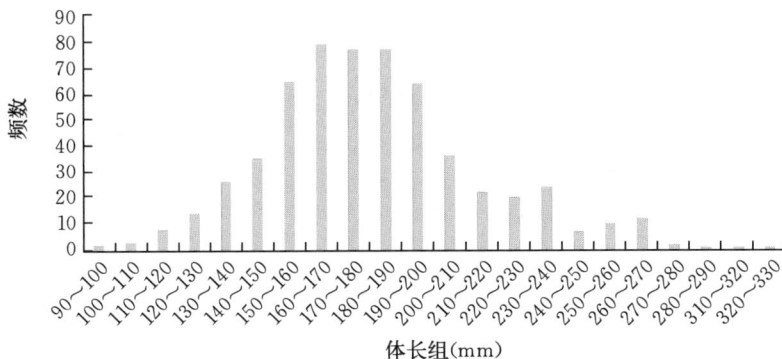

图 7-9 2022 年北部湾多齿蛇鲻体长频数分布

2022 年所捕多齿蛇鲻，体重范围为 3.11～229.91 g，平均值为 49.5 g。其中，0～5 g 体重范围频数最高，占 20.5%；其次是 20～30 g 体重范围，频数为最高值的 45.3%；130～140 g、150～160 g、180～190 g 和 220～230 g 体重范围频数最低，仅占 0.2%（图 7-10）。体长-体重曲线呈显著幂函数关系，为 $W=0.011L^{2.812}$（$R^2=0.937$，$P<0.01$）（图 7-11）。

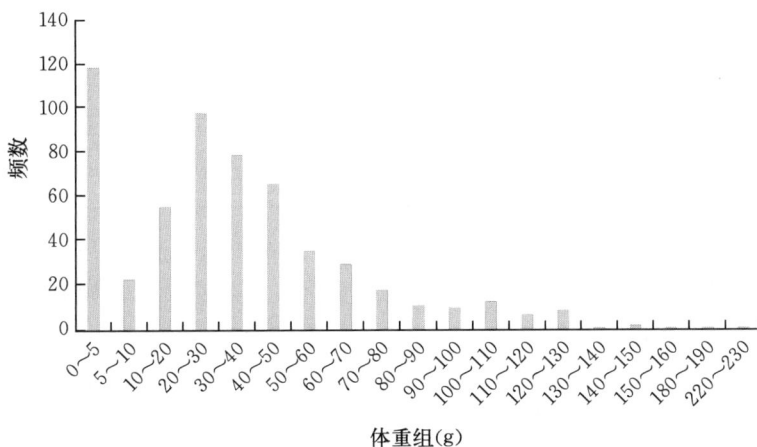

图 7-10 2022 年北部湾多齿蛇鲻体重频数分布

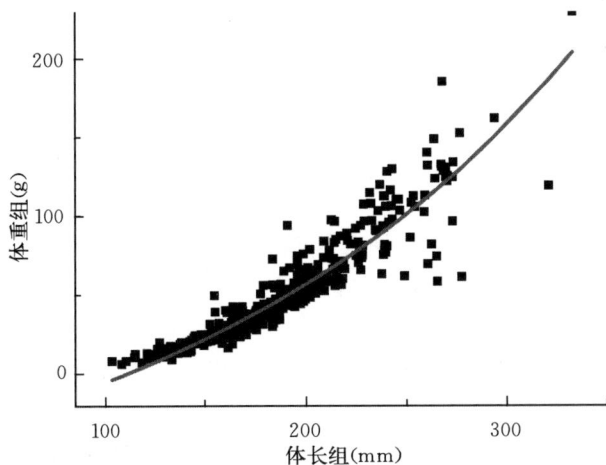

图 7-11 2022 年北部湾多齿蛇鲻体长-体重关系

根据 2022 年多齿蛇鲻的 LBB 分析显示，多齿蛇鲻的渐近体长为 36 mm，最适开捕体长为 23 mm，B/B_{MSY} 为 0.58，由 F/K 与 Z/K 的比值可得开发率为 0.60。由于 $B/B_{MSY}<0.8$，且 $L_c/L_{c\_opt}<1$，可判断 2022 年多齿蛇鲻种群的开发程度为过度捕捞（图 7-12 和表 7-3）。

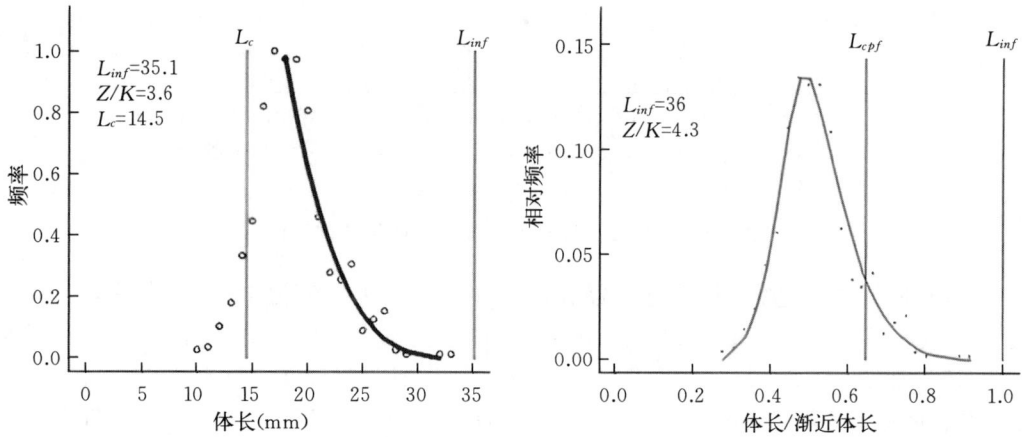

图 7-12　2022 年北部湾多齿蛇鲻 LBB 分析结果

表 7-3　2022 年北部湾多齿蛇鲻基于 LBB 的参数评估

种名	渐近体长（mm）	最适开捕体长（mm）	B/B_{MSY}	F/K	Z/K	L_c/L_{c_opt}	F/M	M/K
多齿蛇鲻	36	23	0.58	2.6	4.3	0.78	1.6	1.66

多齿蛇鲻是我国南海北部主要经济鱼类之一，分布广泛，渔获量高（中华人民共和国水产部南海水产研究所，1966）。多齿蛇鲻繁殖力强，全年有 3 个繁殖高峰期（颜云榕等，2010），在北部湾休渔政策实施的第二年，其渔获率立即提高了 84.38%（黄梓荣，2002）。21 世纪初北部湾多齿蛇鲻平均体长约为 190 mm，至 2009 年平均体长降至 180 mm 左右（侯刚等，2014），2008—2018 年的调查发现北部湾多齿蛇鲻个体呈小型化趋势，各年平均体长为 158~169 mm（邓裕坚，2021）。本次调查中，多齿蛇鲻的平均体长略低于 21 世纪初水平，表明北部湾多齿蛇鲻种群的小型化趋势略有好转，但开发程度依旧与 21 世纪初相似，为过度开发（王雪辉等，2012；孙典荣，2008）。

第四节　蓝圆鲹 *Decapterus maruadsi* （Temminck & Schlegel，1843）

蓝圆鲹（*Decapterus maruadsi*）隶属鲹形目，鲹科，圆鲹属，为暖水性中上层鱼类，多栖息于沿岸内湾水域，广泛分布于印度洋—西太平洋温暖海域，包括日本南部海域及我国黄海、东海、南海和台湾海域，是我国东南沿海重要的经济鱼种。生长快，喜集群。夜间具弱趋光性。主要摄食磷虾类、桡足类、端足类和介形类等浮游动物及小型鱼类。南海北部蓝圆鲹群体主要于冬、春季进行繁殖，冬、春季达到初次性成熟体长的个体较多，冬季就出现产卵个体。蓝圆鲹属于 γ 选择鱼类，其种群数量与种群结构容易受到环境波动的影响（耿平等，2018）。过去几十年，随着捕捞强度的无序增加，蓝圆鲹种群结构出现小型化特征（王开立等，2021）。

一、形态特征

本种体延长，稍侧扁。侧面呈纺锤形。尾柄细长。头较高。吻钝尖。眼中等大，上侧位。脂眼睑发达，前后均达眼中部，仅瞳孔中央露出 1 条缝。口中大，前位，倾斜。前颌能伸缩。上下颌约等长。上颌末端伸达眼前缘下方。两颌各具 1 行细齿，颌齿较发达，犁骨齿群呈箭形。腭骨及舌上均具齿带。鳃孔大。前鳃盖后缘光滑。鳃盖膜不与颊部相连。鳃耙细密。体被小圆鳞；颊部、鳃盖上部、头顶部和胸部亦被鳞。背部前鳞达瞳孔前缘。侧线前部弯曲，在第 2 背鳍中部转直，整个直线部分被棱鳞，弯曲部略长于直线部。背鳍 2 个，互相分离；第 1 背鳍短，略呈三角形；第 2 背鳍基底长，前部鳍条较长。第 2 背鳍和臀鳍后方各具 1 小鳍。胸鳍尖长，镰形，尖端达第 2 背鳍起点下方。腹鳍胸位。臀鳍叉形，与第 2 背鳍同形、相对，前方具 2 游离短棘。体背侧蓝绿色，腹部银白色。体侧鳃盖后上角处和肩带部共具 1 半月形黑斑。各鳍淡黄色，第二背鳍尖端稍白色，其下具 1 黑斑。

二、体长-体重

2022 年所捕蓝圆鲹，体长范围为 26.7～280.87 mm，平均值为 154.55 mm。其中，140～150 mm 体长范围频数最高，占 30.1%；其次是 150～160 mm 体长范围，频数为最高值的 25%；20～30 mm、90～120 mm 和 270～280 mm 体长范围频数最低，仅占 0.3%（图 7-13）。

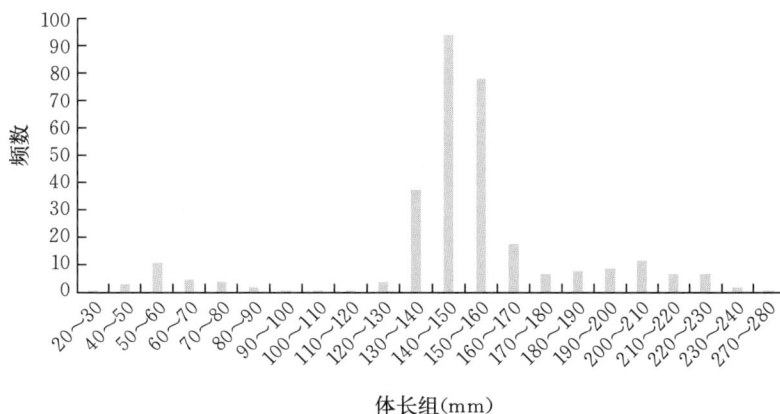

图 7-13 2022 年北部湾蓝圆鲹体长频数分布

2022 年所捕蓝圆鲹，体重范围为 1.77～131.33 g，平均值为 40.4 g。其中，25～30 g 体重范围频数最高，占 19.9%；其次是 30～35 g 体重范围，频数为最高值的 83.9%；100～105 g 和 110～115 g 体重范围频数最低，仅占 0.3%（图 7-14）。体长-体重曲线呈显著幂函数关系，为 $W = 0.016L^{3.27}$（$R^2 = 0.961$，$P < 0.01$）（图 7-15）。

根据 2022 年蓝圆鲹的 LBB 分析显示，蓝圆鲹的渐近体长为 28 mm，最适开捕体长为 37 mm，B/B_{MSY} 为 -0.003 3，由 F/K 与 Z/K 的比值可得开发率为 1.01。由于 $B/B_{MSY} <$ 0.8，且 $Lc/Lc\_opt < 1$，可判断 2022 年蓝圆鲹种群的开发程度为过度捕捞（图 7-16 和表 7-4）。

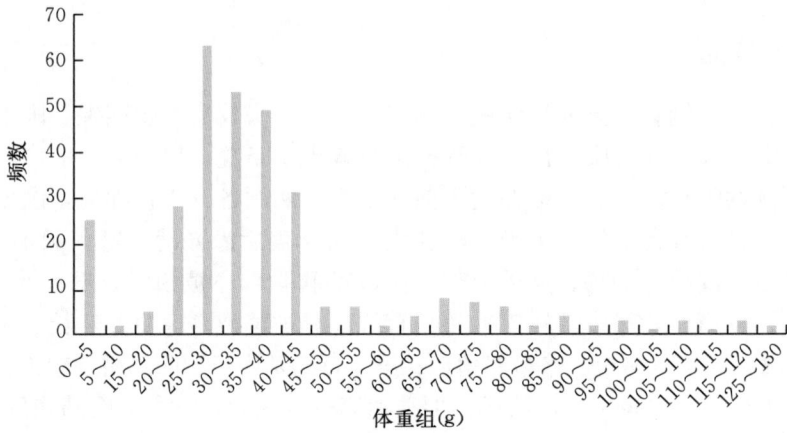

图 7-14 2022 年北部湾蓝圆鲹体重频数分布

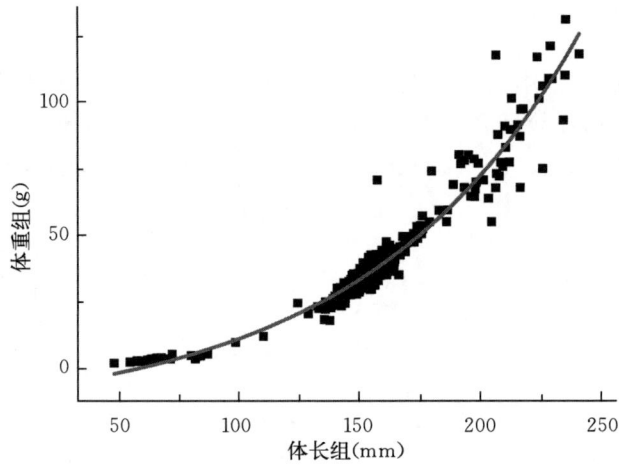

图 7-15 2022 年北部湾蓝圆鲹体长-体重关系

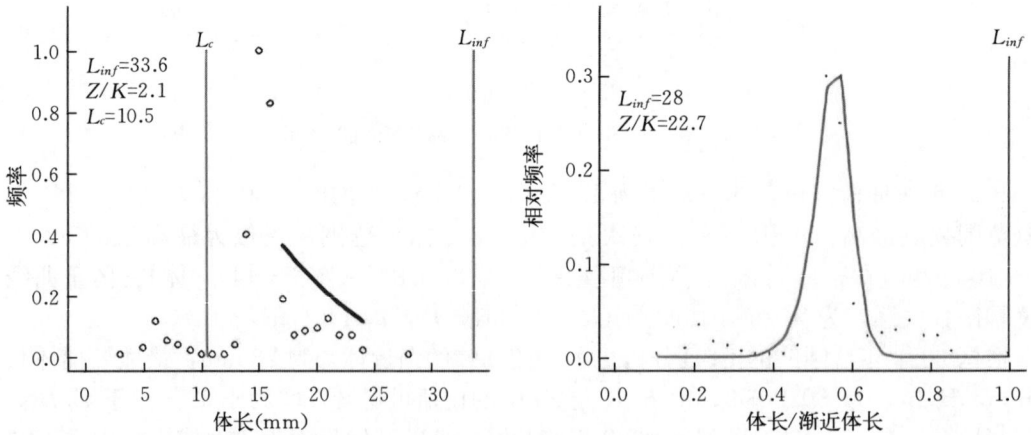

图 7-16 2022 年北部湾蓝圆鲹 LBB 分析结果

表 7 - 4 　2022 年北部湾蓝圆鲹基于 LBB 的参数评估

种名	渐近体长（mm）	最适开捕体长（mm）	B/B_{MSY}	F/K	Z/K	Lc/Lc_opt	F/M	M/K
蓝圆鲹	28	37	−0.003 3	23	22.7	0.43	−33	−0.721

　　蓝圆鲹是资源量自然波动较大的中上层鱼类，在拖网渔获物中占比较大。北部湾蓝圆鲹的资源密度在 20 世纪 60 年代最高，达 35 kg/km² 左右，之后在底层渔业资源中的占比呈波动下降，至 20 世纪末下降到历史最低水平，不足 5 kg/km²，但在休渔政策实施后的第二年恢复至 20 世纪 90 年代初的水平，超过最低值的 4 倍（孙典荣，2008；孙典荣等，2004；袁蔚文，1995）。自 20 世纪 90 年代至今，北部湾蓝圆鲹种群一直处于过度捕捞的状态，其资源群体结构在长期的捕捞压力下发生了变化，其优势体长组逐年下降，至 2007 年开始转变为波动上升（耿平等，2018）。鲹科鱼类普遍具有生长周期短的特点，加之蓝圆鲹性成熟时间早，当年春季繁殖的幼鱼在夏汛即可成为捕捞对象，在短时间内补充种群数量，因此经过伏季休渔后，其资源较易得到补充（蔡研聪等，2018）。

第五节　二长棘犁齿鲷 *Evynnis cardinalis*
（Lacepède，1802）

　　二长棘犁齿鲷（*Evynnis cardinalis*）隶属刺尾鱼目，鲷科，二长棘犁齿鲷属，为暖温性底层鱼类，多栖息于泥沙底质海区，广泛分布于西北太平洋温暖海域，包括我国东海、南海和台湾海域，是我国东南沿海和北部湾的重要经济鱼种，是底拖网的主要捕捞对象（陈作志等，2003；贾晓平，2003）。二长棘犁齿鲷属于小型鱼类，性成熟快，繁殖率高，具有显著的周期性波动特征（陈再超等，1982；孙典荣等，2004）。北部湾的二长棘犁齿鲷种群具有较明显的季节性洄游特征及较高的资源密度，属于 γ 选择鱼类，由于年龄结构简单、繁殖能力强，每年的补充群体所占比例大，因此资源量极易受到环境因素干扰（张魁等，2016）。

一、形态特征

　　本种体侧扁而高，背缘深弧形隆起，腹缘浅弧形，或近于平直。侧面呈长卵圆形。头中等大。吻钝。眼中等大，上侧位。眼间隔凸起。口小，前位，稍倾斜。上下颌约等长。上颌前端具圆锥形犬齿 4 枚，下颌前端具圆锥形犬齿 6 枚，上下颌两侧各具臼齿 2 行，外行前部齿稍尖，内行前部具颗粒状齿带。犁骨、腭骨及舌上均无齿。前鳃盖边缘具细锯齿；鳃盖后缘具 1 扁平钝棘。鳃耙短小。体被较大弱栉鳞。颊部具鳞 6 列。背鳍与臀鳍鳍棘部基部具鳞鞘。侧线完全。背鳍 1 个，鳍棘部与鳍条部相连，中间无缺刻；背鳍最前面的 2 鳍棘短小，第 3~4 鳍棘延长呈丝状。胸鳍长，下侧位。腹鳍胸位。臀鳍基底短，与背鳍鳍条部相对，第 2 鳍棘最强壮。尾鳍叉形。体背侧鲜红色，带银色光泽，腹部色浅。新鲜时体侧具多条浅蓝色点线。背鳍、臀鳍、尾鳍红色，胸鳍和腹鳍淡粉色。

二、体长-体重

　　2022 年所捕二长棘犁齿鲷，体长范围为 37.6~190.37 mm，平均值为 105.86 mm。其中，100~110 mm 体长范围频数最高，占 24.1%；其次是 90~100 mm 体长范围，频数为最高值的 77.2%；30～40 mm 和 180～190 mm 体长范围频数最低，仅占 0.3%（图 7-17）。

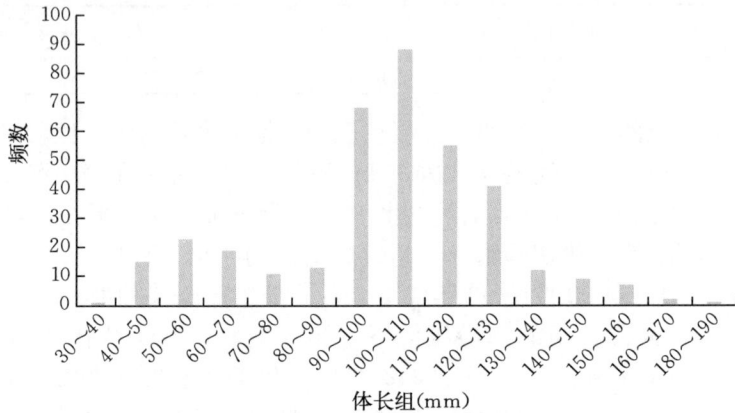

图 7-17　2022 年北部湾二长棘犁齿鲷体长频数分布

2022 年所捕二长棘犁齿鲷，体重范围为 1.26～146.04 g，平均值为 30.31 g。其中，20～25 g 体重范围频数最高，占 13.2%；其次是 3～5 g 和 15～20 g 体重范围，频数为最高值的 70.4%；95～105 g 和 140～145 g 体重范围频数最低，仅占 0.3%（图 7-18）。体长-体重曲线呈显著幂函数关系，为 $W=0.041L^{3.17}$（$R^2=0.971$，$P<0.01$）（图 7-19）。

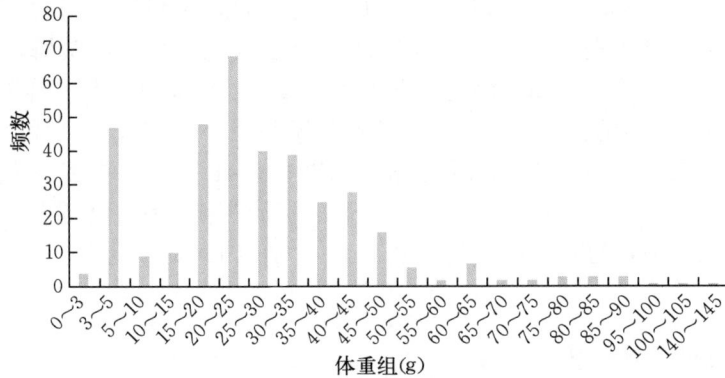

图 7-18　2022 年北部湾二长棘犁齿鲷体重频数分布

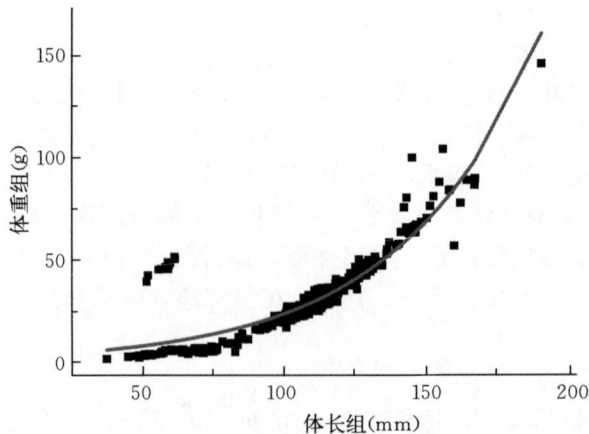

图 7-19　2022 年北部湾二长棘犁齿鲷体长-体重关系

根据 2022 年二长棘犁齿鲷的 LBB 分析显示，二长棘犁齿鲷的渐近体长为 19.4 mm，最适开捕体长为 12 mm，B/B_{MSY} 为 0.46，由 F/K 与 Z/K 的比值可得开发率为 0.73。由于 $B/B_{MSY} < 0.8$，且 $L_c/L_{c\_opt} = 1$，可判断 2022 年二长棘犁齿鲷种群的开发程度为过度捕捞（图 7 - 20 和表 7 - 5）。

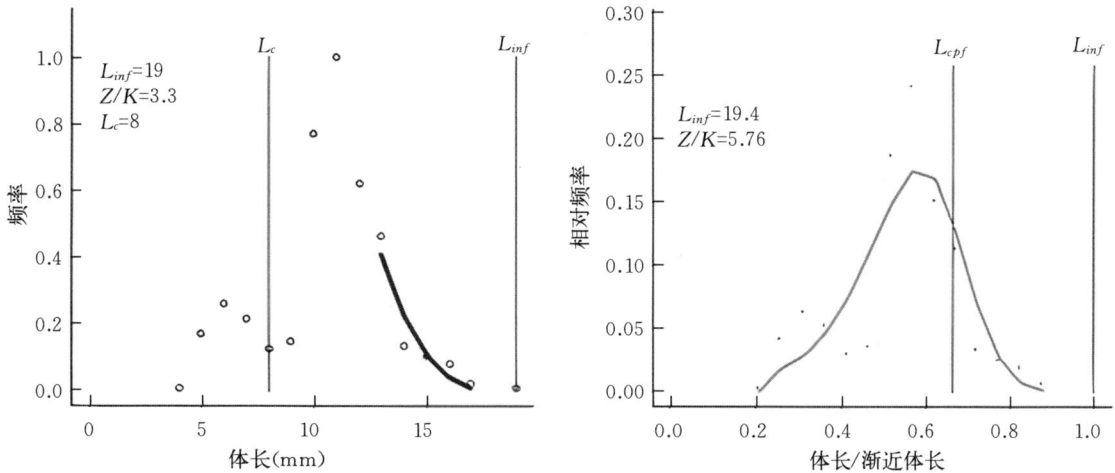

图 7 - 20　2022 年北部湾二长棘犁齿鲷 LBB 分析结果

表 7 - 5　2022 年北部湾二长棘犁齿鲷基于 LBB 的参数评估

种名	渐近体长 （mm）	最适开捕体长 （mm）	B/B_{MSY}	F/K	Z/K	L_c/L_{c_opt}	F/M	M/K
二长棘犁齿鲷	19.4	12	0.46	4.2	5.76	1	2.8	1.52

　　二长棘犁齿鲷广泛分布于南海北部，其资源量波动较大。北部湾二长棘犁齿鲷的渔获率有着明显的季节差异，冬、春季的渔获率往往高于夏、秋季；春季的渔获率分布多为自东北向西南方向递减，北部沿岸区域的渔获率高于湾内区域，而在夏、秋季节湾内渔获率将略有回升（陈作志等，2005）。20 世纪 60 年代至 90 年代，北部湾二长棘犁齿鲷的资源密度下降了一半左右，却在休渔政策实施后的第二年迅速且大量的上升，占当年总渔获的 22.5%。此外，北部湾二长棘犁齿鲷的资源密度在短期的年际变化亦较大，20 世纪 60—70 年代，其占总渔获的比例为 0.3%～29.3%，而 20 世纪 80 年代，其年均渔获率为 0～10.3 kg/h（孙典荣等，2004；陈作志等，2005）。尽管北部湾二长棘犁齿鲷种群一直处于过度捕捞的状态，但休渔政策实施后，其资源量得到有效恢复（蔡研聪等，2018；张公俊等，2021）。然而，种群小型化的问题至今依旧存在，2006—2018 年的调查显示，北部湾二长棘犁齿鲷的渐近体长和最适开捕体长均呈下降趋势，而在本次调查中，二长棘犁齿鲷的渐近体长和最适开捕体长亦小于前人的调查结果（王雪辉等，2020），表明北部湾二长棘犁齿鲷的个体小型化趋势依旧存在。

第六节 黄斑光胸鲾 *Photopectoralis bindus* （Valenciennes，1835）

黄斑光胸鲾（*Photopectoralis bindus*）隶属于刺尾鱼目，鲾科，光胸鲾属，为暖水性中下层鱼类，以小型甲壳类、多毛类为食，多栖息于沿岸泥沙底质海区，广泛分布于印度洋—西太平洋温暖水域，包括日本南部海域及我国东海、南海和台湾海域，是北部湾底拖网中经常出现的优势种（乔延龙等，2008）。黄斑光胸鲾属于 γ 选择鱼类，其种群数量与种群结构容易受到环境波动的影响（张魁等，2017）。

一、形态特征

本种体侧扁而高，背缘和腹缘弧形隆起。侧面呈卵圆形。尾柄细。头较小；头部背缘稍凹。吻短，钝尖，吻长短于眼径。眼大，上侧位。眼间隔稍凹，中央具 1 纵嵴。口小，前位，稍倾斜。上颌末端伸达眼中部稍下方的水平线上。两颌向前伸出，形成 1 稍向下斜的口管；口闭合时，下颌与体轴呈 50°角。上下颌具尖细齿，各 1 行。犁骨、腭骨及舌上均无齿。鳃孔大。鳃耙细长。头部无鳞，胸部和体上均被小圆鳞。背鳍和臀鳍基部具鳞鞘。腹鳍具大腋鳞。侧线不完全，仅达背鳍末端下方。背鳍基底长，鳍棘部和鳍条部相连，之间具凹刻；第 1 鳍棘短小，第 3、4 鳍棘前下缘具细锯齿。背鳍和臀鳍基部两侧各具 1 纵行小棘。胸鳍短小，中侧位；腹鳍短小，亚胸位；臀鳍基底长；尾鳍叉形。体背侧和体侧上半部银灰色，散布许多虫纹状暗色斑纹，体侧下半部银白色。各鳍色浅。背鳍鳍棘部的顶端具 1 黄斑，鳍条部具黑边。臀鳍鳍棘部浅黄色。

二、体长-体重

2022 年所捕黄斑光胸鲾，体长范围为 46.36～119.31 mm，平均值为 87.66 mm。其中，80～90 mm 体长范围频数最高，占 38.0%；其次是 90～100 mm 体长范围，频数为最高值的 65.8%；40～50 mm 和 60～70 mm 体长范围频数最低，仅占 0.4%（图 7-21）。

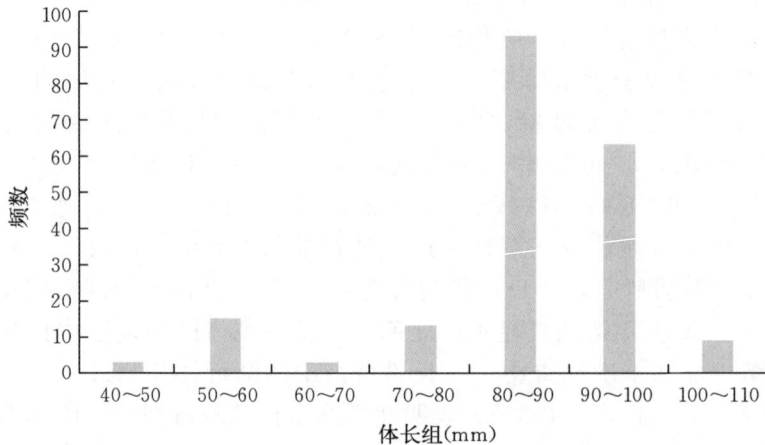

图 7-21　2022 年北部湾黄斑光胸鲾体长频数分布

2022 年所捕黄斑光胸鲾，体重范围为 1.72～20.78 g，平均值为 11.9 g。其中，5～10 g 体重范围频数最高，占 42.7%；其次是 10～15 g 体重范围，频数为最高值的 97.7%；0～3 g 体重范围频数最低，仅占 0.5%（图 7-22）。体长-体重曲线呈显著幂函数关系，为 $W=0.03L^{3.06}$（$R^2=0.955$，$P<0.01$）（图 7-23）。

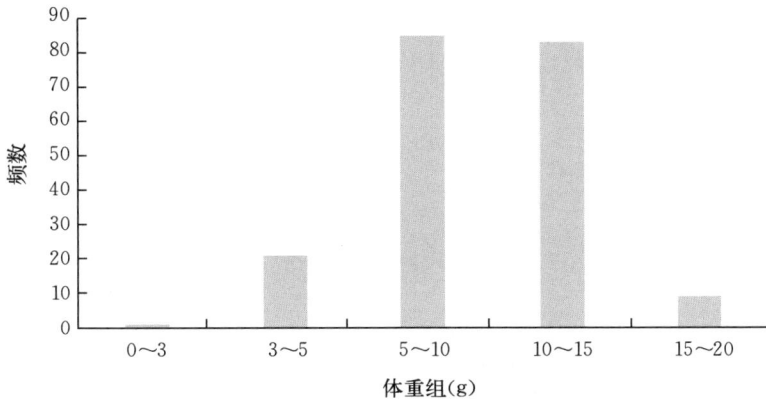

图 7-22 2022 年北部湾黄斑光胸鲾体重频数分布

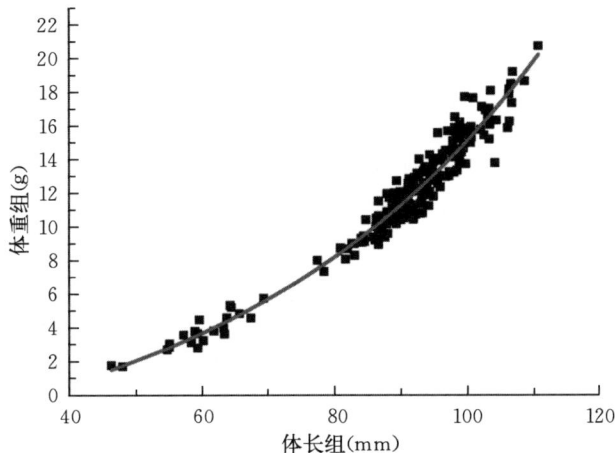

图 7-23 2022 年北部湾黄斑光胸鲾体长-体重关系

根据 2022 年黄斑光胸鲾的 LBB 分析显示，黄斑光胸鲾的渐近体长为 35.3 mm，最适开捕体长为 23 mm，B/B_{MSY} 为 0.002 7，由 F/K 与 Z/K 的比值可得开发率为 0.99。由于 $B/B_{MSY}<0.8$，且 $Lc/Lc\_opt=0.47$，可判断 2022 年黄斑光胸鲾种群的开发程度为过度捕捞（图 7-24 和表 7-6）。

黄斑光胸鲾广泛分布于海南岛周边海域（孙典荣等，2011），其在 1992 年、2001 年、2006 年及 2011 年的调查中均为优势种，在 2018 年为常见种（王雪辉等，2012；何雄波等，2023）。本次调查中，黄斑光胸鲾作为休渔后航次的优势种，在所有鱼类中的生物量占比为 4%，为 2011 年同季节的 56%，为 2018 年同季节的 4 倍左右；尾数占比为 4.5%，为 2011 年同季节的 12%，与 2018 年同季节十分接近（何雄波等，2023）。

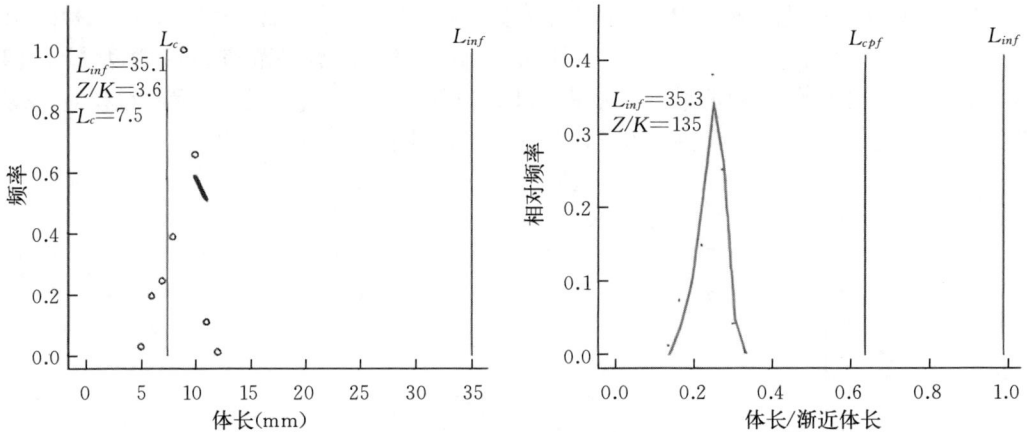

图 7-24　2022 年北部湾黄斑光胸鳐 LBB 分析结果

表 7-6　2022 年北部湾黄斑光胸鳐基于 LBB 的参数评估

种名	渐近体长（mm）	最适开捕体长（mm）	B/B_{MSY}	F/K	Z/K	Lc/Lc_opt	F/M	M/K
黄斑光胸鳐	35.3	23	0.002 7	133	135	0.47	83	1.63

第七节　大头白姑鱼 *Pennahia macrocephalus*（Tang，1937）

　　大头白姑鱼（*Pennahia macrocephalus*）隶属于刺尾鱼目，石首鱼科，白姑鱼属，为暖水性中下层鱼类，多栖息于近岸泥沙底质海区，广泛分布于西太平洋温暖海域，包括泰国海域及我国东海、南海和台湾海域，为北部湾底拖网、刺网及垂钓的主要渔获种类，具有重要的经济价值。大头白姑鱼属于匀速生长的鱼类，其生长过程中体型基本保持不变，繁殖季节为 7—10 月，在繁殖季节中雌性个体多于雄性个体。相比北部湾内的大多鱼类，大头白姑鱼个体较小，寿命较短，生长速度较快。近十几年，北部湾大头白姑鱼出现种群结构低龄化的现象（颜云榕等，2010）。

一、形态特征

　　本种体侧扁，背缘和腹缘均浅弧形隆起。侧面呈长椭圆形。头中等大，钝尖。吻圆钝。吻褶游离，不分叶。吻上孔 3 个，不显著，有时消失；吻缘孔 5 个。眼中等大，上侧位。眼间隔较微凸。口大，前位，斜裂。上颌稍长于下颌。上颌齿多行，排列成带状，外行齿较大；下颌齿 2～3 行，内行齿较大。犁骨、腭骨及舌上均无齿。颏孔 6 个，在下颌缝合处呈四方形排列。无颏须。鳃孔宽大。前鳃盖边缘具细锯齿；鳃盖骨后上方具 2 柔弱扁棘。鳃耙较长。体被栉鳞；鳃盖、吻部和颊部被圆鳞。背鳍鳍条部及臀鳍基部被小圆鳞。侧线完全。背鳍连续，鳍棘部与鳍条部之间具 1 深凹刻；第 1 鳍棘短小，第 3、4 鳍棘最长。胸鳍尖而长。腹鳍位于胸鳍基下方。臀鳍基短，起点在背鳍第 12 鳍条的下方。尾鳍楔形或近圆形。鳔大，前端圆形，前端不向外凸出成侧囊，鳔侧具 24～25 对侧支，侧支具腹分支，无背分支。幽门盲囊 10 个。体背侧灰褐色。腹部银白色。胸鳍和尾鳍浅褐色。鳃腔黑色。口腔灰黑色。

二、体长-体重

2022 年所捕大头白姑鱼，体长范围为 8.32～238.18 mm，平均值为 138.06 mm。其中，130～140 mm 体长范围频数最高，占 12.5%；其次是 140～150 mm 体长范围，频数为最高值的 96.0%；0～5 mm、5～10 mm、50～60 mm 和 210～220 mm 体长范围频数最低，仅占 0.2%（图 7 - 25）。

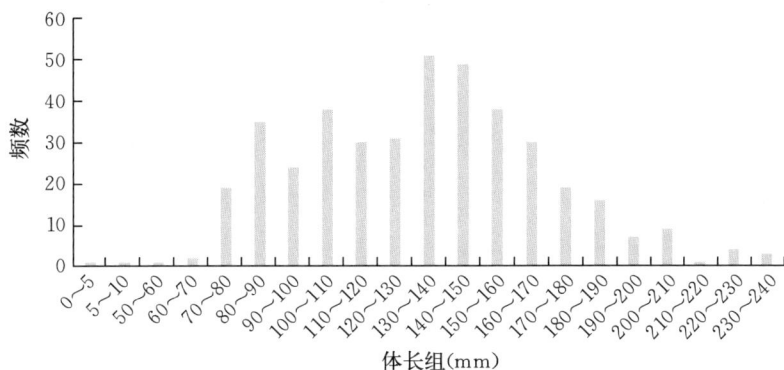

图 7 - 25　2022 年北部湾大头白姑鱼体长频数分布

2022 年所捕大头白姑鱼，体重范围为 4.54～366.90 g，平均值为 46.10 g。其中，0～5 g 体重范围频数最高，占 25.2%；其次是 5～10 g 体重范围，频数为最高值的 58.2%；150～160 g、190～200 g 和 360～370 g 体重范围频数最低，仅占 0.2%（图 7 - 26）。体长-体重曲线呈显著幂函数关系，为 $W=0.025L^{2.79}$（$R^2=0.979$，$P<0.01$）（图 7 - 27）。

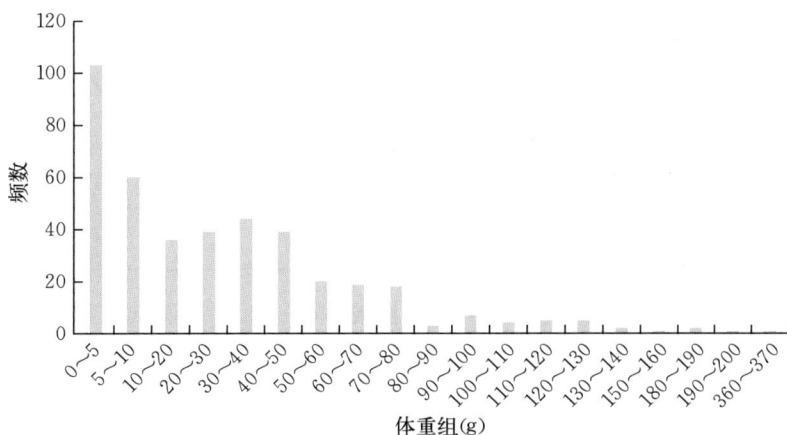

图 7 - 26　2022 年北部湾大头白姑鱼体重频数分布

根据 2022 年大头白姑鱼的 LBB 分析显示，大头白姑鱼的渐近体长为 26.3 mm，最适开捕体长为 19 mm，B/B_{MSY} 为 0.002 7，由 F/K 与 Z/K 的比值可得开发率为 0.76。由于

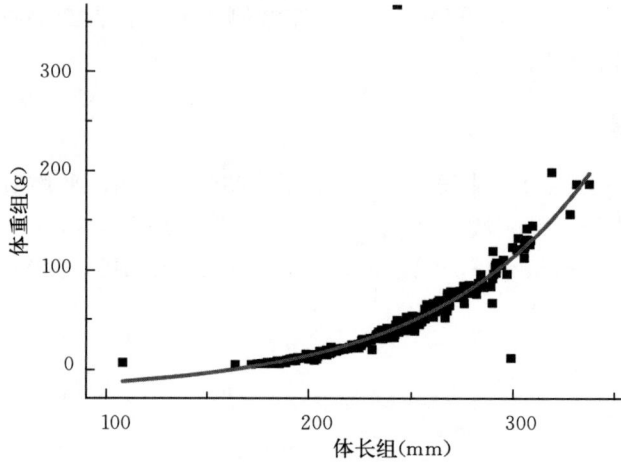

图 7-27 2022 年北部湾大头白姑鱼体长-体重关系

$B/B_{MSY} < 0.29$，且 $L_c/L_{c\_opt} = 0.72$，可判断 2022 年大头白姑鱼种群的开发程度为过度捕捞（图 7-28 和表 7-7）。

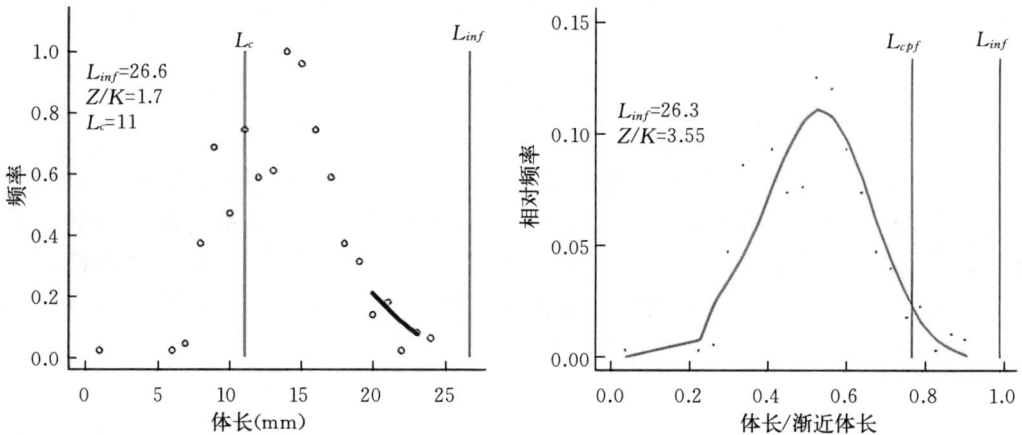

图 7-28 2022 年北部湾大头白姑鱼 LBB 分析结果

表 7-7 2022 年北部湾大头白姑鱼基于 LBB 的参数评估

种名	渐近体长（mm）	最适开捕体长（mm）	B/B_{MSY}	F/K	Z/K	L_c/L_{c_opt}	F/M	M/K
大头白姑鱼	26.3	19	0.29	2.7	3.55	0.72	3.1	0.875

本次调查中，北部湾大头白姑鱼的平均体长较 2006—2007 年减少了 9% 左右，较 2006—2014 年增加了 7%；平均体重则较 2006—2007 年减少了一半多；渐近体长与 2006—2014 年相似，而最适开捕体长则增加了 20%，相对捕捞死亡率下降了 25% 左右，相对总死亡率下降了 28%，F/M 升高了 16.7%（王森娣等，2021；颜云榕等，2010a）。以上结果表明，北部湾大头白姑鱼的体形波动较大，并未出现明显的小型化趋势。同时，群落中个体的死亡率有所降低。虽然北部湾大头白姑鱼种群目前仍处于过度开发的状态，但与同属的白姑鱼（Pennahia argentata）相似，大头白姑鱼的资源密度能够迅速恢复，且波动幅度较大（孙典荣等，2004）。

参 考 文 献

蔡研聪，徐姗楠，陈作志，等，2018. 南海北部近海渔业资源群落结构及其多样性现状 [J]. 南方水产科学 (14)：10‐18.

曹宇峰，2009. 2002—2006 年福建省闽江口以南近岸海域水质状况评价 [J]. 海洋环境科学 (28)：39‐42.

车斌，2001. 环北部湾海岸带的生态环境建设 [J]. 海洋开发与管理，18 (3)：61‐64.

陈波，1986. 北部湾水系形成及其性质的初步探讨 [J]. 广西科学院学报 (2)：93‐96.

陈俊仁，郑祥民，1985. 南海北部内陆架沉积物来源及控制因素的研究 [J]. 海洋学报（中文版），7 (5)：579‐589.

陈新军，周应祺，2018. 渔业导论（修订版）[M]. 北京：科学出版社.

陈颖涵，2013. 北部湾主要鱼类食性的初步研究 [D]. 厦门：厦门大学.

陈再超，1990. 南海区渔业生产、渔业资源及其发展对策的探讨 [J]. 现代渔业信息 (11)：1‐4.

陈再超，刘继兴，1982. 南海经济鱼类 [M]. 广州：广东科技出版社.

陈作志，邱永松，2003. 北部湾二长棘鲷生长和死亡参数估计 [J]. 水产学报，27 (3)：251‐257.

陈作志，邱永松，2005. 北部湾二长棘鲷的资源变动 [J]. 南方水产 (3)：26‐31.

陈作志，邱永松，贾晓平，等，2008. 捕捞对北部湾海洋生态系统的影响 [J]. 应用生态学报 (19)：1604‐1610.

程济生，2004. 黄渤海近岸水域生态环境与生物群落 [M]. 青岛：中国海洋大学出版社.

邓裕坚，2021. 北部湾多齿蛇鲻繁殖生物学特性与摄食生态研究 [D]. 湛江：广东海洋大学.

段威武，黄永样，1989. 南海北部陆缘中、晚第三纪古地理、古环境研究 [J]. 地质学报，63 (4)：363‐372.

范航清，黎广钊，周浩郎，2015. 广西北部湾典型海洋生态系统：现状与挑战 [M]. 北京：科学出版社.

傅昕龙，徐兆礼，阙江龙，等，2019. 北部湾西北部近海鱼类资源的时空分布特征研究 [J]. 水产科学，38 (1)：10‐18.

高东阳，李纯厚，刘广锋，等，2001. 北部湾海域浮游植物的种类组成与数量分布 [J]. 湛江海洋大学学报，21 (3)：13‐18.

高劲松，陈波，侍茂崇，2015. 北部湾夏季环流结构及生成机制 [J]. 中国科学：地球科学 (1)：99‐112.

耿平，2019. 北部湾典型鱼类种群生长、死亡及开发状态的年际变化研究 [M]. 上海：上海海洋大学.

耿平，张魁，陈作志，等，2018. 北部湾蓝圆鲹生物学特征及开发状态的年际变化 [J]. 南方水产科学，14 (6)：1‐9.

何明海，1989. 利用底栖生物监测与评价海洋环境质量 [J]. 海洋环境科学 (4)：49‐54.

何雄波，李波，王锦溪，等，2021. 不同时期北部湾日本带鱼营养生态位差异 [J]. 应用生态学报，32 (2)：683‐690.

何雄波，颜云榕，冯波，等，2023. 北部湾渔业资源与环境 [M]. 北京：海洋出版社.

侯刚，冯钰婷，陈妍颖，等，2021. 北部湾二长棘犁齿鲷时空分布及其与环境因子的关系 [J]. 广东海洋大学学报，41 (4)：8‐16.

侯刚，刘金殿，冯波，等，2014. 应用多模型推论估算北部湾多齿蛇鲻的生长参数 [J]. 应用生态学报，25（3）：843-849.

黄世耿，罗继璋，李武全，1987. 北部湾的水产资源与广西海洋捕捞生产的前景 [J]. 广西科学院学报（2）：45-48.

黄雪松，陈燕丽，莫伟华，等，2021. 近 60 年广西北部湾红树林生态区气候变化及其影响因素 [J]. 生态学报，41（12）：5026-5033.

黄梓荣，2002. 休渔对南海北部多齿蛇鲻资源的影响 [J]. 湛江海洋大学学报（6）：26-31.

黄宗强，朱耀光，1982. 台湾海峡南部黄带付绯鲤 Parupeneus chrysopleuron（T. et s）生殖群体的初步研究 [J]. 福建水产科技（3）：42-48.

贾晓平，2003. 北部湾渔业生态环境与渔业资源 [M]. 北京：科学出版社.

金波，仇祥华，1983. 关于海底底质不稳定性及其调查方法 [J]. 海洋地质与第四纪地质（1）：115-123.

兰健，鲍颖，于非，等，2006. 南海深水海盆环流和温跃层深度的季节变化 [J]. 海洋科学进展（4）：436-445.

黎树式，黄鹄，戴志军，2017. 近 60 年来广西北部湾气候变化及其适应研究 [J]. 海洋开发与管理，34（4）：50-55.

李森，许友伟，孙铭帅，等，2023. 拉尼娜事件前后北部湾鱼类群落结构变化研究 [J]. 南方水产科学，19（2）：1-11.

李萍，莫海连，郭钊，2019. 2016 年北部湾近岸海域海水环境质量评价 [J]. 海洋湖沼通报（1）：54-64.

李显森，梁志辉，蒋明星，1987. 北部湾北部我国沿岸海区鱼类区系的初步调查 [J]. 广西科学院学报（2）：95-116.

林龙山，严利平，凌建忠，等，2005. 东海带鱼摄食习性的研究 [J]. 海洋渔业，27（3）：187-192.

凌炜琪，张丽姿，吴文秀，等，2021. 环境变化对北部湾海域春季鱼类多样性的影响 [J]. 水生态学杂志，44（1）：82-91.

刘金殿，卢伙胜，朱立新，等，2009. 北部湾多齿蛇鲻雌雄群体组成、生长、死亡特征的差异 [J]. 海洋渔业，31（3）：243-253.

刘大召，晁俏利，2019. 北部湾海域叶绿素 a 质量浓度时空分布研究 [J]. 海洋学研究，37（2）：95-102.

刘昭蜀，赵焕庭，范时清，等，2002. 南海地质 [M]. 北京：科学出版社.

刘志雄，程阳，彭真，2023. 北部湾海洋生态环境与海洋经济高质量发展研究 [J]. 中国物价（2）：50-54.

刘子琳，宁修仁，1998. 北部湾浮游植物粒径分级叶绿素 a 和初级生产力的分布特征 [J]. 海洋学报（中文版）（1）：50-57.

卢林，汪企浩，黄建军，2007. 北部湾盆地涠西南和海中凹陷新生代局部构造演化史 [J]. 海洋石油（1）：25-29+57.

卢振彬，戴泉水，颜尤明，1999. 福建近海 20 种鱼类生态学的研究 [J]. 福建水产（2）：20-27.

罗春业，李英，朱瑜，等，1999. 广西北部湾鱼类区系的再研究 [J]. 广西师范大学学报（自然科学版）（2）：85-89.

罗峥力，杨长平，王良明，等，2023. 北部湾北部沿岸海域鱼类资源时空分布特征及多样性变化 [J]. 南方农业学，54（6）：1847-1857.

马彩华，2004. 南海地形、底质特征与鱼类配布的研究 [J]. 海洋湖沼通报（1）：44-51.

马菲，汪亚平，李炎，等，2008. 地统计法支持的北部湾东部海域沉积物粒径趋势分析 [J]. 地理学报

（11）：1207 - 1217.

马浩阳，王丽莎，吴敏兰，等，2020. 北部湾北部海域潜在低氧分布及影响研究 [J]. 海洋科学，44（9）：29 - 37.

庞碧剑，蓝文陆，黎明民，等，2019. 北部湾近岸海域浮游动物群落结构特征及季节变化 [J]. 生态学报，39（19）：7014 - 7024.

乔延龙，林昭进，2007. 北部湾地形、底质特征与渔场分布的关系 [J]. 海洋湖沼通报（S1）：232 - 238.

乔延龙，林昭进，邱永松，2008. 北部湾秋、冬季渔业生物群落结构特征的变化 [J]. 广西师范大学学报：自然科学版（1）：100 - 104.

沈国英，施并章，2022. 海洋生态学（2 版）[M]. 北京：科学出版社.

申友利，边启明，劳齐斌，等，2022. 广西铁山港（临海）工业区围填海工程所致湿地生态系统服务功能损失评估 [J]. 海洋湖沼通报，44（5）：67 - 72.

舒黎明，邱永松，2004. 南海北部花斑蛇鲻生长死亡参数估计及开捕规格 [J]. 湛江海洋大学学报（3）：29 - 35.

苏志，余纬东，黄理，等，2009. 北部湾海岸带的地理环境及其对气候的影响 [J]. 气象研究与应用，30（3）：44 - 47.

粟丽，陈作志，张魁，等，2021. 基于底拖网调查数据的渔业资源质量状况评价体系构建——以北部湾为例 [J]. 广东海洋大学学报，41（1）：10 - 16.

孙典荣，2008. 北部湾渔业资源与渔业可持续发展研究 [D]. 青岛：中国海洋大学.

孙典荣，李渊，林昭进，等，2011. 海南岛近岸海域鱼类群落结构研究 [J]. 中国海洋大学学报（自然科学版），41（4）：33 - 38.

孙典荣，林昭进，2004. 北部湾主要经济鱼类资源变动分析及保护对策探讨 [J]. 热带海洋学报（2）：62 - 68.

孙冬芳，朱文聪，艾红，等，2010. 北部湾海域鱼类物种分类多样性研究 [J]. 广东农业科学，37（6）：4 - 7.

孙铭帅，陈作志，蔡研聪，等，2017. 空间插值法在北部湾渔业资源密度评估中的应用 [J]. 中国水产科学，24（4）：853 - 861.

谭光华，1987. 北部湾海区水文结构及其特征的初步分析 [J]. 海洋湖沼通报（4）：7 - 15.

陶晓娉，吴森，刘熊，等，2022. 广西北部湾海域水质污染调查与分析 [J]. 广西科学，29（3）：532 - 540.

王开立，陈作志，许友伟，等，2021. 南海北部近海蓝圆鲹渔业生物学特征研究 [J]. 海洋渔业，43（1）：12 - 21.

王理想，2009. 北部湾海域春、秋季鱼类群落结构初步研究 [D]. 青岛：中国海洋大学.

王森娣，王雪辉，孙典荣，等，2021. 基于长度贝叶斯生物量估算法评估北部湾大头白姑鱼资源状况 [J]. 南方水产科学，17（2）：20 - 27.

王明俊，1981. 水质的基准和标准 [J]. 海洋科技资料（3）：79 - 87.

王小平，蔡林钦，贾晓平，等，1996. 大亚湾水域营养盐的分布变化 [J]. 海洋湖沼通报（4）：20 - 27.

王修林，2003. 中国有害赤潮预测方法研究现状和进展 [J]. 海洋科学进展（1）：93 - 98.

王雪辉，邱永松，杜飞雁，等，2011. 北部湾鱼类多样性及优势种的时空变化 [J]. 中国水产科学，18（2）：427 - 436.

王雪辉，邱永松，杜飞雁，等，2012. 北部湾秋季底层鱼类多样性和优势种数量的变动趋势 [J]. 生态学报，32（2）：333 - 342.

王雪辉，邱永松，杜飞雁，等，2018. 捕捞和气候变化在南海北部湾口鱼类长期种类演替和种群动态的作用 [J]. 海洋学报（中文版），38（10）：1 - 8.

王雪辉，邱永松，杜飞雁，等，2020. 基于长度贝叶斯生物量法估算北部湾二长棘鲷种群参数 [J]. 水产学报，44（10）：1654 - 1662.

王跃中，袁蔚文，2008. 南海北部底拖网渔业资源的数量变动 [J]. 南方水产 (2)：26 - 33.

吴敏兰，2014. 北部湾北部海域营养盐的分布特征及其对生态系统的影响研究 [D]. 厦门：厦门大学.

谢以萱，1986. 南海的陆缘扩张地貌 [J]. 热带海洋学报 (2)：12 - 19.

徐志伟，马菲，张凡，等，2007. 北部湾东部海域表层底质的粒度分布特征 [C]. 中国地理学会 2007 年学术年会论文摘要集，7 - 9.

薛国进，尹增强，程前，等，2020. 基于体长标准的大长山人工鱼礁区许氏平鲉资源评估 [J]. 河北渔业 (1)：24 - 28.

颜云榕，2010. 北部湾带鱼的摄食习性 [J]. 应用生态学报，21 (3)：749 - 755.

颜云榕，侯刚，卢伙胜，等，2010. 北部湾大头白姑鱼生长特性及群体组成 [J]. 中国海洋大学学报（自然科学版），40 (6)：61 - 68.

颜云榕，王田田，侯刚，等，2010. 北部湾多齿蛇鲻摄食习性及随生长发育的变化 [J]. 水产学报，34 (7)：1089 - 1098.

晏然，2019. 南海北部近海竹䇲鱼资源密度分布特征及栖息地模型构建 [D]. 上海：上海海洋大学.

杨吝，2001. 南海区捕捞渔业现状与对策 [J]. 广东海洋大学学报 (1)：73 - 77.

易晓英，邱康文，周霄，等，2021. 北部湾斑鳍白姑鱼渔业生物学分析 [J]. 上海海洋大学学报，30 (3)：515 - 524.

袁华荣，陈丕茂，贾晓平，等，2011. 北部湾东北部游泳生物资源现状 [J]. 南方水产科学，7 (3)：31 - 38.

袁蔚文，1995. 北部湾底层渔业资源的数量变动和种类更替 [J]. 中国水产科学 (2)：57 - 65.

袁涌铨，吕旭宁，吴在兴，等，2019. 北部湾典型海域关键环境因子的时空分布与影响因素 [J]. 海洋与湖沼，50 (3)：579 - 589.

詹秉义，1995. 渔业资源评估 [M]. 北京：中国农业出版社.

张波，唐启升，金显仕，等，2005. 东海和黄海主要鱼类的食物竞争 [J]. 动物学报 (4)：616 - 623.

张冬鹏，武宝玕，2000. 几种赤潮藻对温度、氮、磷的响应及藻间相互作用的研究 [J]. 暨南大学学报（自然科学与医学版）(5)：82 - 87.

张公俊，杨长平，孙典荣，等，2021. 北部湾中北部海域鱼类群落的季节变化特征 [J]. 南方农业学报，52 (10)：2861 - 2871.

张洪亮，宋之琦，潘国良，等，2013. 浙江南部近海春季鱼类多样性分析 [J]. 海洋与湖沼，44 (1)：126 - 134.

张静，姚壮，林龙山，等，2016. 北部湾口和南沙群岛西南部海域主要渔获种类的生物学特征及其数量分布 [J]. 中国海洋大学学报（自然科学版），46 (11)：158 - 167.

张魁，陈作志，邱永松，2016. 北部湾二长棘犁齿鲷生长、死亡和性成熟参数的年际变化 [J]. 南方水产科学，12 (6)：9 - 16.

张魁，陈作志，王跃中，等，2016. 北部湾短尾大眼鲷群体结构及生长、死亡和性成熟参数估计 [J]. 热带海洋学报，35 (5)：20 - 28.

张魁，廖宝超，许友伟，等，2017. 基于渔业统计数据的南海区渔业资源可捕量评估 [J]. 海洋学报，39 (8)：25 - 33.

张秋华，2007. 东海区渔业资源及其可持续利用 [M]. 上海：复旦大学出版社.

张文超，叶振江，田永军，等，2017. 北部湾洋浦海域鱼类群落结构 [J]. 生态学杂志，36 (7)：1894 - 1904.

张晓妆，王晶，徐宾铎，等，2019. 海州湾鱼类群落功能多样性的时空变化 [J]. 应用生态学报，30 (9)：3233 - 3244.

郑爱榕，刘春兰，郑雪红，等，2010. 北部湾海域大气氮氧化物的季节分布特征与来源分析 ［C］. 武汉大学环境污染与大众健康学术会议.

郑白雯，曹文清，林元烧，等，2013. 北部湾北部生态系统结构与功能研究 I. 浮游动物种类组成及其时空变化 ［J］. 海洋学报（中文版），35（6）：154-161.

郑元甲，陈雪忠，程家骅，等，2003. 东海大陆架生物资源与环境 ［M］. 上海：上海科学技术出版社.

郑侦明，金海燕，陈法锦，等，2022. 2021 年 8—9 月北部湾叶绿素 a 分布特征及影响因子探究 ［J］. 海洋学研究，40（3）：142-152.

朱成文，1981. 南海西北部近海海底沉积物特征 ［J］. 海洋地质研究（2）：50-60.

祝琳，李少月，王智，等，2022. 黄海秋季大型底栖甲壳类多样性及群落结构的初步研究 ［J］. 海洋科学，46（9）：98-108.

朱鑫华，1996. 渤海鱼类群落个体数指标时空格局的因子分析 ［J］. 海洋科学集刊，3：163-175.

朱延忠，2008. 夏、冬季北黄海大中型浮游动物群落生态学研究 ［D］. 青岛：中国海洋大学.

朱元鼎，张春霖，成庆泰，1963. 东海鱼类志 ［M］. 北京：科学出版社.

ADLER P B, HILLERISLAMBERS J, LEVINE J M, 2007. A niche for neutrality ［J］. Ecology Letters, 10（2）：95-104.

ANDERSON M J, 2011. Navigating the multiple meanings of beta diversity：a roadmap for the practicing ecologist ［J］. Ecology Letters, 14（1）：19-28.

AOYAMA, 1973. The demersal fish stocks and fisheries of the South China Sea ［M］. Rome：FAO/UNDP, SCS/DEV/73/3, 1-80.

BASELGA A, 2010. Partitioning the turnover and nestedness components of beta diversity ［J］. Global Ecology and Biogeography, 19（1）：134-143.

BORCARD D, GILLET F, LEGENDRE P, 2018. Numerical Ecology with R. Second Edition ［M］. New York：Springer.

BOTTA DUKAT Z, CZUCZ B, 2016. Testing the ability of functional diversity indices to detect trait convergence and divergence using individual - based simulation ［J］. Methods in Ecology & Evolution, 7（1）：114-126.

BURNS W C G, 2008. Anthropogenic carbon dioxide emissions and ocean acidification：The potential impacts on ocean biodiversity ［M］//Askins R A, et al. Saving biological diversity. New York：Springer Science Business Media, 187-202.

CADOTTE M W, CARSCADDEN K, MIROTCHNICK N, 2011. Beyond species：functional diversity and the maintenance of ecological processes and services ［J］. Journal of Applied Ecology, 48（5）：1079-1087.

CAVENDER - BARES J, KOZAK K H, FINE P V A, et al., 2009. The merging of community ecology and phylogenetic biology ［J］. Ecology Letters, 12（7）：693-715.

CHAMBERLAIN S A, BRONSTEIN J L, RUDGERS J A, 2014. How context dependent are species interactions ［J］. Ecology Letters, 17（7）：881-890.

CHASE J M, KRAFT N J B, SMITH K G, et al., 2011. Using null models to disentangle variation in community dissimilarity from variation in α - diversity ［J］. Ecosphere, 2（2）：1-11.

CHESSON P L, WARNER R R, 1981. Environmental Variability Promotes Coexistence in Lottery Competitive Systems ［J］. American Naturalist, 117（6）：923-943.

CHUA K W J, TAN H H, YEO D C J, 2019. Loss of endemic fish species drives impacts on functional richness, redundancy and vulnerability in freshwater ecoregions of Sundaland ［J］. Biological Conservation（234）：72-81.

CHUST G, VILLARINO E, CHENUIL A, et al., 2016. Dispersal similarly shapes both population genetics and community patterns in the marine realm [J]. Scientific Reports, 6 (1): 1 – 12.

COLL J, GARCIA – RUBIES A, MOREY G, et al., 2013. Using no – take marine reserves as a tool for evaluating rocky – reef fish resources in the western Mediterranean [J]. ICES Journal of Marine Science, 70 (3): 578 – 590.

DEVICTOR V, MOUILLOT D, MEYNARD C, et al., 2010. Spatial mismatch and congruence between taxonomic, phylogenetic and functional diversity: the need for integrative conservation strategies in a changing world [J]. Ecology Letters, 13 (8): 1030 – 1040.

DICKSON A G, SABINE C L, CHRISTIAN J R, 2007. Guide to best practices for ocean CO_2 measurements [R]. PICES Special Publication 3.

DIMITRIADIS C, SINI M, TRYGONIS V, et al., 2018. Assessment of fish communities in a Mediterranean MPA: Can a seasonal no – take zone provide effective protection [J]. Estuarine, Coastal and Shelf Science, 207: 223 – 231.

DONEY S C, FABRY V J, FEELY R A, et al., 2009. Ocean acidification: the other CO_2 problem [J]. The Annual Review of Marine Science, 1: 169 – 92.

DONG – FANG S, WEN – CONG Z, HONG A I, et al., 2010. Taxonomic diversity of fish species in Beibu Gulf [J]. Guangdong Agricultural Sciences, 37 (6): 4 – 7.

FINE P V A, KEMBEL S W, 2011. Phylogenetic community structure and phylogenetic turnover across space and edaphic gradients in western Amazonian tree communities [J]. Ecography, 34 (4): 529 – 704.

FINN D S, POFF N L, 2011. Examining spatial concordance of genetic and species diversity patterns to evaluate the role of dispersal limitation in structuring headwater metacommunities [J]. Journal of the North American Benthological Society, 30 (1): 273 – 283.

FORD B M, ROBERTS J D, 2020. Functional traits reveal the presence and nature of multiple processes in the assembly of marine fish communities [J]. Oecologia, 192: 143 – 154.

FORD B M, STEWART B A, ROBERTS J D, 2017. Species pools and habitat complexity define Western Australian marine fish community composition [J]. Marine Ecology Progress Series, 574: 157 – 166.

FOREST F, GRENYER R, ROUGET M, et al., 2007. Preserving the evolutionary potential of floras in biodiversity hotspots [J]. Nature, 445: 757 – 760.

FROESE R, WINKER H, CORO G, et al., 2018. A new approach for estimating stock status from length frequency data [J]. ICES Journal of Marine Science, 75 (6): 2004 – 2015.

FUKAMI T, 2015. Historical Contingency in Community Assembly: Integrating Niches, Species Pools, and Priority Effects [J]. Annual Review of Ecology, Evolution, and Systematics, 46: 1 – 23.

GALLIEN L, 2017. Intransitive competition and its effects on community functional diversity [J]. Oikos, 126 (5): 615 – 623.

GAO K S, ARUGA Y, ASADA K, et al., 1993. Calcification in the articulated coralline alga Carollina pilulifera, with special reference to the effect of elevated CO_2 concentration [J]. Marine Biology, 117: 129 – 132.

GATZ J, 1979. Ecological morphology of freshwater stream fishes [J]. Tulane Studies in Zoology and Botany, 21: 91 – 124.

GOTZENBERGER L – D, ZOLTANLEPS, JANPARTEL, et al., 2016. Which randomizations detect convergence and divergence in trait – based community assembly? A test of commonly used null models [J]. Journal of Vegetation Science, 27 (6): 1275 – 1287.

GRAHAM J W, 2009. Missing data analysis: making it work in the real world [J]. Annu Rev Psychol, 60: 549 – 576.

GUIDETTI P, BAIATA P, BALLESTEROS E, et al., 2014. Large – Scale Assessment of Mediterranean

Marine Protected Areas Effects on Fish Assemblages [J]. PLoS One, 9 (4): 1 - 14.

HALL - SPENCER J M, RODOLFO - METALPA R, MARTIN S, et al., 2008. Volcanic carbon dioxide vents show ecosystem effects of ocean acidification [J]. Nature, 454: 96 - 99.

HE, F. and LEGENDRE, P, 2002. SPECIES DIVERSITY PATTERNS DERIVED FROM SPECIES - AREA MODELS [J]. Ecology, 83 (5): 1185 - 1198.

HEINO J, MELO A S, SIQUEIRA T, et al., 2015. Metacommunity organisation, spatial extent and dispersal in aquatic systems: patterns, processes and prospects [J]. Freshwater Biology, 60 (5): 845 - 869.

HELMUS M R, SAVAGE K, DIEBEL M W, et al., 2007. Separating the determinants of phylogenetic community structure [J]. Ecology Letters, 10 (10): 917 - 925.

HILLERISLAMBERS J, ADLER P B, HARPOLE W S, et al., 2012. Rethinking Community Assembly through the Lens of Coexistence Theory [J]. Annual Review of Ecology, Evolution, and Systematics, 43: 227 - 248.

HUBBELL S, 2001. The Unified Neutral Theory of Biodiversity and Biogeography (MPB - 32) [M]. Princeton: Princeton University Press.

KANG B, HUANG X, YAN Y, et al., 2018. Continental - scale analysis of taxonomic and functional fish diversity in the Yangtze river [J]. Global Ecology and Conservation, 15: 1 - 14.

KARPOUZI V S, STERGIOU K I, 2003. The relationships between mouth size and shape and body length for 18 species of marine fishes and their trophic implications [J]. Journal of Fish Biology, 62 (6): 1353 - 1365.

KEDDY W P A, 1995. Assembly Rules, Null Models, and Trait Dispersion: New Questions from Old Patterns [J]. Oikos, 74 (1): 159 - 164.

KEMBEL S W, COWAN P D, HELMUS M R, et al., 2010. Picante: R tools for integrating phylogenies and ecology [J]. Bioinformatics, 26 (11): 1463 - 1464.

KOLEFF P, GASTON K J, LENNON J J, 2003. Measuring beta diversity for presence - absence data [J]. Journal of Animal Ecology, 72 (3): 367 - 382.

KRAFT N J B, ADLER P B, GODOY O, et al., 2015. Community assembly, coexistence and the environmental filtering metaphor [J]. Functional Ecology, 29 (5): 592 - 599.

LALIBERTé E, LEGENDRE P, 2010. A distance - based framework for measuring functional diversity from multiple traits [J]. Ecology, 91 (1): 299 - 305.

LEIBOLD M A, HOLYOAK M, MOUQUET N, et al., 2004. The metacommunity concept: a framework for multi - scale community ecology [J]. Ecology Letters, 7 (7): 601 - 613.

LEPRIEUR F, ALBOUY C, DE BORTOLI J, et al., 2012. Quantifying phylogenetic beta diversity: distinguishing between (true) turnover of lineages and phylogenetic diversity gradients [J]. PLoS One 7 (8): e42760.

LOSOS J B, 2010. Phylogenetic niche conservatism, phylogenetic signal and the relationship between phylogenetic relatedness and ecological similarity among species [J]. Ecology Letters, 11 (10): 995 - 1003.

MACARTHUR R H, LEVINS R, 1967. The limiting similarity, convergence and divergence of coexisting species [J]. American Naturalist, 101 (921), 377 - 385.

MACARTHUR R H, WILSON E O, 1969. The Theory of Island Biogeography [M]. Princeton: Princeton University Press.

MAGURRAN A, 2004. Measuring biological diversity [M]. Oxford: Blackwell Pub.

MALATERRE C, DUSSAULT A C, ROUSSEAU - MERMANS S, et al., 2019. Functional Diversity. An Epistemic Roadmap [J]. BioScience, 69 (10): 800 - 811.

MASON N W H, DE BELLO F, MOUILLOT D, et al., 2013. A guide for using functional diversity indices to reveal changes in assembly processes along ecological gradients [J]. Journal of Vegetation Science, 24 (5): 794 - 806.

MASON N W H, MOUILLOT D, LEE W G, et al., 2005. Functional richness, functional evenness and functional divergence: the primary components of functional diversity [J]. Oikos, 111 (1): 112 - 118.

MATTHEW R. HELMUS, THOMAS J. BLAND, CHRISTOPHER K. WILLIAMS, et al., 2007. Phylogenetic Measures of Biodiversity [J]. The American Naturalist, 169 (3): 285 - 422.

MAYFIELD M M, LEVINE J M, 2010. Opposing effects of competitive exclusion on the phylogenetic structure of communities [J]. Ecology Letters, 13 (9): 1085 - 1093.

MCGILL B J, ENQUIST B J, WEIHER E, et al., 2006. Rebuilding community ecology from functional traits [J]. Trends in Ecology & Evolution, 21 (4): 178 - 185.

MIDGLEY G, 2012. Biodiversity and Ecosystem Function [J]. Science, 335 (6065): 174 - 175.

MOUILLOT D, DUMAY O, TOMASINI J A, 2007. Limiting similarity, niche filtering and functional diversity in coastal lagoon fish communities [J]. Estuarine, Coastal and Shelf Science, 71 (3): 443 - 456.

MüNKEMüLLER T, LAVERGNE S, BZEZNIK B, et al., 2012. How to measure and test phylogenetic signal [J]. Methods in Ecology and Evolution, 3 (4): 743 - 756.

OKSANEN J, BLANCHET F G, KINDT R, et al., 2015. Vegan: Community Ecology Package [J]. R Package Version 2. 2 - 1, 2: 1 - 2.

PELLETIER G J, LEWIS E, WALLACE D W R, 2011. CO_2 SYS. XLS: A calculator for the CO_2 system in seawater for Microsoft Excel/VBA [R]. ORNL/CDIAC - 105b. Carbon Dioxide Information Analysis Center, Oak Ridge National Laboratory, U. S. DoE, Oak Ridge, TN.

PIELOU E C, 1975. Ecological diversity. John Wiley & Sons, New York, viii+165 p. $14.95 [J]. Limnology and Oceanography, 22 (1): 174.

PINKAS L, 1971. Food habits of albacore, bluefin tuna, and bonito in California waters [DB]. Calif. Dep. Fish Game Fish Bull, 152.

POOL T K, GRENOUILLET G, VILLéGER S, 2014. Species contribute differently to the taxonomic, functional, and phylogenetic alpha and beta diversity of freshwater fish communities [J]. Diversity and Distributions, 20 (11): 1235 - 1244.

RADINGER J, ALCARAZ - HERNáNDEZ J D, GARCíA - BERTHOU E, 2019. Environmental filtering governs the spatial distribution of alien fishes in a large, human - impacted Mediterranean river [J]. Diversity and Distributions, 25 (5): 701 - 714.

REYJOL Y, HUGUENY B, PONT D, et al., 2007. Patterns in species richness and endemism of European freshwater fish [J]. Global Ecology and Biogeography, 16 (1): 65 - 75.

SCHEINER S M, 2003. Six types of species - area curves [J]. Global Ecology and Biogeography, 12 (6): 441 - 447.

SHANNON C E, WEAVER W, 1949. The mathematical theory of communication [M]. Illinois: University of Illinois Press.

SIBBING F A, NAGELKERKE L, 2000. Resource partioning by Lake Tana barbs predicted from fish morphometrics and prey characteristics [J]. Reviews in Fish Biology and Fisheries, 10: 393 - 437.

SIMBERLOFF D, 1976. Species Turnover and Equilibrium Island Biogeography [J]. Science, 194 (4265): 572 - 8.

SOLOMON S, QIN D, MANNING M, et al., 2007. Climate change 2007: The physical science basis: contribution of Working Group I to the Fourth Assessment Report of the Intergovernmental Panel on Climate Change [R]. New York: Cambridge Univ. Press.

STEGEN J C, LIN X, FREDRICKSON J K, et al., 2013. Quantifying community assembly processes and identifying features that impose them [J]. The ISME Journal, 7 (11): 2069 - 2079.

STRECKER A L, OLDEN J D, WHITTIER J B, et al., 2011. Defining conservation priorities for freshwater fishes according to taxonomic, functional, and phylogenetic diversity [J]. Ecological Applications, 21 (8): 3002 - 3013.

SWENSON N G, ERICKSON D L, MI X, et al., 2012. Phylogenetic and functional alpha and beta diversity in temperate and tropical tree communities [J]. Ecology, 93 (sp8): S112 - S125.

TILMAN D, 2001. Functional Diversity [C] //S. A. LEVIN. Encyclopedia of Biodiversity (Second Edition). Waltham: Academic Press, 2001: 587 - 596.

VASCONCELOS S, BARBOSA T, OLIVEIRA T, 2015. Diversity of Forensically - Important Dipteran Species in Different Environments in Northeastern Brazil, with Notes on the Attractiveness of Animal Baits [J]. Florida Entomologist, 98 (2): 770 - 775.

VELLEND M, 2010. Conceptual synthesis in community ecology [J]. Q Rev Biol, 85 (2): 183 - 206.

VELLEND M, SRIVASTAVA D S, ANDERSON K M, et al., 2014. Assessing the relative importance of neutral stochasticity in ecological communities [J]. Oikos, 123 (2): 1420 - 1430.

VILLEGER S, GRENOUILLET G, BROSSE S, 2013. Decomposing functional β - diversity reveals that low functional β - diversity is driven by low functional turnover in European fish assemblages [J]. Global Ecology and Biogeography, 22 (6): 671 - 681.

VILLEGER S, MASON N W, MOUILLOT D, 2008. New multidimensional functional diversity indices for a multifaceted framework in functional ecology [J]. Ecology, 89 (8): 2290 - 2301.

VILLEGER S, RAMOS MIRANDA J, FLORES HERNANDEZ D, et al., 2012. Low functional beta - diversity despite high taxonomic beta - diversity among tropical estuarine fish communities [J]. PLoS One, 7 (7): e40679.

VIOLLE C, NAVAS M L, VILE D, et al., 2007. Let the concept of trait be functional! [J]. Oikos, 116 (5): 882 - 892.

VIOLLE C, NEMERGUT D R, PU Z, et al., 2011. Phylogenetic limiting similarity and competitive exclusion [J]. Ecology Letters. 14 (8): 782 - 787.

VON BERTALANFFY L, 2011. General system theory: foundations, development, application [M]. New York: George Braziller Inc.

WANG XH, QIU YS, DU FY, et al., 2012. Population parameters and dynamic pool models of commercial fishes in the Beibu Gulf, northern South China Sea [J]. Chinese Journal of Oceanology and Limnology, 30 (1): 105 - 117.

WATSON D J, BALON E K, 1984. Ecomorphological analysis of fish taxocenes in rainforest streams of northern Borneo [J]. Journal of Fish Biology, 25 (3): 371 - 384.

WEBB C O, ACKERLY D D, MCPEEK M A, et al., 2002. Phylogenies and Community Ecology [J]. Annual Review of Ecology and Systematics, 33: 475 - 505.

WEBB P W, 1984. Body Form, Locomotion and Foraging in Aquatic Vertebrates [J]. American Zoologist, 24 (1): 107 - 120.

WHITTAKER R H, 1960. Vegetation of the Siskiyou Mountains, Oregon and California [J]. Ecological Monographs, 30 (3): 279 - 338.

WHITTAKER R J, FERNANDEZ - PALACIOS J M, 2006. Island Biogeography: Ecology, evolution, and conservation [M]. Oxford: Oxford University Press.

WILHM J L，DORRIS T C，1968. Biological Parameters for Water Quality Criteria ［J］. BioScience，18 (6)：477 - 481.

WILSON J B，GITAY H，1995. Limitations to species coexistence：evidence for competition from field observations，using a patch model ［J］. Journal of Vegetation Science，6 (3)：369 - 376.

YACHI S，LOREAU M，1999. Biodiversity and ecosystem productivity in a fluctuating environment：The insurance hypothesis ［J］. Proc Natl Acad Sci USA，96 (4)：1463 - 1468.

ZEEBE R E，ZACHOS J C，CALDEIRA K，et al. ，2008. Carbon emissions and acidification ［J］. Science，321 (5885)：51 - 52.

ZHOU S R，ZHANG D Y，2008. A NEARLY NEUTRAL MODEL OF BIODIVERSITY ［J］. Ecology，89 (1)：248 - 258.